U0166691

上海海洋大学
一流学科文化著作项目

盐与海洋文化

俞渊　主编

SALT AND
MARINE CULTURE

上海三联书店

编审委员会成员

编委会

总　序

　　浩瀚深邃的海洋，孕育了她海纳百川、勤朴忠实的品格；变化万千的风浪，塑造了她勇立潮头、搏浪天涯的情怀。作为多科性应用研究型高校，上海海洋大学前身是张謇、黄炎培1912年创建于上海吴淞的江苏省立水产学校，1952年升格为中国第一所本科水产高校——上海水产学院，1985年更名为上海水产大学，2008年更为现名。2017年9月，学校入选国家一流学科建设高校。在全国第四轮学科评估中，水产学科获A+评级。作为国内第一所水产本科院校，学校拥有一大批蜚声海内外的教授，培养出一大批国家建设和发展的杰出人才，在海洋、水产、食品等不同领域做出了卓越贡献。

　　百余年来，学校始终接续"渔界所至、海权所在"的创校使命，不忘初心，牢记使命，坚持立德树人，始终践行"勤朴忠实"的校训精神，始终坚持"把论文写在世界的大洋大海和祖国的江河湖泊上"的办学传统，围绕"水域生物资源可持续开发与利用和地球环境与生态保护"学科建设主线，积极践行服务国家战略和地方发展的双重使命，不断落实深化格局转型和质量提高的双重任务，不断增强高度诠释"生物资源、地球环境、人类社会"的能力，努力把学校建设成为世界一流特色大学，水产、海洋、食品三大主干学科整体进入世界一流,并形成一流师资队伍、一流科教平台、一流科技成果、一流教学体系,谱写中国梦海大梦新的篇章!

文化是国家和民族的灵魂,是推动社会发展进步的精神动力。党的十九大报告指出,文化兴国运兴,文化强民族强。没有高度的文化自信,没有文化的繁荣兴盛,就没有中华民族伟大复兴。习近平总书记在全国宣传思想工作会议上强调,做好新形势下的宣传思想工作,必须自觉承担起举旗帜、聚民心、育人、兴文化、展形象的使命任务。国务院印发的"双一流"建设方案明确提出要加强大学文化建设,增强文化自觉和制度自信,形成推动社会进步、引领文明进程、各具特色的一流大学精神和大学文化。无论是党的十九大报告、全国宣传思想工作会议,还是国家"双一流"建设方案,都对各高校如何有效传承与创新优秀文化提出了新要求、作了新部署。

大学文化是社会主义先进文化的重要组成部分。加强高校文化传承与创新建设,是推动大学内涵发展、提升文化软实力的必然要求。高校肩负着以丰富的人文知识教育学生、以优秀的传统文化熏陶学生、以崭新的现代文化理念塑造学生、以先进的文化思想引领学生的重要职责。加强大学文化建设,可以进一步明确办学理念、发展目标、办学层次和服务社会等深层次问题,内聚人心外塑形象,在不同层次、不同领域办出特色、争创一流,提升学校核心竞争力、社会知名度和国际影响力。

学校以水产学科成功入选国家"一流学科"建设高校为契机,将一流学科建设为引领的大学文化建设作为海大新百年思想政治工作以及凝聚人心提振精神的重要抓手,努力构建与世界一流特色大学相适应的文化传承与创新体系。以"凝聚海洋力量，塑造海洋形象"为宗旨，以繁荣校园文化、培育大学精神、建设和谐校园为主线，重点梳理一流学科发展历程，整理各历史阶段学科建设、文化建设等方面的优秀事例、文献史料，撰写学科史、专业史、课程史、人物史志、优秀校友成果展等，将出版《上海海洋大学水产学科史（养殖篇）》《上海海洋大学档案里的捕捞学》《水族科学与技术专业史》《中国鱿钓渔业发展史》《沧海钩沉：中国古代海洋文化研究》《盐与海洋文化》、等专著近20部，切实增强学科文化自信，讲好一流学科精彩故事，传播一流学科好声音，为学校改革发展和"双一流"建设提供强有力的思想保证、精神动力和舆论支持。

进入新时代踏上新征程，新征程呼唤新作为。面向新时代高水平特色大学建设目标要求，今后学校将继续深入学习贯彻落实习近平新时代中国特色社会主义思想和党的十九大精神，全面贯彻全国教育大会精神，坚持社会主义办学方向，坚持立德树人，主动对接国家"加快建设海洋强国""建设生态文明""实施粮食安全""实施乡村振兴"等战略需求，按照"一条主线、五大工程、六项措施"的工作思路，稳步推进世界一流学科建设，加快实现内涵发展，全面开启学校建设世界一流特色大学的新征程，在推动具有中国特色的高等教育事业发展特别是地方高水平特色大学建设方面作出应有的贡献！

上海海洋大学党委书记　**吴嘉敏**

目　录

引 言

　　盐，伴文明发展的始终，随历史演进的更替。它既是维持个体生命的必需，又是稳定社会的基石，亦是国家存续的根脉，更是繁荣文化的载体。它影响着人类语言文字，渗透进社会风俗，见证着科技发展，促进了经济的繁荣，催生出治国良策。这便是人类文明的盐脉。它是我们继往开来的精神家园，也是我们新时代需要发掘、弘扬、利用的先进文化。

　　盐有海盐、井盐、池盐、矿盐之分。海盐是海洋对人类的慷慨馈赠，纵如内陆的池盐、井盐、矿盐其地质亦成于海洋，更是通过海上丝绸之路惠泽四方。不同盐种，虽各具特色，却相得益彰，共同谱写了绚丽的盐业历史，孕育了灿烂的文明。这些形成了"盐味"浓郁、"盐色"丰富的盐文化。海洋文化又以盐为媒介发展成为中国传统文化的重要组成部分，无论大范畴的盐文化还是小范畴的海盐文化都闪烁着海洋文化的光辉，也是海洋文化的盐脉。作为海洋文化重要分支的盐文化就像血脉一样滋润着中华民族繁衍兴盛。

　　盐因特殊的历史与文化价值，吸引着古今中外学者为之倾注精力。近现代中国盐业史、盐业科学、盐业文化取得了长足发展，使得中国盐业研究的学术地位得到明显提升。为深入发掘中国盐文化，系统全面梳理前人成果，展示盐文化魅力，本书团队则以盐与海洋文化为着眼点，以科普论述为出发点，以历史文献为参考点，来讲述科学技术中的盐学、历史长河中的盐事、社会经济中的盐味、海洋文化中的盐脉。

全书的第一部分从科学技术的视角切入,分别从盐的概念、盐与生命、盐与健康,盐与工业,盐与社会五个方面对盐进行详细论述。向读者阐明了盐的概念,展现了盐在自然界当中的存在方式,介绍盐在工业生产与日常生活中的种种应用场景,揭示盐之于人类社会乃至世间万物生灵的重要意义。盐不仅见证了人类科学技术的发展,还见证了人类历史的进程。在本书的第二部分,我们将踏入历史长河之中,对中国盐政史、盐官史、盐技史、盐产史做了梳理,进一步向读者展示中国历史上有关盐的制度的演化与变迁,并沿着时间的脉络去品味历史当中的盐事,让历史照进现实。第三部分则以盐的生产、流通、消费和分配为出发点,阐述盐业专卖制度的主要变迁、特点,概述了历史上主要的盐场,阐述了不同盐场的运输线路,总结了盐产和运输线路上所形成的聚落和城市。最后部分是以盐文化为聚焦点,讲述了神奇的盐字传说、丰富多彩的"盐"语、五花八门的盐俗、灿烂隽永的文学创作以及为合理利用盐资源而奋斗抗争的古圣先贤。

由于我们水平所限,书中难免有失误之处,敬希读者指正。并借此机会,向为我们提供各种资料以及为本书出版给予支持帮助的单位和老师们致以崇高的敬意和衷心的感谢!我们也热切希望得到海内外盐文化研究专家们斧正,让我们一起来思考、品味海洋文化中的盐脉,共同推进对盐文化系统全面的研究。掩卷沉思,正如陈椿所言"程严赋足在恤民,盐是土人口下血",让我们一起感恩盐,感恩源远流长的海洋文化。

第一章　科学技术中的盐学

在数千年的人类文明史上，盐作为人类生命活动和社会发展的重要资源，一直影响着社会的经济发展和科学进步，许多伟大的公共工程也是因为产盐、运盐和销盐而产生的。人类对盐如此执着，恰是因为它与生命存在着千丝万缕的联系，又与人类的健康息息相关。既在生产生活当中发挥着重要作用，又与人类社会的进步密不可分。下面就让我们一起走进本章节，首先了解一下盐究竟是什么，然后就盐这种自然与社会的刚需品，来阐述盐与生命、盐与健康、盐与工业以及盐与社会的种种联系。

第一节　盐的概念

我们每个人都离不开盐。那盐到底是什么呢？在厨师的眼里，盐是一种调味品；在医生的眼中，盐是一种维持身体环境平衡的矿物质；在化学家的眼中，盐是一种化合物；在资本家眼里它是攫取财富的密码；在政治家眼里它是稳定社会的压舱石；在历史学家眼里它是穿起历史记忆的项链。下面请跟我一同揭开盐的神秘面纱。

一、狭义的盐与广义的盐

说起盐来，人们的第一反应往往是厨房里白花花亮晶晶的食盐。

盐等于食盐吗？答案当然是否定的。

1. 狭义的盐

狭义的盐也就是我们所说的食用盐，是海盐、井盐、矿盐、湖盐、土盐的统称。它们的主要成分是氯化钠，国家规定井盐和矿盐的氯化钠含量不得低于95％。食盐中含有钡盐、氯化物、镁、铅、砷、锌、硫酸盐等杂质。我们规定钡含量不得超过20mg/kg。食盐中镁、钙含量过多可使盐带苦味，含氟过高也可引起中毒。

氯化钠是一种离子型化合物，它是食盐的主要成分。无色透明的立方形晶体是纯净的氯化钠晶体的化身。晶体结构是晶胞为面心立方结构，每个晶胞含有4个钠离子和4个氯离子。由于杂质的存在使一般情况下的氯化钠为白色立方晶体或细小的晶体粉末，比重为2.165（25/4℃），熔点801℃，沸点1442℃，相对密度为2.165克/立方厘米，味咸，含杂质时易潮解；溶于水或甘油，难溶于乙醇，不溶于盐酸，水溶液中性并且导电。固态的氯化钠不导电，但熔融态的氯化钠导电。在水中的溶解度随着温度的升高略有增大[1]。当温度低于0.15℃时可获得二水合物。氯化钠大量存在于海水和天然盐湖中，可用来制取氯气、氢气、盐酸、氢氧化钠、氯酸盐、次氯酸盐、漂白粉及金属钠等，是重要的化工原料；可用于食品调味和腌鱼肉蔬菜，以及供盐析肥皂和鞣制皮革生产等；经高度精制的氯化钠可用来制生理食盐水，用于临床治疗和生理实验，如失钠、失水、失血等情况。可通过浓缩结晶海水或天然的盐湖或盐井水来制取氯化钠。

中华人民共和国物价质量监督检验检疫总局和中国国家标准化管理委员会在2016年6月14日联合发布的GB/T5461‐2016版《食用盐》标准代替了GB/T5461‐2000版食用盐标准。新版GB/T5461‐2016版于2017年1月1日起实施。其中指出："本标准规定了食用盐的术语、要求、试验方法、检验规则、判定规则、包装、标识、运输和贮存。本标准适用于以海水、地下卤水、盐湖卤水、海盐、岩盐或湖盐为原料制成的食用盐。本标准不适用于其他原料生产的盐产品，特别是化工、轻

---

[1] 郝东旭："电解质溶液中的'不一定'"，《高中数理化》，2012(4)：55—55.

工等副产品盐,本标准也不适用于低钠盐产品。"

2. 广义的盐

广义的盐是由阳离子(正电荷离子)与阴离子(负电荷离子)所组成的中性(不带电荷)的离子化合物。阳离子往往是金属离子,阴离子一般是酸根或非金属离子。一般来说盐是复分解反应的生成物。盐与酸反应生成新盐与新酸,如硫酸与氢氧化钠生成硫酸钠和水,氯化钠与硝酸银反应生成氯化银与硝酸钠等。盐与碱反应生成新盐与新碱,盐与盐反应一般生成两种新盐。

酸 + 盐→新盐 + 新酸(强酸→弱酸)。

碱(可溶) + 盐(可溶)→新碱 + 新盐。

盐(可溶) + 盐(可溶)→两种新盐。

盐 + 金属(某些)→新金属 + 新盐。

盐还可分为单盐和合盐,单盐分为正盐、酸式盐、碱式盐,合盐分为复盐和络盐。其中酸式盐除含有金属离子与酸根离子外还含有氢离子,碱式盐除含有金属离子与酸根离子外还含有氢氧根离子。复盐溶于水时,可生成与原盐相同离子的合盐;络盐溶于水时,可生成与原盐不相同的复杂离子的合盐-络合物。强碱弱酸盐是强碱和弱酸反应的盐,溶于水显碱性,如碳酸钠。而强酸弱碱盐是强酸和弱碱反应的盐,溶于水显酸性,如氯化铁。

人的一生离不开盐,盐在人类生活中起着至关重要的作用。人缺了盐,生理平衡就会紊乱,会产生头昏、恶心、呕吐等症状,甚至休克。盐是一种天然物质,广泛存在于大自然中。呼吸和消化都需要盐,如果没有了盐,身体就不能运送氧气和营养物质,也不能传递神经脉冲,这就意味着我们的身体将无法工作。一个健康的成年人的身体里含有大约 250 克盐。人体工作时,盐分会不断地消耗流失,所以我们需要不断地补充身体内的盐分,这样才能保证身体的正常运行。

二、盐的来源

在自然界中,有四种地方最容易发现盐:干涸的河床、海洋、地下水和地下矿石。人类祖先最先是在地表发现了盐。在古代的一个盐湖,后来湖水干涸了,动物比人类更需要盐的补给,所以人类通过了动物在干涸的河床边舔有盐的地面,发现了盐。当人类需要盐时,他们只需要把盐从地表刮下来。

盐含量最丰富的地方那就是海洋了,但是只有把海水烧沸,蒸发才能提取出来盐,这样提取出来成本太高,而且需要漫长的时间。同时更需要耗费很多的燃料,例如木头、煤炭等燃料,这些燃料有可能自身提取比盐还要珍贵。后来人类想到了一个好的办法,通过把海水引入到附近人工制造的池塘里,通过在阳光下自然蒸发,形成盐的结晶。虽然这种方式是一个缓慢的过程,但好在阳光和盐都是大自然免费的馈赠。

2011 年 3 月,日本发生了 8.9 级地震,强烈的地震导致了福岛核电站发生了严重的泄漏。由于日本是个岛国,人们纷纷担心海洋受到了污染,从而海盐也会受到影响。全国各地陆续传出"盐紧张"的消息。有的地方盐的价格也从 3 元每袋一路飙升到 20 元每袋。回想往事笔者当时也是有欠考虑,加入了买盐的队伍中,以 10 元每包的价格屯了 5 包盐备用。现在想想,其实若有点地理常识,也就不会出现如此荒谬的抢盐风波了。在我国有 1 平方千米以上的盐湖就有 813 个,面积近 4 万平方千米,绝大部分分布在我国的西部地区。如柴达木盐湖、察尔汗盐湖、河东盐池、茶卡盐湖等。众多的盐湖足以保障盐的供给,我们或许不必加入抢盐的队伍。

在 2000 多年前,在四川成都一带古人发现了来自地下的盐水泉。由于这种水比海水中含盐量还要高,人类通过用长柄铁器往地下凿井,然后用绳子拴在小桶上放入井里打盐水泉。然后倒入锅里通过加热盐水锅,把盐煮出来。传说这种凿井的方式特别地危险,有的人因为凿井太累病倒了,有的人在凿井过程中因为产生火星引发爆炸而不幸遇难。当时不知道什么原因,大家纷纷猜测,以为有神龙住在井下,守护着珍贵的盐。直到公元100年，人们开始认识到，这是因为井里有着一种看不见、能燃烧的气体会通过井壁冒出来。于是，人们为了避免凿井再次发生爆炸，并将管道和井口通过一根管子相连，然后将这种管子的气体接在烧制盐水锅下方，这样用能够燃烧的气体加热盐水锅，盐就能够煮出来了。

另外一种盐的来源就是地底下的矿石。在美国的路易斯安那州和得克萨斯州，克利夫兰和底特律，地下都有丰富的岩盐。假如带着矿灯深入到盐矿内，你会发现仿佛进入海盗的宝藏湾。每一座盐矿都非常的独特，有的盐矿是黑色或者灰色的墙；有的盐矿洁白如雪山一般；还有的则密布着色彩斑斓的花纹。甚至有的盐矿中还有地下河和地下湖，可以划船进去。

地球上无论是陆地还是海洋都拥有丰富的盐资源。大部分盐是由海水和盐湖通过风吹日晒而来，有的通过井下卤水熬制出来。目前盐的主要来源分为以下4种：海盐、湖盐、井盐和矿盐。[1] 将海水作为主要原料通过日晒的方式得到的盐称为海盐；通过开采盐湖得到的盐称为湖盐；通过凿井取得地表层或地下天然卤水制取的盐称为井盐；开采盐矿通过加工得到的盐称为矿盐。

如果世界上所有海洋的水都蒸发干了，海底会堆积出约60米厚的盐层；如果将海水中的盐全部提取出来平铺在陆地上，陆地的高度可增加153米[2]。

人体所需的多种元素海水中都含有但没有经过提炼的海水是不能直接饮用的。这是因为海水中的这些元素大部分含量过高，超出了人休所需的正常含量，加上海水中的各种物质浓度高，远远达不到饮用水的卫生标准。如果直接饮用不但会对人体健康造成威胁，还容易导致人体脱水，甚至中毒，从而威胁到人的生命。

总之，数千年的历史长河中，人类一直孜孜不倦地寻找着盐。联盟因此建立，帝国得到保护，革命因此爆发……所有这一切都是为了寻

---

[1] "中国矿业氧吧之三十九　盐矿"，《资源与人居环境》，2009(15)：36—38.
[2] 慕容："海水为什么是咸的？"，《阅读》，2017(94)：48.

求那种蕴含在海洋之中、从泉水中喷涌而出、在河床中、矿井里形成的结晶,并且这种东西如脉络分布于厚积在地球岩石非常接近地表的大部分地区。人类对盐如此执着,恰是因为它与生命存在着千丝万缕的联系,又与生命的健康息息相关。

第二节　盐与生命

在本章第一节当中,笔者阐明了盐的定义,即盐不仅仅指生活中不可或缺的食用盐,在化学上也指一类由金属阳离子或铵根离子和酸根阴离子组成的一类化合物。又进一步讲述了盐的来源和盐之于人类社会的重要性。那么在接下来的第二节中,笔者将从盐与生命之间的关系这一角度切入,分别说明盐与生命的起源之间的关系和盐对生命的进化所起到的作用。

一、盐与生命的起源

我们人类赖以生活的地球是太阳系八大行星之一,已有 40 至 46 亿岁,是一个两级略鼓的不规则椭圆形球体。地球表面积 5.1 亿平方公里,其中 71％为海洋,29％为陆地。从太空中看地球,地球是一个蓝色的星球,它的周围大部分被水包围①。地球外部分为水圈、大气圈和磁场。核、幔、壳组成了地球的内部结构。地球上生活着上百万种的生物,它是目前宇宙中发现能够维持生物生命和生存的唯一的星球。如图 1-1 所示:

一种观点认为,起初海水也没有这么咸,甚至是淡水。由于陆地上的岩石和土壤里的盐分,通过雨水的频繁冲洗,汇集流入江、河,再入大海中。通过不断的冲击,各种盐类物质被流入大海。海水经过不断蒸发,盐的浓度就越来越高,而海洋的形成经过了几十万年,海水中含有这么多的盐也就不奇怪了。

———————————

① 月夕:"海洋的演变",《海洋世界》,2016,(1):14—15.

图 1-1 我们赖以生存的地球

由于海水是从地球而来,因此海水中应该含有地球上所有的元素,但目前经过测定的仅有 80 多种。海水的含盐量非常高,被称为盐的"故乡",其中 90% 左右是氯化钠,也就是食盐。另外还有氯化镁、硫酸镁、碳酸镁、钾、碘、钠、镍等元素。氯化镁味道是苦的,加上比重大的氯化钠,因此,海水喝起来是咸而苦的。如图 1-2 所示。

图 1-2 丰富的海洋资源

另一种观点认为,最初的海水就是咸的。因为提出这种说法的科学家,他们长期地观测海水中盐分的变化,发现海水中的盐分并不是随着时间而增加。但是在地球发展的各个时期中,海水中所含有的盐分的数量和成分都有所不同,产生这种变化的原因,至今仍在探索之中。

地球上的生命起源于海洋，其中一些海洋生物至今仍处于比较原始的状态。最早的海洋生物是单细胞的，通过细胞膜与海洋生态环境隔离开来。那时候的原始海洋含盐度较高，所以这种细胞膜不仅能够保存远古时代记忆的细胞知觉，而且还能过滤从中通过的化学物质。但是它必须保持细胞内部环境的完整性，因此海洋生物的内部环境比外部环境含盐度要低。

事实上存在着两种生物：一种是细胞内成分能适应外部含盐度变化的生物，称为"渗透适应者（osmoconformer）"；另一种是在外部含盐度波动的情况下内部成分保持不变的生物，称为"渗透调节者（osmoregulator）"。软体动物生活在含盐度不断变化的环境里，属于第一种生物。做一个简单的实验就可以确定某一海洋生物是渗透适应者还是渗透调节者，你只需要称一下这个动物在浸入淡水前后的重量。如果是渗透适应者，水分进入它的细胞，造成其组织内外含盐量的不均衡，几乎立刻导致它的重量增加。我们可以通过一个小实验来证明这一观点：将一个小东西如硬币夹放在活贻贝的两个壳瓣之间，防止其壳瓣突然闭合。如果此时将它们浸入淡水里，它们的体重会明显增加。鱼类属于第二种生物。而螃蟹分属于这两个种类，江河入海口地带的含盐度因潮汐和季节干湿度的变化而变化，生活在这些地方的螃蟹是渗透调节者。如果将其放在含盐度低的水里，它会通过尿液排泄出大量的盐分；放在含盐度高的水里，它的腮在必要的情况下会吸收大量的盐分。比如寄居蟹，在含盐度低的环境下是渗透调节者，在含盐度升高的情况下又变成了渗透适应者。

从进化的角度来考虑最简单、最古老的单细胞生物，可以看到他们都体现着"间隔化"，即细胞膜将其内部和外面的世界分离开来，这种细胞膜既间隔又连接，每一个细胞必须与外部的环境有持续的交流（比如营养和排泄）。这样，不同的化学物质从两个不同的方向通过细胞膜。由于海洋的含盐度确实随着时间的流逝而不断增高，一个特定的生物要么适应这种变化，逐渐增加其含盐度，要么找到可以维持其细胞内含盐度不变的一种办法。不管是单细胞还是多细胞生物，很多生物的含盐度一般都比现在海洋的含盐度要低，仿佛它们在其细胞里保存、记忆了远古海洋的信息。但是,面对一个含盐度逐渐升高的环境,它们是怎样保持完整性的呢?首先就要了解渗透进化包括什么?气泡或气球的球状外形和体积能平衡里外两种压力。当两种压力处于平衡状态时,气泡和气球保持静止,否则它们就向能够确定或重新确定这种平衡的方向飘动。如果刺破气球皮,气体突然排出可能导致灾难。我们观察肥皂泡时也能看到同样的情况,所谓肥皂泡就是肥皂水薄膜里含有少量的空气。如果这种五颜六色的非常薄的膜被尖锐的物体刺破,气体会突然排出,气泡随之消失。生物的细胞也像小袋子一样,乍看是球形的,一种外壳将其内部和外部环境分离开来。这两种环境,即细胞内环境与细胞外环境,由含有其他各种化学物质的盐水组成。细胞内的水分占我们身体水分总量的三分之二。另外的三分之一是以血液以及供应各种组织、肌肉、肾或者大脑细胞的水分。如果你吃咸的食物,体内细胞外水分中盐的含量几乎立刻升高。从这时起,细胞外环境的含盐量就比细胞内环境的高。针对这种不平衡,大自然已经为生物细胞膜选择性地渗透进化提供了一种完美的机制,即水分通过细胞膜离开细胞,重新与细胞外的钠结合。但这样做有一个代价,那就是细胞的脱水。所以你必须喝水以补充细胞内水分含量,使其回到原来的水平。

　　细胞的诞生代表着生命的起源,从原始细胞"间隔化"以及水产动物细胞渗透调节和渗透适应中我们也能看出:是否能够对于外部环境(盐度)的进行适应与调节是生命诞生的一大重要特征,也是细胞能否在复杂环境中独立存活的关键要素。当真正能够适应环境的细胞诞生后,生命便开始走向进化这条无比艰辛却又多姿多彩的道路。

二、盐与生命的进化

　　在人类的文明史上,盐曾经是那样的不可或缺,它与土壤、空气、水、火一起,构成人类生存的五大要素,并直接促进了人类文明的发展,没有盐的参与,人类的文明史也许会大打折扣。

　　人类历史发展的第一阶段,是以百万年计的旧石器时代,从距今约300万年前开始,延续到距今1万年左右止。人类维系生存繁衍的生活方式是采集与狩猎,远古先民处于"食草木之食,鸟兽之肉,饮其血,茹其毛"的蒙昧时代,尚不知何为咸味,亦不知盐为何物。而随着农耕时代的到来,人类开始种植各种谷物,食谱完成了由肉食为主到以粮食为主的根本转变。石器也制作得光滑精美起来,发明了衣服,烧出了美观实用的陶器,住进了人工建筑之中。但从漫长旧石器时代到新石器时代的飞跃,这巨大的动力是什么?是盐。盐随着人类的需求被发现了,它很快走入人类的历史,滋润着人类文明前进的步伐。

人饿了会找东西吃,渴了会找水喝,但人是怎样学会吃盐呢?一种共识是,人是从动物那里学会吃盐的。有学者研究发现北美洲几乎任何地方的交通图都存在着古怪的线路,这些道路只是经过扩展的小路和羊肠小道。也许我们不会想到,它们起初是动物寻找盐留下的踪迹。动物寻找卤水泉以获得它们体内所需要的盐,咸味的水、岩盐以及任何能够获得的自然盐,都是动物寻找并舔食的对象。食肉动物可以由其他动物获取盐,食草动物由草料获取。人类寻找盐的最初方式便是跟随动物的脚印,在动物舔食之处的尽头便会有充足的盐。所以古代人类定居的适宜之地,便是动物舔食之处的附近①。

随着部落的兴起,比如狩猎部落一开始从牲畜身上取血并饮用这些鲜血,以此来获得他们所需要的盐分,他们既不生产盐,也不交换盐。而农耕部落则不同,因为种植的蔬菜、粮食和水果不能提供大量的盐,需要额外的生产或者交换盐。有研究发现,在每一个大陆,一旦人类开始耕种庄稼,他们就开始寻找或交换盐,以便添加到他们的食物之中。久而久之制盐提高了生产力的水平,而交换盐则加速了部落间的交流和沟通,促进了原始市场的形成。

随着文明的进步,狩猎部落也不再靠捕杀野生动物以获得鲜血补充盐分,而是开始有规模地饲养牲畜。但是家庭驯养的动物需要人们喂食盐分,一匹马需要人类摄入盐量的5倍,一头牛则需要人类摄入量的10倍。试图驯化动物的实践有可能在冰川时期结束之前就已经开始了。甚至这些早期的人类已经懂得动物也需要盐分,人们观察到,驯

---

① "人类文明的咸滋味",《青年科学》,2013,第06期.

鹿不仅会迁移到盐渍地或是海岸旁以获得盐分,而且还会到人们的营地去寻找人类的尿迹,因为尿液中也含有盐分。经长期观察,古代游猎先民发现只要给它们提供盐分,驯鹿就会走近人类并且最终被驯服。

大约在公元前一万一千年,冰川时期结束,巨大的薄冰覆盖开始融化并逐渐消失,大约在这时,人类文明进入了新石器时代。亚洲狼开始生活在人类部落的周围,因为越是靠近人类越是能够得到一些剩余的食物和盐分。久而久之它们逐步开始受到人类的控制。因为其幼崽能够被喂养和训练,于是,一种危险的敌人就这样被驯化为一种颇有献身精神的帮手,也就是今天人类的亲密朋友——狗。随着冰河的融化,大量的野生谷类出现了。人类、牛、羊和其他食草性动物都依靠这些谷物填饱肚子。人类起初的反应可能是想杀死这些威胁到人类食物供给的动物,但是生活在田地附近的部落很快就意识到:如果人类能够控制它们的话,绵羊和山羊都可以成为人类的食物来源,他们驯养的狗甚至能够协助完成这一工作。公元前8900年,绵羊在伊拉克被驯化,不过它们也许在更早以前已经在其他地方被人类驯化了。大约公元前6000年,在巴尔干地区人们成功地驯养了个头大、速度快、力气大的欧洲野牛,这是令人生畏的任务。通过控制它们的食量、盐源诱导、阉割雄性以及把动物关进畜栏,这一属种开始受到抑制,人们最终驯服了这种野牛。驯养的牛成为人们主要的食物来源。不管食草动物生活在哪里,它们都需要盐的补给,因此盐加速了由野生动物向家养动物的驯化进程。

随着文明的进步和生产力的提高,人类已经由寻找盐开始转向了生产盐。到了青铜时代和铁器时代,人类已经知道直接开采盐矿或煮盐来获取需要的盐。五千年前的炎黄时期是中国盐起源的时间,仰韶时期(公元前5000年—前3000年)的夙沙氏用海水制盐用火煎煮,后世尊崇其为"盐宗",此后古人便学会了煎煮海盐[①]。当人类学会了生产盐后,盐便深刻融入到历史进程当中,成为史书中浓墨重彩的一笔。

---

① 李乃胜:"试论'盐圣'夙沙氏的历史地位和作用",《中国盐业》,2013(14):54—60.

盐成为了最早进行交易的国际商品之一,而盐业便自然地成为了人类社会最早的产业之一,当国家形态诞生后,盐业也不可避免地成为第一个受国家垄断的产业。

人类获取了足够的盐之后,那么就自然出现了盐的剩余,这也赋予盐极大的要素象征和经济价值,自然而然就出现了因盐而生的商业。在古罗马帝国时期,盐就曾经作为薪饷发给士兵;在古代云南,四川和西藏,人们也使用盐作为货币,可以交换黄金、麝香和其他工艺品。

在过去漫长的历史中,谁控制了盐,谁就拥有了财富,拥有了权力。从印第安土著时期的美洲部落盐战到欧洲人开发美洲大陆之后的势力之争,以至于美国独立战争、南北战争都与盐密切相关。

除了人类以及人类驯养的家畜在不停地寻找盐,其他动物也同样需要盐。有研究人员在非洲热带雨林的树干上,分别放置了浸有盐、糖、水的棉花团,发现大多数蚂蚁都聚集在浸有盐分的棉团上。20 世纪 90 年代就有科学家发现,亚洲南部地区有某些蛾子,在午夜动物们睡着的时候,会吸取水牛、鹿、马、猪或大象等哺乳动物的眼泪,以获取其中的盐分。又比如我们在动物园常常看到猴子们相互在各自的身体上寻找什么,很多人都认为他们之间只是为了捉虱子。其实它们在捉虱子的同时还把各自身体上汗液蒸发后形成的盐颗粒挑拣出来吃,以补充身体所需的盐。猫喜欢舔食自己的皮毛,其实也是为了从皮毛上获得盐分及其他微量元素等。

人类和这些动物一样,是它们的身体促使它们需要寻找盐分来维持身体机能的运行。只是动物与人类摄取盐的方式不同,在自然界中动物无法像人类一样获取纯净的氯化钠晶体。它们大多是通过舔食、咀嚼等方式来寻找它们所需要的盐,也可以通过食物链的方式获取它们体内所需的盐。甚至有的山羊为了盐分不惧危险爬到近百米高的大坝上舔食干涸的大坝渗出的盐。人工饲养动物时,在它们所需的饲料中也需要添加盐和其他矿物质,这是必不可少的环节。农村的牛在出门耕田前都要喂饱,在给牛吃的料中要加入半斤的食盐,这样牛才有力耕田。养过山羊的都知道,每天晚上要在羊栏中固定一个个的竹筒,在里面放上大量的食盐,让羊自己舔食,如果一连几天都没有吃到盐的话,这些羊就不会回家,养羊人就是靠盐来控制羊群的。

据动物学家统计,地球上约有一百五十万种动物被人类所了解。那么动物界中,哪种陆地动物是吃盐高手呢?据调查豪猪就是动物界中吃盐高手。豪猪属于啮齿类动物,身体肥壮,体长55至70厘米,尾长8至14厘米,体重10至14千克。豪猪从肩部到尾部长满黑白相间的2万多根尖刺。当遇到敌人的时候,它们会把身体上的刺竖起来,唰唰作响,警告敌人离它们远点。如果敌人不知好歹,它们会弓着身体,用尖刺扎进敌人的身体。被豪猪的刺刺中之后,就很难拔掉,伤口会感染,伤者会感到非常痛苦,甚至会致命。豪猪栖息在低山的茂密森林中,在亚洲、非洲、欧洲、美洲都有分布。亚洲、非洲和欧洲的豪猪生活在地上,美洲的豪猪却是攀树的。它们白天躲在洞里睡觉,晚上出来寻找食物。它们喜欢吃花生、玉米、瓜果等农作物。此外,它们是世界上最喜欢吃盐的动物,非常喜欢寻找各种含盐的食物咀嚼。比如,它们常常喜欢啃人用过的、出汗手握过的锄头把手,甚至咬碎玻璃,只为得到其中的一点盐分。豪猪会在人类栖息地寻找盐,会吃以硝酸钠保存的夹板,某些油漆、手工具、鞋、衣服及其他会有汗液的物件。豪猪会被正在溶雪的岩盐吸引到路上,且会咬轮胎。豪猪可以从有丰富盐分的植物、活动物的骨头、树皮、土壤及有尿液的物件获得天然的盐。另外,还有一些极度喜盐的生物。康奈尔大学的动物学家们对飞蛾进行了观察。这种飞蛾只有1.5厘米长,其雄性身上有明显的极端狂热行为:它能一连好几小时在水坑里饮水。它由此吸收了比自身重量大六百倍的水分,一旦获得了它需要的以盐的形式存在的钠,便会每隔三到五分钟,它的直肠就排出一股有力的长达五十多厘米的水流。飞蛾为什么要这样做?为什么它需要贮存大量的钠盐?这是因为雄性飞蛾首先需要贮存大量的钠盐,然后才能在长达约五个小时的交尾期里以精液的形式将其献给配偶。

微生物当中也有些极度喜盐的如嗜盐菌科。我们可以在盐沼、富含盐分的蒸发湖、含盐度非常高的海洋如死海或咸海、地下盐沉积、盐丘、盐湖及盐腌干肉和干鱼里发现极度喜盐生物。有些细菌可以生活在氯化钠达到饱和状态的水溶液里,也就是说其中的含盐度高到再也不能溶解任何一点氯化钠的程度。这些极度喜盐生物需要解决两个主要问题：

其一，细胞外相当大的渗透压力。

为了抵御细胞外渗透压力，生物进化出了细胞膜离子通道，它是平衡胞内外渗透压很重要的途径。该通道广泛分布于细胞质膜和细胞内膜间的跨膜蛋白中，该蛋白又称作通道蛋白。作为一类具有特定功能的蛋白质，离子通道具有多种特性①：

1. 选择性

细胞膜上的离子通道中，除少数非选择性离子通道允许多种离子通过外，大都对离子具有选择性。一种离子通道往往只允许一种或者少数几种离子通过。离子通道也根据其主要选择通过的离子而命名，如钾通道、钙通道等。已经发现，钙通道也允许镁、锰和钡离子通过，钾通道则允许少量钠离子通过。离子通道的选择性与其孔径有一定关系，一定孔径的通道只允许特定大小的离子通过。而造成选择性的更为重要的因素是通道内部的空间结构和带电基团的分布情况。X射线晶体衍射实验分析出钾通道内部存在钾离子结合位点，这些位点的空间结构与钾离子空间结构能够很好地吻合，这为解释离子通道选择性提供了有力证据。

细胞外矿物质离子种类很多，浓度变化也不规律，而细胞内离子浓度和比例则需要维持在相对平稳状态。因此，细胞需要选择性吸收必需的矿物质离子，同时将有害或暂时无用的离子隔离在外，这对维持细胞内正常的代谢具有重要意义。

2. 可控制性

离子通道的开放和关闭受到严格的控制。离子通道的开关受到多种因素的控制，如膜电压、机械刺激、配体刺激、蛋白活化等。按照开关控制机制的不同，离子通道又分为不同的种类。一般情况下，大多数离子通道都处于关闭状态，细胞膜上离子交换数量很少，在受到某种刺激

① 李俊敏，刘朝晖，尚忠林："细胞膜上的离子通道"，《河北师范大学学报（自然科学版）》，2005，29(5)：519—522.

之后，通道短时开放，然后迅速关闭。这种精细准确的开关控制能够保持细胞内离子浓度的相对稳定。

矿物质离子在生物体内具有复杂而重要的生理功能，如组成生物体结构物质、维持电荷平衡、调节生物大分子活性等。此外，很多离子还参与细胞信号传递过程，担负着将外部刺激转化为细胞可识别的信号，进而调控细胞内生理反应的功能。而离子通道作为离子进入细胞的重要途径，通过参与物质吸收、调节渗透压、参与电冲动形成、参与信号传递等种种活动，在生物体的生命进程中扮演着重要的角色。

其二，令细胞内蛋白质通过排出盐析过程完成沉淀。通过向其表面引入酸性残余物，特别是天冬氨酸（Asparticacid）和谷氨酸（glutamicacid），使微生物蛋白质发生变化，增强其吸水性。一些酸性残余物使碱基残余物赖氨酸和精氨酸形成盐桥，由此蛋白质分子的硬度更大，结构稳定性更高。

生命能够适应如此严酷、如此看似不利的生存环境，这促使我们以更开放、更宽容的心态看待世间万物：既然我们可以在看似根本不可能存在生命的恶劣环境中发现生命，或许有朝一日，我们也能通过基因工程技术改变现存的生命体，创造出能够在绝境中繁荣兴旺的人造生命。

在生命的起源与生命的进化当中，我们都能直接或间接地找到盐存在的身影，而盐也的的确确紧密地参与到生命的起源与进化当中，发挥着不可或缺的作用。人类在寻找盐的过程中逐渐进化，进化又加速了人类文明的进步，所以我们可以说盐加速了人类文明的进程与社会的发展，盐与生命密不可分。

第三节　盐与健康

在第二节当中，我们主要从生命的起源与进化角度对盐进行了详细的分析。本节我们换一个思考角度，从健康的视角出发来探索盐与健康究竟有什么联系。对于人类而言，我们对食盐的刚性需求，根源于人体的生理需要，盐是维持人体正常生理活动必不可缺的营养物质，与人类的身体健康息息相关。下面笔者将分别从盐的生理学、生物学、医药学、盐的过量与缺失这五大部分来向读者介绍盐与健康种种关联。

一、盐的生理学功能

就人类而言，我们凭直觉认为盐与口渴是一种简单、初级的关系。但实际上，这种关系恰恰表明了一种复杂的生理机制，肾脏和大脑都在这种机制里发挥着作用。另外，生物还能利用内部和外部环境含盐度的差异实现其他目的，其中一个目的就是产生神经冲动。

（一）盐的感官功能

对人类而言，摄入盐浓度高了自然会产生一种口渴的感觉，口渴的生理机制是什么呢？吃咸了，人就会感到口渴。这是因为人类进食过程中，盐被吸收到体内继而进入血液中，让血液的盐浓度升高，于是渗透平衡被打破了，组织液里的水分扩散到血液中。组织液中的水减少了，其盐浓度也就相应地升高，于是细胞中的水分就扩散到组织液中。但是细胞没有别的地方可以拉水过来，随着细胞内水分逐渐丧失，细胞将起皱、缩小，脱水的细胞无法正常工作，严重时细胞会死亡。脑中的神经细胞对此更敏感，而神经细胞一旦脱水死亡就不能再生了。如果要避免出现这种后果，就要及时从体外补充水分。应该赶在等高浓度的盐进入血液前补水，所以在吃咸的食物时，盐才接触到口、喉咙、食道，你就会感到口渴，这是本能在提醒你需要补充水分了，以便让水和盐一起进入体内。

在进食大约一个小时之后，水和盐在肠道里被吸收进入血液当中。如果食物很咸，你喝的水可能不够，血液中的盐浓度还是会升高。只要血盐浓度升高大约 1%，大脑就会感觉到，垂体会分泌抗利尿激素（antidiuretic hormone，ADH），它能改变肾脏对水的通透性，增加肾脏对水的重吸收，从而暂时降低排尿量以保存水分。[1] ADH 的另一个作

---

[1] 张光主、陈肇熙：“抗利尿激素的肾脏作用”，《国外医学：泌尿系统分册》，1991，11（4）：132—134.

用是让你觉得口渴。这就是为什么如果你吃了一顿很咸的饭菜后,过了一到两个小时又会口渴,又想要喝水了。但是在喝了这么多的水之后,我们身体这个储水袋就变得鼓鼓的了,虽然渗透平衡维持住了,但是水分在体内淤积,血容量增加,就有了高血压的危险。这是因为血管是个密闭的管道,里面的液体越多,压力就越大。所以食物太咸并不是多喝水就可以弥补的,为了健康一开始就要避免吃太咸的食品。世界卫生组织建议一个健康成年人每日盐的摄入量不应超过 6 克(相当于一个啤酒瓶盖的容量),高血压患者还应更低。这包括各种途径摄入的盐量,实际上一般人的用盐量远远超过这个标准。

(二)盐调节体液平衡功能

摄入盐会让体内血液的盐浓度增加,即使不摄入盐,体内水分丧失,也一样会使盐浓度增加,那就是出汗的结果。汗液含有盐分,但是浓度低于血盐浓度。如果你在激烈运动或炎热的天气大量地出汗,虽然同时失去了水分和盐,但是失去的水分的比例高于盐,其结果是血盐浓度增加了,[①]刺激垂体分泌让你感到口渴的 ADH。要防止脱水,当然要喝水,在大量出汗的情况下,还应该补充点被汗液带走的盐。自己配盐水喝往往会使盐的浓度过高,结果适得其反,最好是让盐水浓度刚好等于汗液的盐浓度——运动饮料就是这么配出来的,它们实际上就是加了甜味的汗液。

除了出汗,身体还有另一个丧失水分的途径——排尿。在正常情况下,这不是个问题,因为大脑会根据情况通过 ADH 控制肾脏调节尿量。例如在大量出汗时,通常不会尿急。但是也有因为排尿过多导致脱水的时候,例如喝酒。酒精是一种利尿剂,它抑制了 ADH 的分泌,使肾脏对水的重吸收减少,尿量大为增加。喝下一杯啤酒,会产生 3 杯的尿。所以喝酒容易让身体尤其是大脑脱水,大脑脱水导致覆盖它的硬脑膜变形,硬脑膜分布着疼痛感受器,它的变形会引起痛感。

---

① 马永江,葛绳德,杨秋蒙:"现代外科基本问题——外科患者的体液平衡(2)",《外科理论与实践》,2001,6(2).

酒后常常感到头疼,甚至睡了一觉还头疼,就是这个原因。避免酒后脱水的最好办法是每喝一杯酒,就同时喝两杯水。一旦身体失去了1%的水分,垂体就会分泌 ADH 让我们感到口渴,对一个体重 60 公斤的人来说,也就是失去 600 毫升的水分。但是我们在口渴时很少喝下这么多的水(相当于 3 杯)。在喝下一杯水后,血盐浓度的迅速下降会促使大脑暂时停止分泌 ADH,让我们不再觉得口渴,而这时组织液、细胞其实还没有补够水分。这意味着我们的身体实际上经常处于轻微的脱水状态中。因此我们应该经常补充水分,不要等口渴了再喝水。

那么一天应该喝多少水呢?成年人一天的尿量大约是 1.5 升,呼吸、流汗、排便又失掉了约 1 升水。这样一天至少要补充 2.5 升水。美国医学科学院建议在温和气候下男人一天摄入水分 3.7 升,女人 2.7升。约 20% 的水分是从含水的食物来的,剩下的部分(男人 3 升,女人2.2 升)要靠水或饮料补充。这是个不容易达到的标准,可以泛泛地说常喝水有益健康。多喝些水一般不是问题,功能正常的肾脏一个小时能处理 0.7 升的水,如果水多得让肾脏处理不了就会使血盐浓度过低,导致水中毒。如果水的盐分太少,其摄取功能会使与之接触的细胞体积增大(膨胀)。于是,血浆含盐度降低,血浆因此在受到渗透压力的情况下变得稀薄。这就是口渴的登山者不宜吃雪或饮用融化雪水的原因。海水不宜饮用是因为它含有太多的盐分。如果你喝了海水,体内环境的含盐度可能升高,由此会导致严格意义上的高血压。这就是众所周知的"高渗"。

在脊椎动物中,肾脏是排泄盐分的主要器官。肾脏通过尿排泄盐分,血液通过肾脏进入动脉并通过静脉,与此同时尿从尿道排出。血液的过滤作用是由专门的肾脏单位完成的。这些器官产生不同浓度的尿液,目的是保持细胞内含盐度的稳定水平。在这些器官的细胞里,有一种专门测量含盐度水平的"触角",即"渗压感受器"。含盐度的变化把神经信号传送到大脑,大脑因此产生所谓化学信号的激素,释放出"加压素",这种激素给肾脏发出指令,使其停止排出水分,避免脱水。与上述情况相反的是,肾脏给大脑发出另外一种称作"血管收缩素"的信号,这种信号能够引起一阵口渴的感觉。其他多种复杂的激素和神经系统调节机制也参与控制着水分与盐分的交换。

实际上,含盐度的任何一个变化都会转换成神经系统的电信号。这种现象是怎样发生的呢?为了弄清这种现象的原理,我们必须进行更细致的探讨。组织内的细胞有能力区分两种密切相关的离子钠和钾。通过钠钾泵将细胞外相对细胞内较低浓度的钾离子送进细胞,并将细胞内相对细胞外较低浓度的钠离子送出细胞。Na^+-K^+ 泵实际上就是 Na^+-K^+ 依赖式 ATP 酶,存在于动植物细胞质膜上,它有大小两个亚基,大亚基催化 ATP 水解,小亚基是一个糖蛋白。Na^+-K^+ ATP 酶通过磷酸化和去磷酸化过程发生构象的变化,导致与 Na^+、K^+ 的亲和力发生变化,大亚基以亲 Na^+ 态结合 Na^+ 后,触发水解 ATP。每水解一个 ATP 释放的能量输送 3 个 Na^+ 到胞外,同时摄取 2 个 K^+ 入胞,造成跨膜梯度和电位差,这对神经冲动传导尤其重要,Na^+-K^+ 泵造成的膜电位差约占整个神经膜电压的 80%。神经细胞或神经元在平静状态下,其电位差是负 50 毫伏。当神经元被激活时,其电位差迅速增加,从零值迅速上升到大约正 50 毫伏,然后又回落到平静值。人们把迅速上升到最高值称为"动作电位",这是由突然进入轴突的钠离子造成的。钠离子浓度为初始浓度十倍时就会带来正 58 毫伏的变化。这种变化伴随着钠离子的排出,电位差之所以在回落到平静值之前降至最低值也是由此造成的。

二、盐的生物学功能

在第一部分中,我们重点介绍了盐的生理学功能,其中以感官功能与调节功能最为突出。那么接下来的第二部分中,笔者将以生物学的视角切入,对盐的生物学功能进行详细介绍。生物与生理,虽有一字之差但具体内容却大不相同。

在漫长的人类发展史上,盐始终与人类的发展紧紧地绑定在一起。而随着科学技术的不断发展,人类对于生命科学的认识也在不断深入,盐的生物学功能正被我们逐步揭开谜底。下面,让我们通过盐的几则问答来深入探讨钾盐和钠盐的生物学功能。

1. 问：人类有 200 万年历史，吃盐只有 1 万年历史，在吃盐以前，人体缺不缺钠？

答：1 万年以前不吃盐，人体会缺钠，但是并非很缺，而是维持在较低水平上。土壤中有钠，植物吸收钠，那么草食动物、肉食动物体内就有钠，人吃植物、动物，也就吃进了钠。但是天然食物含钠很少，含钾较多，人体为了维持钠钾平衡，于是人的肾脏就具有这样的生理天性：钾多吃多排，少吃少排，不吃也排；钠多吃多排，少吃少排，不吃不排。"不吃不排"的含义，是当摄入的钠减少，肾脏会把尿液中钠重新吸收，二次利用。这样的生理天性，保持了钠少钾也少的低水平的平衡。

2. 问：人不吃盐没力气，这个说法有无科学道理？

答：人不吃盐没力气的说法由来已久，但这个说法只说对了一半，另一半是：人吃得没营养也没力气。还是史书上说得全面："粗食无盐则乏力"。"粗食"就是吃糠咽菜，既无营养又无盐，则乏力。人的力气来源于食物的营养和盐。营养产生热量，热量就是能量，能量就是力气，力气怎样使出来呢？靠神经支配肌肉使出来。神经细胞兴奋，兴奋产生生物电，生物电靠电解质传导，传导给肌肉细胞，让肌肉收缩、舒张，这样力气就使出来了。传导神经生物电的电解质就是体液，体液充盈全身。细胞内的体液高钾低钠，细胞外的体液高钠低钾，这是由细胞膜上的钠钾泵决定的。钠钾泵不停地把细胞内的钠泵出细胞外，把细胞外的钾泵入细胞内，而钠钾的来源则是我们吃进去的食物、食盐。食物中含钠很少，钠主要靠食盐供给，如果不吃盐，就缺钠，电解质浓度就低，传导生物电的效果就差，于是就没力气。同理，缺钾，传导生物电的效果也差，也会没力气。如今医生常发现那些少气无力者竟是缺钠或缺钾，补充氯化钠或氯化钾后则恢复活力。钾主要靠食物供给，有的食物含钾多，有的食物含钾少，如果吃的食物不够多样性，人体也会缺钾，而低钠盐含有 30％的钾，吃低钠盐既不会缺钠，也不会缺钾。

3. 问：动物不吃盐，照样很强壮，为什么？

答：动物其实爱吃盐。草食动物啃草皮，带土吃进去，土里含有钠。肉食动物最爱草食动物的血和内脏，因为含钠多。动物饮水不嫌浑，因为浑水往往含有盐。犬科动物没有汗腺,不会出汗,这可以保持体内的钠,那么散热只好靠长久地伸着长舌。动物嗅觉好,嗅到咸味就去舔。山野公路撒盐清雪后,必有动物前来舔路面。如果给野生动物喂盐,它们将会更强壮。家养动物则有吃盐的福,1500 年前南北朝的《齐民要术》就有给猪牛羊喂盐长得快的记载,如今的配合饲料都含有 0.5% 的盐。

4. 问:食物含钾较多,为什么还要补钾?

答:蔬菜水果含钾较多,大米白面含钾较少,吃蔬果少,所以人群普遍缺钾。世界卫生组织原来建议每天摄入 2 克钾,2013 年最新建议摄入 3.5 克钾。补钾,是为了达到钠钾平衡。高钠低钾会导致高血压、冠心病、脑中风,而高血脂、糖尿病也往往并发高血压。钠钾平衡则可以防治这些疾病。2013 年 5 月召开的第十一次中国营养科学大会在报告中显示:我国城市居民中,高血压患病率为 24.5%,糖尿病为 7.5%,高胆固醇为 12.8%,高甘油三酯为 26.6%。农村居民也大致如此。中国营养学会因此建议选用减钠加钾的低钠盐。

钾参与细胞的新陈代谢活动,为某些酶的正常活动提供适宜的条件。钾最突出作用是维持心肌细胞正常的兴奋性、自律性和传导性。低血钾和高血钾对人体的损害都是很严重的,轻者可导致疲倦、烦躁,严重的可造成心律失常,甚至突然死亡。因而,临床上对血钾的变化都给予高度的重视。正常成人每日钾的供给量为 2—3 克,儿童每公斤体重 0.05 克。一般动植物食品中都含有钾,特别是各类蔬菜、水果及蘑菇类食物中含钾丰富。血钾升高的病人,食用这些食物时应慎重。

5. 生理盐水为什么是 0.9% 的含盐量?

在医院里,我们在输液室常常看到大大小小的输液瓶、输液袋挂在架上,一些病人因为生病要进行输液,其中很多输液瓶、输液袋里都是浓度为 0.9% 的生理盐水。为什么必须用 0.9% 的生理盐水才能输入人体体内呢? 用其它浓度的生理盐水可以吗? 从下面的一个有趣的实验中我们可以找到答案。

在 200 多年前,为了改良制作酒的方法,人们将酒精导入一个圆形玻璃筒里,再用动物的膀胱膜将玻璃筒的底端口封住。如果将玻璃筒的下端浸泡在水里,便会发现自动鼓起来的膀胱膜。这是因为水通过膀胱膜渗透到了酒精的圆筒里,筒里的液体也鼓了起来,这叫作渗透现象。动物的膀胱膜、动物的皮、细胞膜等薄膜,可以统称为半透膜。如果将浓度不同的两种盐水用半透膜隔开,盐溶液中的水,就会从浓度低的盐水向浓度高的盐水中渗透,直到将两边的浓度均衡为止。盐分也存在于我们人体的血液中,血红细胞和液体血浆组成了血液。红细胞、白细胞和血小板组成了血细胞。在一般情况下,细胞内的浆液与细胞外的血浆液必须维持一定的浓度。人在输液时,食盐水进入血浆时,也须维持 0.9% 左右的浓度。一旦生理盐水被稀释或错用了蒸馏水代替,输液后,血浆的浓度会变稀,这样,血浆里的水分就会渗透进入浓度大的血细胞。引起血细胞膨胀甚至破裂,也即溶血现象。若生理盐水浓度过高,那么,血细胞里的水分就又会渗透到血浆里。因此在正常情况下,生理盐水必须是 0.9%。但也有特殊情况存在,如因皮肤大面积烧伤引起血浆严重脱水时,那输液时就需要使用浓度低于 0.9% 的生理盐水,以缓解血浆的脱水状况;如病人因失钠等离子过多而引起血浆里水分过多时,此时又应该使用高于 0.9% 的生理盐水输液,以提高血浆的浓度。

在生产生活中,不同用途的盐水浓度都有严格要求,例如在医院里,配制眼药水如果超过规定浓度,就会使眼脱水而感到胀痛。比如游泳时,在海水里睁眼不会觉得难受,而在淡水里时睁眼却会感到难受就是这个道理。又比如我们在腌制腊肉时,一般使用浓盐水,既能起到杀菌的作用,又能降低肉的水分使其更易保存。

由此,我们可以得出结论,浓度为 0.9% 生理盐水只是一种比较合乎生理的溶液,其主要用于供给电解质、维持体液张力,从而避免细胞发生膨胀破裂或者脱水等。如果使用浓度低于 0.9% 的生理盐水,细胞则会很容易发生脱水,反之,则细胞很容易发生吸水而膨胀破裂,无论是哪一种情况发生,对于生命而言都可能会造成极大的风险。因此,临床上输液时最好使用 0.9% 的生理盐水。

三、盐的医药学功能

盐作为人和动物体内不可缺少的一种化合物,也自然会是医药中的重要成分,在人类文明发展史上,盐最早就是作为重要的辅助药物来使用,下面我们将从中药和现代医学研究的盐缺乏症介绍盐的医药学功能。

(一) 盐的中药学功能

盐从中药学的角度来看,属于咸寒之品。《本草纲目》记述:"大盐(气味),甘、咸、寒,无毒。"中药饮片是中医临床用药的主要形式,中药材必须经过加工炮制成中药饮片后方可入药。盐炙是一种常用的中药炮制方法,"盐炙走肾"是其基本作用。通常情况下,盐的中药用法有以下几种。

1. 补肾药。《黄帝内经·素问》曰:"北方生寒,寒生水,水生咸,咸生肾。"盐性寒味咸,能滋肾水,涵养肾脏。所以在中药炮制中,对于补肾药会用加入食盐以达到引药流入肾脏的作用。根据五脏理论,人体骨架由肾脏支持营养,因此在治疗退行性骨疾病的时候也会用盐炙,比如:盐续断、盐杜仲、盐巴戟天、盐补骨脂。例如补骨脂的炮制,取净补骨脂用2‰食盐水拌匀,闷润,置锅内用文火炒干,取出晾凉就制作完毕了。补骨脂本身具有补肾壮阳的作用,经过盐炙后可以增加补肾纳气和温肾的作用。

2. 补心药。《黄帝内经·素问》说:"心欲耎,急食咸以耎之,用咸补之。"心居上焦,属火,在八卦中为离卦;肾位下焦,属水,在八卦中为坎卦。在生理上下焦肾水充足,上济心阴,可以抑制心火,阴阳平和,就达到了六十四卦中既济卦的状态。假如肾水不足,则阴阳分离,心火上亢,就会出现心烦多梦、腰膝酸软的症状。这样的用药有:盐砂仁、盐益智仁等。

3. 软坚药。在中医学中,治疗症坚积聚的中药用盐炙。现代医学中的淋巴结肿大、甲状腺结节、乳腺增生、子宫肌瘤等都属于症坚积聚。

"咸能软坚",咸味能软化体内顽固性、陈旧性的病灶,因此在肿瘤疾病中运用盐炙中药特别关键。例如:盐荔枝核、盐橘核等。

4. 大小便病用之者。"咸能润下",大小便不利的情况,用盐炙中药增强其利水的作用。比如,每天早晨服用一杯淡盐水能排宿便,清理肠道;长期卧床的老人可以盐炒过敷脐部,能促进老人大便排出。现代生理学研究表明,大小便的排出与人体内环境渗透压有关,也充分证明了盐在大小便病中运用的科学性。例如盐车前子、盐泽泻。泽泻生用可利水,盐炙后则引药性下行,增强泄热利水作用。车前子盐炙则能增强下行利尿的作用。

5. 诸痈疽眼目及血病用之者。《周礼》记载"以咸养脉",表明盐跟血液有密切的关系。适量的食盐摄入对血脉能起到滋养的作用,过量则会引起一系列疾病。痈疽、眼疾主要与血热有关,食盐性寒味咸,能清血中热毒,并且活血通络。例如:盐蒺藜,取净白蒺藜用2%食盐水拌匀,稍闷,用微火炒干,取出晾凉。白蒺藜,味辛、苦、温,具有疏肝解郁、祛风明目、补肾益精的功效。盐炙后引药下行,增强其补肾、疏肝明目的作用。

李时珍在《本草纲目》中记载"盐为百病之主,百病无不用之",一语道破了盐在养生中的关系。从以上中药学对各种盐炙中药方法的阐述,我们可以清晰地了解到,睿智的先辈对盐与人体健康和诸多疾病的关系进行了深刻的研究和探索。我国中医中药学对盐的重视程度,亦可窥见其一斑。

随着人类对自身健康的认识不断加深,盐对机体的重要性便通过缺乏症清晰地表现出来,人类早期也就是通过这种途径来判断盐的重要性和摄入量。

(二) 盐的西医学功能

1. 盐与碘缺乏病

食盐承载着消除碘缺乏病的历史使命。据医学研究显示,碘是人体必需的微量元素,人体的碘完全依赖自然环境的供应,其中约80%—90%来源于食物,5%—15%通过饮水获得,5%来自于空气。人体每日需要从食物中摄取15微克碘,才能维持正常的生理活动。由于缺碘地区的水和土壤含碘量非常低,其产出的粮食和蔬菜的含碘量很少,远远不能满足人们的正常生理需要。医学研究证明,碘缺乏病会引起一系列严重疾病,如胎儿期缺碘,会造成流产、早产、死胎和畸形等现象,影响胎儿的脑部系统发育,出现不同程度的智力伤残,甚至导致白痴和聋哑等;儿童期和青春期缺碘,会引起甲状腺肿大、青春期甲状腺功能低下和体格发育缺陷等;成人期缺碘,则可因甲状腺功能低下而引发多种疾病。要消除碘缺乏病,就要坚持长期而连续地生活化补碘,一旦中断补碘,碘缺乏病将会卷土重来。那么在食盐中强制性加碘,是消除碘缺乏病最安全、最经济和最有效的手段。

联合国世界卫生组织、联合国儿童基金会、国际控制碘缺乏病理事会 2001 年公布的每日碘的推荐供给量情况如下:0—59 个月的婴幼儿是 90ug/天,6—12 岁学龄儿童是 120ug/天,12 岁以上人群是 150ug/天,孕妇和哺乳期妇女是 200ug/天。而根据我国每公斤食盐添加 20—50mg 碘的标准,成人每天只需要摄入 5—8g 标准碘盐,就可获得 150μg 左右的碘,从而满足生理需求。

加碘盐是由普通食盐加入适量 KI 或 KIO_3 而制成的,具体做法是将可溶性的碘化物按 1:20000 到 1:50000 的比例与食盐(NaCl)均匀混合。[1] 我国曾经用 KI 作为食盐添加剂,由于 KI 具有浓苦味、易潮解、在常温下久置易氧化游离出单质碘而呈黄色、须避光保存等缺点,自 1996 年起我国政府以国家标准的方式规定食盐的碘添加剂为 KIO_3。食用加碘盐的成分为:NaCl≥98.50%,水分≤0.50%,水不溶物≤0.10%,KIO_3≥30mg/kg。

2. 氯化钠注射液功能

氯化钠为无色、透明的立方形结晶或白色结晶性粉末,无臭,味咸。在水中易溶,在乙醇中几乎不溶,为电解质补充药。氯化钠主要用于生理盐水的配置,对人体具有重要意义,医用氯化钠能维持细胞外液的渗透压,并参与体内酸碱平衡的调节。氯化钠中的氯离子参与体内胃酸

---

[1] 杨慧萍,曹玉华,王素雅,王晓君,吴冬雪:"加碘盐与人体健康",《食品科学》,2006,27(11):536—539.

的生成。氯化钠的作用也表现在维持神经和肌肉的兴奋。内服小剂量氯化钠,对消化道黏膜产生一定的刺激作用,可增加消化液分泌,加强胃肠蠕动,促进胃肠道的消化功能。用于食欲减退,消化不良,胃肠蠕动缓慢等。等渗氯化钠注射液,可防治低钠综合征,缺钠性脱水(如烧伤、腹泻、休克等)、中暑等。

另外,1%—3%的氯化钠溶液,外用洗涤创伤,有轻度刺激作用,可促进肉芽生长,并有防腐作用。雾化的氯化钠还有排痰功能。通常在临床治疗上,对婴幼儿的咳嗽或排痰采用雾化吸入3%的氯化钠溶液的形式进行治疗,雾化吸入高渗盐水,对气管、支气管黏膜有一定的湿润作用且暂时性呈高渗状态,刺激黏膜上皮内杯状细胞分泌粘液,使痰量明显增加并改善了痰液引流特性。呼吸道分泌物的清除障碍与分泌物的水合作用较差有关,钠离子和氯离子等主要的离子成分可以影响呼吸道分泌物的水合程度,从而改变呼吸道分泌物的物理性质;提高呼吸道分泌物中的氯化钠浓度可以增强气道粘液纤毛转移运动,当纤毛的渗透压维持在300—500mmol/L的Na+浓度时具有最大的转移运动效果。

氯化钠注射也被常用于兽医治疗,一般情况下,关于动物静脉注射一次量:马、牛为1000—3000毫升、羊、猪为250—500毫升、犬100—500毫升。10%的浓氯化钠注射液静脉注射,有促进胃肠分泌与运动,加强消化机能及改善心血管活动等作用。常用于反刍动物的前胃弛缓、瘤胃积食和马属动物便秘等。静脉注射一次量,每千克体重,家畜0.1克。氯化钠的毒性很小,但猪和鸡比较敏感,过量食用,可引起中毒;静脉注射浓氯化钠注射液时不能稀释,宜缓慢注射,不可漏至血管外;心力衰竭和肾功能不全的患畜慎用该品。

3. 盐与呼吸康复

1843年,经过波兰学者研究证实,在洞穴的特殊结构中,独有的微循环气候结合饱和的盐尘是治愈呼吸系统疾症的主要作用因子,并将这种疗法定名为"洞穴盐疗法"。其中,3微米以下的细小盐微粒可涌入细小支气管,盐微粒可使细菌蛋白质结构脱水,具有杀菌抗炎,溶解痰液,改善呼吸道状况,减轻气道水肿和炎症及增强肌体免疫功能等作用。1858年,波兰维利奇卡市建立了第一个具有专业呼吸条件的疗养中心,利用洞穴微环境中丰富的超细弥散的干盐气溶胶进行康复治疗。从此欧洲国家开始研究盐在呼吸系统疾病的治疗和保健作用。

呼吸盐疗是一种纯天然非药物疗法,通过模拟天然盐矿洞的微气候环境,利用岩盐气溶胶的物理、化学特性从而对呼吸系统产生积极影响。现代的盐气溶胶疗法通过人工手段模拟天然岩穴中的微气候条件,能够更加方便地调整以便适应不同的治疗需要。

通过呼吸分别涌入支气管、咽喉、鼻腔及口腔内,有助于整个呼吸道清洁、减菌,提升抗病力,恢复支气管表面纤毛动力,目前呼吸盐疗也是少数有科学依据能够减少肺部毒素沉积物的方式。

根据肺健康研究所的研究,盐的抗菌和消炎特性相结合,具有协助清除空气中传播的病原体,同时减少过敏反应的能力,使得其成为辅助治疗哮喘、支气管炎甚至慢性阻塞性肺病的极佳选择。

呼吸盐疗可以改善呼吸系统问题。盐有助于减少炎症,打开气道,同时帮助从呼吸系统清除过敏原和毒素。根据盐疗协会的解释,盐疗法可以缓解诸如哮喘、过敏支气管炎、普通感冒、慢性阻塞性肺病、囊性纤维化、耳部感染、鼻窦炎、吸烟者咳嗽的呼吸系统问题。

呼吸盐疗可以提高人体机体免疫能力。岩盐气溶胶表面带有负电荷,能增强黏膜上皮细胞的电生理活性,增强其非特异性的免疫功能。岩盐气溶胶还活化了体内巨噬细胞,能够调节呼吸道免疫功能,从而提高人体机体免疫能力。

曼彻斯特大学进行的一项研究表明,盐的另一个主要好处是它能减少炎症。这是一个极大的优势,因为我们知道炎症是大多数疾病的根源。根据以动物为实验对象的研究,可以通过在高渗溶液(一种盐浓度较高的溶液)中泡浴来缓解炎症。这种含盐液体也能在使用绷带时减少炎症。高渗溶液似乎能在皮肤中产生渗透梯度。渗透梯度是由水分子引起的压力,它迫使水从高水势(低浓度)地区移动到低水势(高浓度)地区。研究人员指出,这就解释了为什么已知的盐温泉可以改善与风湿性关节炎等炎症相关的疼痛。

4. 盐的清洁功能

盐有深层清洁、杀菌排毒、舒经活血、收敛皮脂腺的作用,用盐洗发是油性头发的首选。可以用厨房里的食用盐,也可以用市场上出售的现成的洗发盐。具体用法是:如果只是头皮油腻,头发还不算太油的话,可以用洗发液正常清洗头发后,将洗发盐均匀涂抹于头皮之上,再配合指腹轻轻地按摩 3—5 分钟后,清水洗净即可,建议每周 2—3 次。

此外,盐还能改善皮肤。大多数女性现在都是用化妆品美容,然而皮肤姣好的日本女性近来崇尚"食盐美容"。用食盐美容可以清除脸皮毛孔中积聚的油脂、露在外表的"黑头"以及皮肤表面的角质和污垢。经过食盐美容,面部皮肤就能呈现一种鲜嫩、透明感。食盐美容法用于全身,则能促进全身皮肤的新陈代谢,防治皮肤病,起到较好的自我保健作用,用盐水洗脸还有收缩毛孔、收敛肌肤、安抚潮红肌肤的作用。具体做法是:用细盐抹在鼻翼两侧,轻轻按摩之后休息 3 分钟,然后在两侧鼻翼毛孔张开的部分用中指指腹由下向上做挤压式按摩。

同时,盐还能去除痘痕及平复皮肤凹凸。具体做法是以指腹沾少许盐,在青春痘痕迹或凹凸部位依螺旋状按摩三次,再取充分的盐敷在需要解决的部位,过五六分钟后洗去。注意不要按摩正在生长的青春痘。

盐可以在一定程度上改善粗糙皮肤和去除黑斑。有美容专家认为,用盐洗面好过许多洗面奶,因为盐在面部摩擦时,能有效消除脸上毛孔所积累的粉刺、黑头、死皮等。盐除了能去除污垢,还有消炎作用,可加速暗疮的凋谢速度,若再加上柠檬汁作配料还可以去除面部雀斑。具体方法是:早晚洗脸时,可将一茶匙盐掺加一些具有美白效果的柠檬汁,加水使之溶解后涂在面部,从额部自上而下搽抹,边搽边做环形按摩,半分钟后以温水彻底清洁脸部,然后再涂上保湿乳液或继续正常的护肤步骤。每天早晚洗脸后各一次,大约一周后你的面部便会呈现一种红润透明的感觉。

盐还能去除腋下异味。盐具有杀菌消炎的作用,洗澡时可直接在腋下抹盐。平日可用棉块浸上比海水稍淡的盐水随身携带,随时用它来除去汗水。盐也能去除脚臭。脚臭是由于身体的小汗腺分泌旺盛引起,真菌感染也是原因之一,盐水具有一定的消毒杀菌作用,对脚臭有一定疗效。用大量的粗盐抹在脚尖、脚趾之间及脚底部分，并用手搓揉 5—6 次，休息 5 分钟后用水冲净即可。

对于背部痤疮的"顽疾"，盐一样也有用。有效的办法是盐水入浴消除背部痤疮，入浴后让身体充分温热，待毛孔张开后多抹些盐在后背，各个角落都要抹到。用浴刷按摩 1 分钟，不要太用力，只要让皮肤及刷子间的盐分移动即可，然后用海绵蘸上淡盐水，贴在背上 10 分钟，用清水洗干净。洗几次再看看，背上的痤疮慢慢地被攻克了。

淡盐水冲洗可以减少对眼的损害，它可清除灰尘或细菌，避免感染，盐水洗眼对治疗沙眼，角膜炎症，缓解眼部干涩等有一定的作用，但浓度不能过高，只需淡淡的就可以，以免刺激眼睛。遇上刮风的天气，外出归来时，可用温水冲一杯淡盐水，以棉棒蘸取擦拭内外眼角，达到洗眼明目，去除污物的目的。

四、盐的过量与危害

虽然食盐有这么多的好处，但是在日常饮食当中，过多食用食盐也会对我们的身体造成危害。首先从微观的角度，我们可以把盐的过剩细分为三种情形：钠盐过剩、钾盐过剩与钙盐过剩。

1. 钠盐过剩

钠盐过剩是指血液中的钠盐浓度增加。医学上规定每升血清中的钠浓度超过 150 毫当量时为高钠血症（正常值范围以 135—145 毫当量/升）。如果用重量单位来表示的话，则为每升血清不应超过 345 毫克（正常值范围为 310—333 毫克升）。钠盐过剩的发生机会虽然不像钠缺少那样多见，但它一旦发生其后果常是相当严重的，甚至危及生命。

（1）钠盐过剩的原因

① 钠盐的摄入量过多

我们知道，每个人都要吃盐，好吃盐者为高盐欲，不爱吃盐者为低盐欲。按照人体对于钠盐的需要，食物中并无再加盐的必要，因为人体所需要的钠每日 0.5 克就够了（相当食盐 2—3 克）。然而，由于生活习惯,我们的食盐摄入量常高达 10 克以上,已远远超过了这个基础需要量。为此,美国参议院的"营养与人类需要精选委员会"建议,每人每日消耗的食盐量可由目前的 10 克以上降低至 5 克。美国长寿学会建议,食盐的摄入量还可降低为每日 2—4 克。但对高血压病人来说,这个数值还显得偏高,应降至 2 克以下。

② 水平衡异常引起钠盐的相对增加

钠盐的多少直接控制着水的代谢平衡,所以水分的多少又会影响体液中的钠盐浓度。如果水分的摄入量不足,或在一定时期内完全断水,将会使体液内的钠盐浓度急剧上升。此外,如果钠盐和水都丧失,而水的丧失量超过了钠盐的丧失量,同样也会造成血液内的钠盐浓度相对上升。请注意,这里所指的钠盐浓度上升注明了"相对"两个字,意思是说身体内的钠盐总量并没有增加,或者说在一定程度上还有减少,其浓度上升是失水大于失钠造成的,故又有假性高钠之称,或称为高张性脱水。只有因摄入钠盐增加造成的高钠血症,才是真正的钠盐过剩。水分额外丧失增加的常见原因是严重腹泻和顽固性呕吐,如发生在婴幼儿中情况更为严重。

(2) 钠盐过剩的危害

我们讨论了细胞外液高钠带来的危害是组织细胞因细胞外液高渗而产生脱水。为了正确估计脱水程度,美国医生马里奥特曾经规定了三条标准:轻度脱水病人的主要表现为口渴,估计缺失量为体重的 2%,中度脱水系指断水 72—96 小时的状况,患者除口渴口干外,常有尿少,四肢软弱无力,甚至出现性格的改变。这类病人的缺水量约占体重的 6%,但是仍能从事一定的体力劳动。第三种情况为重度脱水,因为脱水迟早会影响到大脑细胞,所以往往出现神经错乱、癫痫发作,以至昏迷等。估计失水量已达体重的 7—14%。上述的分类标准是指急性高钠而言的。但是在日常生活中所发生的钠盐过剩并非都是突然发生的,如盐欲较强的人可能要发生慢性持续性高钠。由于平日吃盐过量,必然会出现口渴症状,大量饮水又会使血管内水分增加,从而引起血压上升。对于原来已有心、肾、肺等疾病的患者来说,钠盐过剩的危害更大,它会增加心脏的负担导致心力衰竭;它会加重全身及肾组织的水肿程度,导致肾脏衰竭;它会增加肺组织的含水量引起呼吸衰竭。

2. 钾盐过剩

因为身体的钾盐绝大部分都在组织细胞内(占全身钾的 98—98.5%),而细胞外液中仅占很小比例(只占 1.5—2%),所以血清钾盐浓度与钠盐浓度相比要低若干倍(血钾平均值为 4.5 毫当量/升,血钠平均值为 142 毫当量/升)。但是,别看血钾浓度这么低,其变化后的机体反应却比盐敏感得多,即使钾盐稍微增加或减少,也可能造成严重后果。

(1)钾盐过剩的根源主要有以下三种:

① 肾脏排钾减少

正常肾脏具有较强的排钾功能,所以在补充钾盐方面有一个规则,那就是"有尿则补钾"。与此相反,若在无尿或少尿时补充钾盐,就会导致钾盐不能及时排泄造成钾盐过剩。

② 细胞放出钾盐

任何原因引起的组织细胞损伤都有高钾的倾向,如严重的溶血反应,大片肌肉组织坏死,组织细胞缺氧以及全身运动过度等。就拿溶血反应来说,当输入不匹配血型的血以后,会发生红细胞溶解,细胞内的钾会渗入到细胞外液中产生高钾血症。倘若这时肾功能的损伤不能正常排出,溶血反应愈严重则对肾脏的损伤程度也就愈重,严重溶血反应病人的无尿期可长达 10 天以上,因此必定要造成血液中的钾盐过剩。除了溶血反应外,还有就是输库存过久的血液受冷温影响,血细胞膜表面的钾钠泵便失去作用。因此细胞内的钾跑到细胞外,使库存血液的钾浓度增加。若库存血保存两周之后,其血浆的钾浓度可增加 4—5倍,三周后可高达 10 倍之多。因此,凡是有高血钾倾向的病人,不宜输库存过久的血液。

③ 治疗上的欠妥

药物能够治病,但也能添病。青霉素钾盐在对抗细菌感染方面有卓越功效,但是它所含钾盐量较高,每 1000 万单位含钾 17 毫当量,相当于氯化钾 1.3 克。谷氨酸钾对肝性昏迷疗效明显,但也含有较高的钾盐,每 20 毫升含钾 34 毫当量,相当于氯化钾 2.5 克。氨苯蝶啶、安体舒通、氨氯吡咪虽然都有较好的利尿作用,但在盐的排泄方面也有一个弊病,它在肾小管中的作用并不是留钠排钾,而是留钾排钠。因此,对于肾功能有毛病的患者,这些药物都应慎重使用。

(2) 钾盐过多的损害

钾离子浓度减低则心肌的应激性增高,钾离子浓度升高则应激性降低。因此,高钾血症时心肌的收缩力量是降低的,可能发生的异常表现有心动缓慢,每分钟心跳低于 60 次;心跳无力,不规则,严重者可发生心跳骤停。钾盐过剩除了对心脏的有害作用外,对神经肌肉系统也有影响。根据神经肌肉应激性公式,钾离子对神经肌肉的作用与对心肌的作用恰恰相反,血钾增高时使心肌收缩力下降,但却使神经肌肉的收缩力增强。归纳起来,高钾血症在神经肌肉方面的症状包括手足感觉异常、疲乏无力和虚弱感,以及肌肉酸痛,面色苍白,肢体湿冷等,类似于血管神经肌肉收缩时引起的缺血表现。

3. 钙盐过剩

钙主要以无机盐的形式存在于体内。成人体内含钙的总量约为700—1400 克,其中 99.7％以上的钙都沉积在骨骼和牙齿内,余下的钙(每 100 毫升血液含 9—11 毫克)虽然仅占全身总钙的 0.3％,但是它的作用巨大,而且也以两种形式存在。一种是与蛋白质结合,每 100 毫升血液内蛋白结合钙约为 4—5.5 毫克;另一种是游离存在的,每 100 毫升血液内游离钙为 5—5.5 毫克。后一部分的生理作用尤为重要,减少或增加都可使人得病。但是,还有一种情况应当引起我们注意,有时血钙浓度并没有增加,由于新陈代谢发生了障碍而引起大量钙盐在某一部位沉积,这在医学上叫作结石,它也能产生巨大损害,这其中最有代表的当属尿路结石。

尿路是尿液形成后排出体外时所经过的路线,包括肾、输尿管、膀胱及尿道四部分。正常人的尿液排出畅通无阻。但某些人每逢排尿时小便涩痛如滴状,重者大汗淋漓,以致造成更严重的后果,这便是尿结石。尿结石是尿酸盐的结晶体,这些晶体本应溶解于尿液中,但由于晶体过度饱和,如果超过了尿液的溶解度,即可沉淀析出,使尿液变得非常混浊。这种晶体在某些条件下,便会在肾脏形成结石,并且逐渐扩大。肾结石可以下降,降至输尿管则称为输尿管结石,降至膀胱者称为膀胱结石。

当尿路结石形成后,便会带来一系列严重的后果:

第一个损害是阻塞。阻塞可以发生在尿路的任何部位,不过仍以狭窄部位多见。在结石造成阻塞的同时,排尿器官会动用各种力来加强收缩、提高内压、加快流速,企图排出结石。但是由于结石的牢固嵌塞,上述活动往往是徒劳的,不但不能把结石冲掉,相反又使输尿管出现阵发性收缩。结石嵌塞得越牢固,痉挛收缩越严重,给患者带来极大的疼痛。

第二个损害是感染。因尿路阻塞流速减慢的尿流,或者是完全停止流动的尿液是容易被细菌感染的。从某种意义上说,阻塞与感染可以互为因果,即阻塞能招致感染,感染能引起阻塞。肾盂感染的结局可能包括整个肾脏,因结石阻塞而积满了脓尿,变成一个大脓肾;或炎症向周围扩散引起肾脏周围炎;或肾脏实质部分因变得微薄而丧失功能。

最后一个损害就是破坏尿路的内层黏膜。结石长期存在于尿路当中会损伤尿路黏膜,导致血尿等情况发生。

4. 碘盐过剩

碘盐是指含有碘酸钾的氯化钠的食盐。由于中国大部分地区都缺碘,而缺碘就会引起碘缺乏病,所以国家要求在食用的氯化钠食盐中加入少量的碘酸钾。20世纪80年代以前,人们对于缺碘的危害局限于甲状腺肿大和克汀病,防治的措施是在病区供应加碘食盐或碘油。20世纪80年代以后发现,在人的碘营养状况还没有达到地方性碘缺乏病流行的严重程度的情况下(儿童尿碘含量50—100微克/升,甲状腺肿患病率在5—20%之间),儿童的智力发育就已经受到危害,只有补足了碘才能确保婴幼儿的正常脑发育。在这种情况下,我国将地方性碘缺乏病区的标准修订为7—14岁学生中甲状腺肿患病率大于5%。为解决广泛存在的碘缺乏问题,世界卫生组织呼吁全民食盐加碘。从1995年起,我国开始实施全民食盐加碘。十年后,我国7—14岁学生的甲状腺肿大率由平均20.4%降低到5%以下,在占人口90%以上的合格加碘食盐覆盖地区,完全消灭了克汀病的发生。

碘盐能够促进人体能量代谢,促进物质的分解代谢,产生能量,使人体能够维持基本生命活动,同时也能促进儿童身高体重大脑等多方面的发育。虽然有许多优点,但碘盐摄入过剩也会危害人体健康。碘摄入过量对人体健康的危害主要包括以下几个方面:

(1)高碘对甲状腺功能的影响最常见的是碘致甲状腺肿(IH)和高碘性甲亢。

(2)高碘对智力的产生影响。近年来,碘过量与智力之间的关系引起了专家学者们的重视。多项流行病学调查显示高碘地区学生的智商明显低于适碘区。大部分动物实验研究也已证明过量碘负荷确实可使动物脑重量减轻,学习记忆力下降。

(3)高碘对性功能的影响。美国的一项研究显示,碘盐的摄入量与男性精子数量有一定的关系。提示美国人食用碘盐可能导致男子的精子数量减少。此外,碘过量对大鼠生殖力影响也有报道,这不能不说是过量补碘带给我们的另类担忧。对于高碘地区人群以及因治疗疾病而不宜食用碘盐的人群,应避免食用碘盐。

首先盐摄入量过多易引发高血压

世界卫生组织建议正常人每人每日盐摄入量不超过5g,我国营养学家建议每日摄入不超过6g。在中国,北方人平均每日食盐量15—20g,高血压患病率为10%;南方人平均每日食盐量12—13g,患病率约为5%—7%。经研究发现,盐易存积在血管壁内。血管的阻力越大,血压就越高,心肾等内脏的负荷就越重,机体正常代谢功能就被打乱了,水肿就会出现,产生脑血管意外或心力衰竭的危险性就大幅度增加。除此之外,营养学家还建议我们,平时不要总是吃含盐量太高的食物,比如腌制品,像动物内脏、蛤贝类、菠菜等的含盐量也是很高的。盐过多易引发高血压,加了碱的馒头也含有钠,我们平时多吃一些水果和谷类食物,因为它们里面的钠元素含量低。

其次盐摄入量过多伤肾

很多情况下,食物味道重的同时也正意味着它的含盐量是极高。盐虽是一种具有防腐作用的物质,但同时还带有一定的毒性。《黄帝内经》载"多食咸,则脉凝泣而色变"。这句话的意思是说,如果吃得太咸,则会导致血脉凝聚不通畅,血脉凝聚不通畅会使人的面色变黑。面色变黑那就是伤肾的表现。包括盐、味精、鸡精等增鲜产品，以及酱油、黄酱、豆酱、日本酱、沙茶酱、豆瓣酱、辣椒酱、腐乳、豆豉、蚝油、虾酱、鱼露等所有咸味调味品都含有大量的钠。过多的钠会增加肾脏负担，促进水肿，升高血压，造成组织脱水。

然后盐摄入量过多易引发呼吸道疾病

高盐饮食致使口腔中唾液的分泌量减少，会导致各种细菌和病毒在咽喉部位孳生。同时，由于高盐度可以杀死上呼吸道的正常寄生菌群，由此造成菌群失调，从而导致发病。高盐饮食还可抑制黏膜上皮细胞的繁殖，使其丧失抗病能力。这些因素都会使上呼吸道黏膜抵抗疾病侵袭的能力降低，各种细菌、病毒容易乘虚而入。另外，如果我们口味过咸，摄入钠过多，则血中钠浓度较高，钠会使支气管收缩导致分泌物不易排除而滋生细菌，从而发生支气管炎，人体如果食盐过量不但容易发生高血压，而且还会使哮喘发病率增加。

再次食盐过多导致钙质流失

盐中的主要成分为钠，含量约为 40％，可以说钠才是导致人体骨质流失的直接杀手。一般而言，人体的肾每天会将使用过的钠随着尿液排到体外，可是每排泄 1000mg 的钠，大约也会同时耗损 26mg 钙。这看起来似乎没有什么影响，可是人体需要排掉的钠越多，钙的消耗也就越大，最终必会影响骨骼健全所必需的钙质吸收。如果食物中钠盐的量多的话，在肾小管重吸收时，会使得过多的钠离子与钙离子相竞争，钙的排泄增加，这样就会刺激甲状旁腺分泌较多的甲状旁腺素。从而会激活"破骨细胞"膜上的腺苷酸环化酶，使得骨中钙质溶解，会破坏了骨钙代谢的平衡。所以容易使我们身体中缺失钙物质，出现骨质疏松症甚至骨折的现象。

最后盐过多易长皱纹

食盐以钠离子和氯离子的形式存在于人体血液和体液中，它们在保持人体渗透压、酸碱平衡和水分平衡方面起着非常重要的作用。如果吃盐过多，体内钠离子增加，就会导致面部细胞失水，从而造成皮肤老化，时间长了就会使皱纹增多。此外，在外就餐，食物太咸，食客受不了，厨师会想办法让菜咸而不腻，常见的办法就是放糖和增鲜剂。糖能减轻咸味、调和百味,加了糖之后,就可以放更多的盐而不觉得咸得难受,甚至还会产生一种浓郁够味的感觉。过量的糖本身也是不利于健康的,味精则会进一步增加钠的含量。所以,使用大量盐加上糖加上味精的调味组合,虽然使得味道非常醇厚,但其中的钠含量已经相当于正常调味的两三倍之多,极其损害健康。

五、盐的缺失与危害

在上一节中我们讲述了盐过量所带来的危害,但是从另一角度思考问题,盐的缺失同样会给我们带来巨大的威胁。

1. 真假钠盐缺失

首先我们要知道,钠盐的缺失其实可以细分为两种情况:真性钠盐缺失与假性钠盐缺失[①]。

所谓真性钠盐缺失,是说身体的钠盐缺少了,而且是真的缺少了。真性钠盐缺失临床上比较常见(如在呕吐、腹泻、大量出汗及永久性小肠造瘘等情况下容易出现),"热衰竭"就是典型代表,这种病主要发生在炎热的夏天和高温车间内。发病原因比较明确,由于热大量出汗引起了钠盐和水分的大量丢失,继而又引起了周围循环衰竭。据统计,在高温环境下从事体力劳动者的排汗量可高达 10 升之多,而且汗液中的钠盐浓度有随着排汗量的增加而上升的趋势。因此,处在这种情况下的体力劳动者水、钠都有大量丧失,而且失钠多于失水。在这种情况下,细胞外液的渗透压倾向于很低,此时,肾脏本来可以借助于排尿来维持身体的细胞内外液的渗透平衡,但是,肾脏放弃了对细胞外液的低张力状态的调节而维持了体液的总体积,结果就形成了所谓低渗性脱水。另一方面,在皮肤大量排汗和散热的同时,皮肤血管扩张和心脏功能减弱也在同时发生。倘若有 10 升汗液丢失,无疑地要减少一定量的循环血液容量,血管收缩就可能在保障血压。但是此时皮肤血管是扩张的,相比之下血液循环总量就更显不足了,因此发生周围循环衰竭,

---

① 张向清:《盐与健康》,科学普及出版社,1986.

这就是热衰减症状的机理所在。轻者表现为疲倦、淡漠、头痛、头晕以及极度虚弱,重者有面色苍白、恶心呕吐、脉搏快而细弱、血压下降以及昏厥昏迷等。如有条件测定血液的电解质成分,一定是低钠又低氯。

假性钠盐缺失是指身体内的钠盐总量并没有减少,或者说钠盐的储存量有所增加,但血液中的钠盐浓度却降低了。水中毒就是典型案例:

任何物质在体内的含量增多了,人都有可能要生病,水也是如此,水中毒,即水分过多。假如一个健康成人,原来并没有水钠丧失的情况,而在短时间内大量饮入无电解质的白开水,或者静脉输入大量葡萄糖水,此时肾脏没来得及将多余的水分排出体外,过多的水分只好就蓄积在细胞外液之中。因此,细胞外液因水分过多而产生低渗状态,或者说在细胞外间隙里面装满了水。而细胞内的渗透状态是正常的,(高于细胞外液)为取得内外的渗透平衡,所以细胞外的水又会进入细胞内。此时细胞内外的水分都是过量的,所以水中毒就此发生。水中毒时反映最明显的是大脑细胞,病人表现为举止奇特、神志混乱、两眼凝视、沉默失语、步态不稳、四肢无力、嗜睡,继而发生抽搐、昏迷等。这时病人的皮肤是潮红的,或者是温暖湿润、满面红光,若称其体重也必有增加,看似十分健康实则危险早已来临。倘若遇有这种情况,即应控制或停止给病人饮水。

2. 瘫痪与盐的缺失

瘫痪多指神经系统发生故障,使身体的一部分完全或不完全地丧失运动功能而言。按照中西医学的新概念一般又可分"面瘫""偏瘫"及"截瘫"等。面瘫指的是口眼歪斜,多因风寒侵袭经络所致;偏瘫指半身不遂,常见于一侧上下肢体,并同时伴有口眼歪斜,多由风气入络,痰瘀凝阻所致;截瘫指双下肢不遂,常由湿热逗留经络,气血亏损,筋脉失养或外伤造成。然而,这里所说的瘫痪与上述各种类型完全不同,它既没有神经的病变,也没有肌肉的损伤,只是因为钾盐的缺乏使神经与肌肉接头的地方发生毛病的缘故。经过多年的研究发现,当每升血钾低于3毫当量时,即可发生软弱无力,当低于 2.5 毫当量时,就发生软瘫。软瘫的特点是肌肉软弱无力,尤其是四肢远端的肌肉瘫痪最为多见,如双手持物无力,腿沉嘴懒,眼睑下垂,抬不起头,或者出现蹲下去站不起来,卧床不能翻身等病症。症状严重者胃和肠的肌肉瘫痪,可发生鼓肠、腹胀。也有个别病人因为呼吸肌麻痹发生呼吸困难。如果病人再掺杂有中枢神经症状,像精神不振,倦怠嗜睡,神志不清、昏迷等,那就更像瘫痪病症了。不过请你不要过分担心,因为这种瘫痪是暂时性的,如能及时补足钾盐,症状会很快消失。下面介绍三种致使钾盐流失的情况:

其一,尿液流失。通常成人每天要摄钾盐(氯化钾)3 克左右,而也有相当于 3 克的钾盐随着尿液排出体外,所以钾盐的入出基本平衡。但肾脏对钾盐的排泄与钠盐的排泄有些不同,那就是"多吃多排,少吃少排,但不吃也排。"所以在临床中许多利尿剂在利尿的同时必定也增加钾盐的丧失量。而利尿带来的副作用是复杂的,能使钾、钠、氯等都降低,甚至发生低血压,或出现永久性耳聋等症。据报道,每排出 1000毫升尿液将丢失 2—3 克氯化钾。

其二,葡萄糖摄入过量导致钾盐流失。高渗葡萄糖溶液(25—50％葡萄糖)是大家最熟悉的一种药物,它既能供给热能,又能补养身体,可以说是肿瘤、心脏病、缺氧、中毒、肝硬化等患者的"良友",但是我们也应看到它在充当低钾"罪魁祸手"方面助了一臂之力。正常情况下血液和细胞外液中不允许过多积存葡萄糖。如若糖分增多,胰腺中的一些细胞就要分泌大量胰岛素,帮助葡萄糖进入组织细胞内。但是,在这过程中必须有钾盐的参与,否则糖就无法在细胞内沉积。据研究,组织细胞内每沉积 1 克糖原要有 0.35 毫当量的钾来固定。有人还证明在红细胞的储糖过程中需钾量还要多,即一毫克分子葡萄糖需要 1 毫当量的钾。因此,在大量补充葡萄糖的时候,不要忘了补充钾盐。

其三,激素导致钾盐流失。激素是一种多功能的药物,它既能抗炎症,又能抗中毒,还能抗休克、抗过敏,调节全身代谢。但是,它也容易造成低钾血症。柯兴氏综合征,男女皆可发病,妇女尤为多见。这种病人脸圆如满月,腹大如水牛,皮肤红润多脂,背部脂肪沉着,颈部躯干肥胖,四肢相对瘦小。肾上腺皮质激素有使水、钠储留和加速排钾的作用。这类病人的激素来源:一个是肾上腺皮质原发性分泌过多,一个是外源性的增加,如长期服用可的松的病人。因此不要滥用激素药物,尤其是氢化可的松、泼尼松之类。

3. 抽筋的罪魁祸首

在婴幼儿当中流行着一种叫作手足搐搦症的疾病,这种病普遍有着如下特征:

患儿出生后不能得到母乳喂养,过度依赖牛奶。患儿平时夜间多汗,睡不熟,面部肌肉也存在短速的痉挛。发病时患儿呼吸困难;脚踝后弯,十个脚趾向脚心侧弯曲,大小便失禁。每日发病平均 10 余次,每次发病几分钟至十几分钟不等。

患儿发病的主要原因是缺钙。第一,妊娠期间母亲身体缺钙,这是导致胎儿缺钙的主要原因。第二,春天是发病季节,因为入冬以后婴儿很少直接接触阳光,维生素 D 明显缺乏。到了春天开始接触阳光,体内的维生素 D 骤然上升,使血液中的钙盐沉积在骨骼上。于是血清中的钙浓度就会下降。第三,6 个月以内的小儿生长发育最快,需要钙质较多,如果不及时补充就会缺钙,国内资料统计,6 个月以内的婴幼儿发病率占 65% 以上。第四,喂养钙磷含量不足的食物或比例不合适的食物都容易患病。母乳中钙磷比例适宜,分别为 34 毫克% 和 15 毫克%,比例为 2:1,而且容易吸收。但是牛奶中钙和磷的含量虽然高,但比例偏低,即为 1.2:1,故吸收较差,所以喂牛奶的儿童发病率较喂母奶的高。

对于这种病症,我们有以下措施:1.定期补充钙盐,方法是用 5% 葡萄糖酸钙 10—20 毫升,加等量葡萄糖溶液静脉缓慢注射,每日 1—2 次,连用 3—5 天。然后可改用 10% 氯化钙 5—10 毫升,每日 3—4 次,口服;也可用葡萄糖酸钙片或乳酸钙片,每次 0.5 克,每日 3 次,口服。2.如再抽风时,可用足量的镇静剂,如鲁米钠每公斤体重 8—10 毫克,肌肉注射;或用 10% 水合氯醛,每次每公斤体重 0.5—0.8 毫克,"口服或灌肠给药;也可用复方氯丙嗪,每次每公斤体重 1—2 毫克。如有喉头痉挛,应先将舌头拉出来,施行人工呼吸,同时注意补钙。3.补充维生素 D,用大量钙剂之后,还应补给维生素 D,一般每日口服 5000 单位,连服两周。

第四节 盐与工业

在工业化时代之前,人们所说的盐,特指生活中调味用的食盐,而不是现在化学科学中的"盐"。然而现实生活中,相当数量的人文化水平不太高,分不清生活中的"食盐"和化学中的"盐"实质上的差别,以致发生多起误食有毒盐类,发生群体中毒的事件。生活中所说的盐,是指由海水、盐池、盐井和盐矿中加工提取得到的,它的主要成分是氯化钠,分别称为海盐、池盐、井盐和岩盐。人类的过去和未来,都是依靠这几种盐来摄入我们必须的无机盐类。随着化学工业和化学科学的发展,"盐"这一个字的含义早已极大扩展。它们种类繁多、性质各异、外观不同,用途大相径庭。近代以来,随着工业技术的发展和基础科学的进步,工业盐应运而生。它是化学工业的最基本原料之一,主要成分有氯化钠、亚硝酸钠等,被称为"化学工业之母"。基本化学工业主要产品中的盐酸、烧碱、纯碱、氯化铵、氯气等主要是用工业盐为原料生产的。有机合成工业中需要大量氯化钠。此外,还用于肥皂制造、陶瓷、玻璃生产、日用化工、石油钻探、钻井工作液、完井液、石油化工脱水液、建筑行业早强剂、生产涂料的凝固剂、橡胶行业乳胶凝结剂、造纸工业添加剂及废纸张脱墨、化学工业的无机化工原料及硫酸根脱除剂,褐藻酸钠的凝固剂、防治小麦、苹果、白菜等腐烂及食品防腐剂、制取金属钠及其他钠化合物、钢铁热处理介质等。在水处理、公路除雪、制冷冷藏等方面,盐也有广泛的用途。

一、工业盐的由来

氯化钠是钠和氯元素组成,由一个带正电的原子核以及带负电的电子构成的。如果从每个元素中各拿出一个原子放在一起,氯原子就会从钠原子中得到一个电子,变成一个负氯离子,而钠原子就会转化成一个正钠离子。固态氯化钠呈晶体状,也就是说,它的结构极其规则,就像阅兵场上一眼望不到尽头的士兵队伍一样整齐。在这种结构中，带正电的钠离子和带负电的氯离子相互交替。在三维空间中，这种形式无尽反复，构成了氯化钠。

氯化钠能够成为工业原料是基础科学发展的结果，更准确地说，是年轻的英国化学家汉弗莱·戴维在 1807 年分离出钠元素和氯元素的结果。汉弗莱·戴维的发现是这个年轻而浪漫的科学家一生辉煌的开始。他成了整个伦敦最可爱的人，他动情时会写诗，在推广应用科学方面他是个天才，也是先驱。他发明了煤矿工人戴的安全灯。汉弗莱·戴维拥有很强的洞察力，他认为电可以转化为化学试剂。当戴维使电流通过氢氧化钠时，钠分离出来了。他使用同样的方法又把钾从氢氧化钾中分离出来。氢氧化钠和氯的用途十分广泛。到十八世纪末，有些技术已经相当成熟了，比如用氢氧化钠处理脂肪来制造肥皂，还有法国化学家贝特洛发明正负电子相互吸引的用氯来漂白织物。因此人们可能会认为，戴维的发现会带来工业额飞速发展。而事实上，这种飞速发展直到 75 年之后才发现。这并不是因为戴维的电化学发现被人们遗忘了。相反，从 1820 年到 1830 年间，这个发现帮助瑞典化学家柏济力阿斯构建了化学物质的二元理论，即正负电子相互吸引，这是唯一一个决定所有物质存在的法则。到了 1833 年，法拉第已经指出了具体的提取方法和步骤。1854 年，圣克莱尔德维尔通过还原碳酸钠和石灰的混合物，将这个化学变化过程转变为工业生产钠的方法，这种方法大约使用了三十年左右。1886 年，卡斯特纳进一步改进了这种方法，用碳化铁来还原碳酸钠。1893 年，加拿大人欧内斯特·勒瑟尔在缅因州的拉姆福德开设了第一家利用电解氯化钠来生产氯的工厂。

二、盐的工业用途

工业的分类有很多，而在不同的工业当中盐又发挥着不同的作用。在读过了工业盐的由来之后，下面我们接着上文的思路，进一步了解一下盐在工业之中的种种用途，来看看盐在日常的工业生产当中究竟扮演着多么重要的角色。

1. 在化学工业中的应用

盐是化学工业的重要原料,可以制成氯气(Cl)、金属钠、纯碱(碳酸钠 $NaCO_3$)、碳酸氢钠(小苏打,$NaHCO$)烧碱(苛性钠,即氢氧化钠 $NaOH$)和盐酸(HCl)等。

这些产品的用途极为广泛,它们涉及国民经济各个部门和人们的衣、食、住、行各个方面。在工业发达国家,化工用盐一般都占到总耗盐量的 90% 以上。因此,从某种意义上可以说,国民经济的全面发展,依赖于发达的化学工业,而发达的化学工业又依赖于发达的制盐工业。

① 碱工业

盐并非只是用来大量生产氢氧化钠和氯的工业原材料(世界上这两种产品的每年产量高达上亿吨)。盐还可以用来生产其他产品。例如用索尔维法从氯化钠分解得到的另外一种主要化学品——碳酸钠,也叫苏打。1861 年,在邻近比利时沙勒罗瓦的库耶,当时年仅二十三岁的索尔维开始对以自己名字命名的碳酸钠生产技术进行商业开发。首先,在碳酸氢氨溶液中加入氯化钠,使碳酸氢钠沉淀出来。然后,碳酸氢钠经过煅烧生成碳酸钠(以前使用的是吕布兰法)。索尔维后来完善和发展了这种方法,使其适于工业生产。他的方法源于 1811 年菲涅耳的发现(这个发现在工业上也没有得到及时开发,而且长达半个世纪)。今天,索尔维法仍在将总部设在布鲁塞尔的同名跨国公司中使用。

② 工业氯

再来谈谈氯,它具有两面性。在主要的聚合物中,生产聚氯乙烯(Polyvinyl chloride, PVC)所用的单体——氯乙烯,是很强的致癌物。工人们需要十分小心防止吸入氯乙烯。含氯的有机溶剂,如三氯甲烷、四氯化碳、二氯甲烷和三氯乙烯,都广泛用于化学工业以及其他领域如干洗。这些有机溶剂也都是致癌物,对肝和骨髓十分有害,含氯氟烃氟利昂被用作气溶胶的液体制冷剂和推进物。在诺贝尔奖获得者,化学家罗兰和莫利纳的不懈努力下,已经证实了氟利昂是造成臭氧层空洞的罪魁祸首。

其他含氯的化学物质更为有害,甚至毒性更强。多氯化联二苯(Polychlorinated biphenyls, PCB)和二氧己这两大化学家族就是如此。

长期以来 PCB 一直被用作变压器中的绝缘材料。虽然化学工业中已经完全禁用二氧己，但在自然界中还有少量存在。很多化学过程都可以产生二氧己，比如含氯的衍生物与有机物接触，包括使用氯进行纸浆漂白（现在已经被其他方法取代）；城市中用焚化炉来焚烧含氯（如盐）和有机物的家庭垃圾（产生浮尘，加速了二氧己的产生）；地下水被有机物污染时，对城市供水进行氯化杀菌（20 世纪以来，用这种方法消灭了伤寒）。即使只有极少量的 PCB 和二氧己，都会产生剧毒。这些毒副作用都向我们说明了为什么生态学家强烈反对氯和氯化产品，绿色和平组织也要求彻底禁止在工业生产和家庭中使用氯化产品。然而，氯以及氯化合物有害的同时，也存在很多有益的用途（如处理饮用水）。从产品的多样性来看，人类的创造力可与自然界相媲美，正如氯乙烯的多用：氯与炼油产物之一的乙烯结合后生产氯乙烯，氯乙烯最后又被转化为聚氯乙烯，简称 PVC 或者乙烯基。20 世纪 50 年代，乙烯基一直是美国的标志。尼克松总统为美国国家展览会揭幕成为"乙烯基时代"的缩影。1959 年 7 月 25 日，尼克松还与赫鲁晓夫当众进行了著名的"厨房辩论"。当时，乙烯基已经成为美国人生活中固定的一部分。从飞机上观察，都市郊区绿色的背景下映衬出一个个小小的蓝色圆盘状物，有如撒在培养皿上的微生物菌落，这是因为大多数家庭后院中都修建游泳池，洒水机使草坪保持新鲜嫩绿，由乙烯基制成的水管向草坪和游泳池输水，共同成就了这一"美国奇观"。此外，霍华德·约翰逊发明的"汽车旅馆＋餐馆模式"更是美国"乙烯基时代"最常见的形式。这些餐馆的外观千篇一律，餐馆中使用的都是一样的由乙烯基制成的凳子和售货亭，一样的橙色乙烯基铺成的屋顶，还有一样的乙烯基搭建的停车场。

乙烯基真奇妙，由它所制造出的产品在耐用干净的同时又不失物美价廉，当产品过时又能及时回收更新。它似乎告诉我们：在明显多元化的同时，人们仍然可以享受统一；每个人看上去都是不同的，但实际上却又是相同的；就像杜邦公司的创始人杜邦·德内穆尔说的那样"化学可以使生活变得更美好"。

2. 在染料工业中的应用

染料工业常用的原料如烧碱、纯碱和氯气是以盐为原料直接生产出来的,盐酸、硫化钠、保险粉等是盐经深加工制得的化工产品。所以说,染料工业是除了氯碱工业以外,与盐业关系非常密切的行业之一。染料的生产过程中几乎每个步骤都要耗用一定数量的盐。

3. 制冷工业

盐在制冷领域也有很多用途。在冷链运输方面,如果使用由水制成的冰作为运输过程中的冷却物质来运输货物存在一定的局限性,这是因为冰的融点为零摄氏度,这就决定了周围的被冷却的货物的温度必须高于零摄氏度,这样才能够对货物进行冷却。但如果要运输像鱼虾一类要求更低的温度的货物,冰就显得无能为力了。通过在冰上加入一定量的盐,可以使得这种冰盐混合物的融点变低,从而符合更严苛的运输条件。相比于其他优质的制冷剂,冰盐制冷具有原料易得,价格低廉,对工作环境要求低等优点。[1] 但冰盐制冷要与制冷系统相配合才能充分发挥制冷效能,而现存的制冷系统存在许多缺陷,不能充分发挥冰盐制冷的效用,因此关于这方面的研究,还有一段路要走。[2]

除了冷链运输,在滑冰场撒盐可以使水结冰时需要的能量更少;雪天在道路上撒盐运用的是同一个道理,但得到的结果却不同的。盐可以使水和冰在零摄氏度以下共存。一旦在道路上撒盐,水就会保持液态,即使温度非常低也不会结成冰,这也是盐的主要商业用途之一。

在食物时也常有盐的身影。从古时起,盐就一直被用来贮存蛋白质丰富的贮存食物,如奶酪、鱼、肉等。同样,冷藏也可以防止细菌繁殖。到十九世纪中叶,随着工业制冰设备(通过使用蒸汽机)的出现,冷藏逐渐取代了盐,渔船上以及运鱼的车辆船只都用冷藏来保存鱼。自从法国大革命以来,苏格兰渔民用盐把大马哈鱼冷藏起来,运到伦敦最大的鱼市场。

4. 在轻工业中的应用

在制肥皂中,为保持溶液有合适的黏度,常常加入盐。由于盐中钠

---

① 刘文静,陈泽宇,郝媛:"浅谈冰盐制冷用于冷藏车",《轻纺工业与技术》,2020,49(4):15—16.
② 上海铁路分局杨浦站冷藏组:《冰盐制冷及冰保车的运用》,人民铁道出版社,1979.

离子的作用,可降低皂化液的黏度,从而使皂化反应正常进行。为使脂肪酸钠在溶液中达到足够的浓度,还需加固体盐或浓盐水,进行盐析,提取甘油。肥皂和合成洗涤剂中,还用盐化工产品硅酸钠作填料,可增加肥皂的碱度、硬度和强度。

制革工业需要大量的畜皮,原料皮在储运过程中,为防止或抑制微生物的侵蚀,必须经过防腐处理,以免降低皮的质量。制革工业最常用的防腐方法,就是盐腌法和盐干法。在制革过程中,裸皮必须浸泡在浸酸液中,盐也是必不可少的。制革中的生皮脱毛,皮革鞣制要用到硫化钠、硫氢化钠、硫代硫酸钠等盐化工产品。

造纸行业制造纸浆、漂白纸浆以及作填充剂等,要用硫酸钠、硫酸镁、氯酸钠等盐化工产品。

火柴、火药、印刷、电影和照相行业也广泛使用多种盐化工产品。

制陶工业同样也需要盐。众所周知,制陶原材料是黏土,而它的一个性质就是它的可塑性,这种特性便来自于黏土主要成分硅铝酸盐。它含有一层或多层的盐水,盐水层就像地毯一样,在上面可以轻松进行水平运动。雕刻家利用黏土的这种特性制成赤陶模型,陶工利用这种特性在转轮上旋转出花瓶,但是这一切必须有盐水参与,因为水可以用作润滑剂。黏土完全失去水分后,就丧失了可塑性而成为粉状物质,在高温下可以制成陶瓷。但是,如果不是在窑中烧制,那么只须加水使黏土表面潮湿,它就会恢复先前的滑移功能以及它的可塑性。盐可以使黏土内部保持潮湿。黏土内部的盐分解为钠离子和氯离子,每个离子都把水分子紧紧地吸引在自己身边。高温下盐蒸发时会在窑中烧制的粗陶器表面产生一层釉面。直到今天,日本的陶工在煅烧完瓷器以后,还会往瓷器上撒一把粗盐。这个动作显得似乎很坚定,又似乎很漫不经心,却赋予了这些瓷器极高的艺术价值。这种艺术价值只能是妙手偶得,完全出乎意料之外。尤其在日耳曼民族,用盐上釉还可以指在煅烧之前把瓷器浸入盐水中,或者是在瓷器表面涂上一层钠的化合物,如晶体氢氧化钠或碳酸氢钠。其实用盐给瓷器上釉这种方法最早起源于远东(朝鲜、日本)。

5. 软化工业

水的软化工业也需要盐的配合。硬水使锅和壶内部形成鳞片状碳酸钙沉淀物,使肥皂无法起泡沫,十分有害。要使硬水软化,也就是把大部分钙除去,只须使饮用水通过离子交换剂。黏土的作用就像这种离子交换剂。实际上,人们最初正是用黏土作为离子交换剂来软化城市居民饮用水的。

硬水软化是如何发生的呢?水通过黏土时,黏土中的钠离子与需要处理的硬水中的钙离子交换。黏土中的钠离子取代了原先硬水中的钙离子,硬水被钠离子软化。在这个过程中,黏土中钙离子相应地增多了。为了恢复离子交换剂的功能,只需加入钠(通常用的是食盐,即氯化钠),就可以排出钙离子。这样,离子交换剂可以再次使用,或者也可以扔掉。使用洗碗机的人非常熟悉这种钠-钙离子交换剂,它们能够不断进行自我更新,从而使玻璃器皿保持干净清洁。

6. 建筑业

盐还是建筑业的原材料。而且,如果严格按照所使用的数量来计算的话,这是它的主要用途。PVC是由从盐中提取的氯以及从石油中提取的乙烯基化合而成的,广泛用于铺设瓷砖、屋顶、管道、地板等。用盐制成的纯碱是生产玻璃的主要原料。另外,在熔制玻璃时为了消除玻璃液中的气泡,必须加入一定数量的澄清剂,而盐是常用的澄清剂的成分之一,盐的用量约达玻璃熔体的1%。

此外,制盐的废渣(盐石膏),以及卤水净化中产生的钙镁泥(盐泥),可做建筑墙板、墙体材料或填料,还可做水泥填料。

7. 制药业

盐还可以用于制药业中。大量的药品都是由至少含有一个氯原子的分子构成的,因为氯元素在实验中一向享有增强生物活性的美誉。早在1983年,美国医生最常开的五十种药品中,就有九种含氯化分子,其中包括安定和利眠宁。含氯药物在第二次世界大战中发挥了非常重要的作用。除了氯酚(一种全功能的消毒剂)和氯胍(最有效的抗疟疾药之一)之外,还有氯喹。它也是首选的抗疟疾药物。在广谱抗菌的四环素药物中,金霉素(或7-氯四环素)是第一个被分离出来的,那是在1947年。同一时期分离出来的还有氯霉素。在此后的二十年间,氯霉素治愈了四千万患者。含氯分子带来了近期精神病学上的革命。氯丙嗪和吩噻嗪是最常见的用来治疗精神病的药物，这些精神抑制药可以使精神病人镇静。此外，氟哌啶醇也含氯，但却来自另外一个化学家族，也是常用的镇静剂。

8. 钻探业

在井盐生产过程中，关键的问题是凿井技术，通过凿井把埋藏在地层深处的盐卤和天然气资源开采出来。根据古文献和考古材料显示，早在古史传说时期，就发明了打井技术，随着自然盐泉的发现，这种打井技术应用于盐卤资源的开发，就出现了盐井。开凿盐井是井盐生产中的一项地质活动，随着盐井的开凿，逐步改进凿井工具和工艺，不断向地层深处进军。古代的打井技术用于井盐开发后，产生和发展了深井钻凿工具、机械和深井钻凿工艺，这不仅在地质钻井史上，而且在机械工程史上都有着重要的意义，这不仅使钻凿深井成为可能，也影响到其他矿产资源的钻凿开采，尤其是这种在井盐生产中发明和使用的凿井技术，后来传到西方，对世界采矿业和钻井工程都作出了巨大的贡献。

油井钻探过程中，为保护岩盐层岩心的完整性，需在泥浆中添加盐作稳定剂，用盐化工产品使钻井泥浆增重并作调节剂。石油精制时，为除去汽油中的水雾，用盐作脱水剂。在煤油精炼过程中，以盐作过滤层除去其中的混杂物。还有很多盐化工产品也广泛应用于石油工业，如：一些油溶性的有机酸钡盐可作汽油燃烧的促进剂以促进汽油完全燃烧；氧化镁、氢氧化镁和碳酸镁可作为灰分改质剂添加于燃料油中用来防止钒化合的高温腐蚀；以硼为原料制得的氮化硼，其硬度与金刚石相等，在 1500—1600℃ 的高温中稳定性还优于金刚石，可作超硬材料用于生产石油钻探的钻头。

9. 冶金业

从海水中提炼盐或饮用水技术已被人们熟知，然而，自从炼金术出现后，人们发现盐和水还可以共同做成许多事。炼金一方面需要固定易挥发物质，另一方面又需要将固定的物质挥发，这种物质便是盐。

盐在冶金工业中用作氯化焙烧剂和淬火剂，也作处理金属矿石的脱硫剂和澄清剂。钢制品浸入盐溶液，可使其表面硬化并除去氧化膜。

带钢及不锈钢的酸洗,炼铝、电解金属钠等的助熔剂,以及冶炼中的耐火材料等都要用到盐化工产品。

此外通过电解的方法,可以为化学工业提供工业氯和苏打水。盐和水具有亲和性,这一点虽然很普通,却给科学家提出了问题。把盐加入水中,可以使水温降低,这是因为晶体盐在纯净水中溶解时使溶液变得不稳定。如果将盐水淡化需要能量,那么,反过来,在生成盐水时便会产生熵,或不稳定的能量。这个原理可以应用到冷却技术上,这项技术从 1620 年发现至今一直都在使用。

10. 在太阳能热发电中的应用

在太阳能热发电的领域中,盐也发挥着它的作用。目前利用太阳能发电有两种方法,一种是通过光伏板直接将太阳能转化为电能,第二种是先将太阳能转化为热能,再将热能通过蒸汽带动发电机从而转化为电能。太阳能热发电属于后者。

需要说明的是,在太阳能发电中使用的盐不是日常生活中的食盐(氯化钠),而是熔融状态盐类。常见的种类有:碳酸盐、氟化物、氯化物、硝酸盐。在实际应用中一般采用几种盐的混合,比如,光热发电使用的熔盐是由硝酸钾、硝酸钠和亚硝酸钠三种盐组成的混合物。[1] 这些不同的种类因其特性各有优劣,但都有几个共同点。那就是拥有良好的导电性、具有很好的热稳定性、热容量大、对物质有较高的溶解能力、较低的粘度、具有化学稳定性。[2] 这些特性决定了盐能够在太阳能发电的过程中作为热储能物质,使得太阳能发电即使在没有阳光的条件下,比如在夜晚,也能够通过消耗进熔融状态的盐中的热能,带动发电机运转。这也让太阳能发电具有更好的天气适应能力。

11. 在机械工业中的应用

在铸造时,盐可用作非铁金属和合金铸造中型砂的优良粘合剂。高温下,盐促使铸件型芯变软,从而防止铸件热裂纹的产生。与有机黏

---

① 汪琦,俞红啸,张慧芬:"太阳能光热熔盐发电技术的研究与开发",《上海化工》,2016,41(11):34—37.
② 沈向阳,丁静,彭强,杨建平:"高温熔盐在太阳能热发电中的应用",《广东化工》,2007,34(11):49—52.

合剂相比较,盐在高温时产生的有害气体最少。

钢质机械零件或工具在热处理时,最常用的加热设备是盐浴炉。盐浴炉与箱式炉加热相比,具有温度容易控制、受热均匀、加热速度快、可以局部加热、细长的工件不易弯曲、能避免发生氧化和脱碳现象等很多好处。同时,盐在渗碳化学热处理时可作常用的催化剂,在热处理过程中,用盐水淬火,也可获得较理想的效果。

黑色金属以及铜、铜合金进行电镀前强酸洗时,都需要用盐。

12. 在国防和尖端科技中的应用

在电子工业、国防工业中也广泛应用盐化工产品。在国防工业,制造枪炮、子弹、飞机、坦克、舰艇以及炸药、曳光弹、燃烧弹和消焰剂,都广泛需要氯酸盐、高氯酸盐、硝酸钾、硝酸钡、硝酸锶、氯化钾等盐化工产品。火箭在高空大气层释放钠蒸气以产生明亮的橙黄色云雾,就需要以盐为原料制造的金属钠;钠还在核工业上用作冷却剂。原子反应堆的结构材料、防护材料、防止中子辐射的包装材料及火箭发动机的组成物、原子核反应堆等,都需要含盐的材料。

13. 在农牧业中的应用

畜禽饲料里必须加盐。氯化钠是家畜家禽饲料中重要的矿物质。钠能维持血液和组织液的酸碱平衡,调节正常渗透压的稳定,刺激唾液的分泌,促进畜禽的食欲。还能保持畜禽胃液呈酸性,具有杀菌作用。饲料中如果铁盐或盐分含量不足,会引起畜禽食欲不振,消化障碍,并易养成异食癖。严重时,畜禽发育不良或体重下降,产蛋鸡产蛋数量减少。母猪、母牛奶水减少,影响仔猪仔牛健康成长。研究证实,在母牛受精前一段时期里,如在饲料中适当增加盐,就相对降低了钙、镁的含量,就能提高产小公牛的概率,可靠性达80%。

动物园里的海鸟必须喂盐。海生动物体内都有盐腺,它犹如海水淡化装置。这些动物吞食了盐量很高的食物和海水后,就是通过盐腺将过量的盐排泄到体外。如果它们离开海洋环境又得不到适量的盐分,就不能适应。所以动物园里的海鸟,在喂其食物和饮料时必须添加适量的盐,否则它们就不能生存。

盐水可以选种。精选作物或树木种子时,通常采用盐水选种法。

种子的比重与相同体积盐水的比重是不同的。将种子倒进浓度合适的盐水里,饱满完好、比重大的种子就会下沉。秕粒、病虫粒及破粒由于比重小,会浮在水面上,很容易被清除掉。

盐可以作肥料。在我国南方地区,有使用盐作肥料的习惯。如甜菜、芹菜等作物,当供给少量钠盐时,常能提高产量。当小麦、大麦、棉花、豌豆等作物缺少钾时,及时供应钠盐,也能提高其产量。在有机肥料中加进少量的盐,就能加强微生物的活动,促使有效养分释放,提高肥效。

14. 盐在海洋渗透能上的应用

近年来,挪威开发出一种新的绿色能源,它就是海洋渗透能。该国已经决定在江河入海口投资一家试验性的海洋渗透能发电厂。据有关专家预测,海洋渗透能将成为一种重要的绿色能源。因为江河里流动的是淡水,而海洋中存在的是咸水,两者也存在一定的浓度差。在江河的入海口,淡水的水压比海水的水压高,如果在入海口放置一个涡轮发电机,淡水和海水之间的渗透压就可以推动涡轮机来发电。海洋渗透能是一种十分环保的绿色能源,它既不产生垃圾,也没有二氧化碳的排放,更不依赖天气的状况,可以说是取之不尽,用之不竭。而在盐分浓度更大的水域里。渗透电厂的发电效能会更好,比如地中海、死海、美国的大盐湖等。当然发电厂附近必须有淡水的供给。据估计,利用海洋渗透能发电,全球范围内年度发电量可以达到 16000 亿度。

欧盟对海洋渗透能的研究也十分热心。近年来,欧盟一直在进行隔膜材料的研究,因为隔膜是渗透发电的关键。它必须具有结实、耐用、造水性能好和阻止盐分通过的性能。目前每平方米隔膜的发电功率是 3 瓦。而专家认为,必须超过 5 瓦以上才能带来经济效益。因此,目前挪威的材料专家正在加紧对隔膜材料的研究。江河入海口也是人口居住密度较大的区域,因此此海洋渗透能发电能有效供给入海口的居民使用。据估计,一个足球场大小的海洋渗透能发电区域可以为15000 个家庭提供电力,海洋渗透能的前景很远大。

总之,在这些发明或是发现中都是盐激发了人们的创造。

第五节　盐与社会

　　在上一节当中,我们主要知道了工业当中盐的用途,那么盐对于人类社会的诞生进步又起着何种程度的作用呢? 在这一节里,笔者将从人类社会的视角切入,探索盐之于人类社会的巨大影响。本节采用常规的分析模式,分盐与政权,盐与经济,盐与军事,盐与生活四大板块进行论证。

一、盐与政权

　　人类共同的寻盐意识,促使他们从以血缘关系为纽带划分氏族到以地域来区分国民,形成一个个相对稳定的古代民族,进而建立起古代国家①。不管农耕民族还是游牧民族,盐对于他们都具有不可抗拒的凝聚力。原始社会时期,人类受自然环境的制约,食物、水等生存必需品虽来源各异,但都有各自的取给之道,或农耕,或渔猎,或交换。唯有人类缺少的食盐,相比之下,其分布有限,产量最少。故在原始社会的经济社会中,食盐成为影响人聚散的主要因素,她像茫茫长夜中一盏耀眼的明灯,将四方八面的人群牢牢地吸引在其周围,创造了他们共同的文明。

　　位于今天山西境内的平阳蒲坂、安邑被誉为中华文明远古帝王之都,是尧、舜、禹三个部落聚居的地方,都在山西解池的周围。中国远古历史上所谓尧舜禹禅让的传说,其实质是三帝在不同的时期都掌握了解池盐利,拥有了作为部落联盟首领的物质经济基础。由此不难看出,解池丰富的食盐资源,促进了四周部族的发展壮大。二里头文化东下冯类型是学术界公认的夏文化的一个重要类型,它广泛地分布在解池

---

① 曾凡英,王红:"论盐文化的内涵与特征",《汉唐社会经济与海盐文化学术研讨会论文集》,2008:6—13.

四周的夏县、运城、闻喜、降县、新降、河津、永济、陕县、温池等地区。著名考古学家张光直先生指出：三代中第一个朝代夏崛起于晋南，商文化系统自东向西发展，后来周文化亦自西向东延伸，其中深刻的原因在于晋南拥有丰富的盐资源。

进入阶级社会后，盐产地以及对盐支配权的掌握，成为了民族发展、霸业建立、政权更替、国家盛衰的一个重要因素。春秋之时，齐桓公首创霸业，正是利用了其地处海滨，占有丰富的鱼盐资源。早在太公时期便推行"通商工之业，便渔盐之利"，国势得到了迅速的发展。晋文公重耳的霸权得利于解池盐利；楚庄王争霸得益于巫溪盐利；吴越争雄，逐鹿中原，问鼎东周，得力于长江三角洲及沿海的渔盐之利。战国初期，魏国的强盛和以魏相公孙衍为首发起的合纵之举即五国伐秦，也是以解池盐利的存在为背景的。解池盐利成了战国时期东方诸侯国联合抗秦的经济基础。秦统一全国的战争，首先消灭了三晋处于北方的赵国、南方的韩国，主要原因恐怕还是魏国占有解池盐利，国家富庶，力量强盛，攻取不易。秦灭魏国，握有解池之利，北至燕国、东至齐国、南至楚国，遂势如破竹，一举灭亡之。

由此可见，中国古代霸权的嬗变，主要表现为对盐的控制权力的更替。随着历史的发展，盐在国家政权中同样起到了非常重要的作用，它成了无孔不入的文化基因，展示出强大的威力。西汉帝国中期，汉武帝为了解决经济上的严重危机，倚重了盐铁之利，在全国实行盐铁专卖，使朝廷财政收入大增，出现了中国封建社会国势强盛、经济繁荣的第一个高峰。盐之利成为国家政权赖以存在的强大经济支柱。

三国时期，三足鼎立的局面形成，固然有其政治、军事、人谋诸方面的因素，但历来研究者对深藏在这些因素背后的经济原因认识不够。曹操能够统一北方，进而挥师南下，企图一举统一天下，其实更多的是倚仗晋南解池和渤海湾的盐利，孙吴据有江东，权逾三世，更是得利于沿海渔盐之利，而刘备能在荆楚、巴蜀之地立足，进而建立了一隅政权蜀汉，也是得力于川东、川北、川南的井盐之利。可以这样认为，三国鼎足之势，从其经济地理考察，绝非偶然，三个地区具有丰富的盐卤资源，作为三国鼎立的经济基础。鲜卑族建立北魏政权，为有效地统治北

中国,冯太后、孝文帝进行了一系列改革,最后迁都洛阳,其目的应也在
于掌握解池盐利,以为巩固其统治的经济支柱。隋王朝建都西安,又营
建东都洛阳,其目的也十分明显,即有效地控制解池盐利。唐王朝自安
史之乱后,出现了藩镇割据、战乱不休的局面,国家财政收入大受影响,
中央集权政治遭到沉重打击。为恢复中央政府的财力和加强对藩镇的
控制,唐肃宗和代宗时期,先后出现了由度支转运使第五琦和刘晏这两
位著名理财家对食盐的产运销进行了一系列改革,特别刘晏推行的食
盐专卖法,不仅使唐后期的财政状况起死回生,更奠定了以后一千多年
食盐专卖体制基本格局,后来的宋元明清各朝各代,无不由朝廷严格管
理盐的生产、运输、销售,以此来达到用盐利支撑中央财政的目的。

二、盐与经济

盐利是封建各朝代主要的财政来源。为增加朝廷的财政收入,封
建统治者无不企图独占盐利,控制盐的生产、运输和销售。为此,历代
盐政变化繁多,令人眼花缭乱,实质上无非是在盐利问题上打主意,借
以增加财政税收,以维持朝廷庞大的财政开支。

从春秋时期管仲推行"管山海"("官山海"),出现早期的盐专卖形
态之后,历朝历代沿袭不变,相继出现了汉代的"盐铁官营"、唐代的"榷
盐法"、宋代的"折中法"明代的"开中法""纲盐法"以及清代"废纲行票"
等形形色色的专卖制度。不管名称怎么变,所有这些至少说明了两个
方面的问题:一是盐利在国家经济生活中占有举足轻重的地位,二是国
家要与地方和盐商等争利,必须要垄断盐的经营。为此,历朝历代都在
产盐之地设置机构,委派掌盐官吏(这些人都是封建官僚中最能聚敛财
富的人物)。据《新唐书·食货志》记载,唐德宗时,天下之赋,盐利居
半,有时甚至超过田赋,占到八成,军饷皆仰给之,支撑着朝廷近百万军
队的开支用度。自中唐以降,盐税成为支撑封建政权的特殊财源。

食盐的运销对地方社会经济的影响是巨大的。作为资源性特殊商
品,食盐的产地产量均有限度,但社会的发展、人口的增加、经济的繁
荣、边疆的开发,盐的需求量也随之不断增加。故因食盐运销而逐渐

形成了人们称之为"盐道"的固定交通线路。古代的盐道分为"水道"和"陆路"两类。运盐水道在中国南方和华北平原地区极为便利,长江、珠江流域支流密布,湖泊众多,隋朝开凿贯通南北的京杭大运河,都是主要的运盐水道。陆路运盐又分为大道和小道。大道即官道,这是历朝历代形成并沿用的陆路主要交通干线,可以说多数官道其实就是运盐盐道。大宗的食盐就这样通过水道和陆路大道运销四面八方,食盐的运销不仅把产盐区和销盐区紧密联系在一起,而且对区域间的经济交往与发展、沿途集镇的逐渐出现和经济的繁荣都产生了巨大的影响。

三、盐与军事

远古时期,各部落之间除了亘古的血亲复仇外,人类最早的战争大概应该是为争夺食盐产地的武装冲突了。中国古史传说时代最早的部落战争大概应该是司马迁在《史记·五帝本纪》中记载的黄帝杀蚩尤的故事:

> 蚩尤作乱,不用帝命。于是黄帝征师诸侯,与蚩尤战于原鹿之野(涿鹿之野),遂禽杀蚩尤而咸尊轩辕为天子,代神龙氏(神农氏),是为黄帝。

《孔子三朝记》也记载:

> 黄帝杀之(蚩尤)于中冀,蚩尤支解,身首异处,而且血化为卤,则解州盐地也。因其尸解,故名其地为解。

解读这两条远古传说,撩开其神秘的面纱,不难看出黄帝部落与蚩尤部落的涿鹿大战,实质上是为了争夺解池食盐。占据解池食盐资源,在远古时期就等于掌握了对其他部落的控制权。

黄帝部落与炎帝部落也曾在涿鹿东北的阪泉展开过大战,战争的主要意图还是捍卫食盐资源的掌握权。阪泉之战中,黄帝部落之所以能够战胜炎帝部落,并像司马迁所说的那样,是黄帝"修德振兵",最根本的原因是黄帝部落早已掌握了解池的支配权,而其周边部落则因要仰食解池盐而听命于黄帝部落。当炎帝部落为争解池食盐"欲侵凌诸侯,诸侯咸归轩辕",也就是说,炎帝部落的行动引起了解池四周以黄帝部落为中心的众多部落的愤怒,结果可想而知,炎帝部落战败。如果我们坚信黄帝与炎帝两个部落的战争及其后来的融合形成了华夏族的主干,那不难看出,盐在远古战争、华夏族的形成中所起到的特殊作用。

　　古代食盐在军事方面的重要性,还突出地表现在盐利作为军费支持着战争,产盐区作为战略性资源产地,兵家必争。春秋时期的大国争霸、战国时期的统一战争、汉代大规模用兵匈奴、三国鼎立局面形成等无数史实,都彰显出盐在军事方面的主要作用。争夺盐利是历代割据政权对抗中央政府在军事方面的重要手段;而控制、独占盐利又是中央政府削弱地方势力、加强对藩镇控制的主要措施。历代由于盐利掌握在地方而养痈遗患,兵戈不息,战乱不休,盈于史册。大家熟知的西汉"七国之乱",其首领吴王刘濞煮海水为盐,以故无赋,国用富饶,恃有盐铁之利,诱天下豪杰,白头举世"。地方势力擅有盐利,遂至与朝廷兵戎相见。盐利成为地方政权对中央离心力的重要基础。仅以唐代后期为例,此时藩镇割据,战乱频仍,时而中央政府得势,时而藩镇节度使兴兵,究其缘由,实为双方争夺盐利,以之作为军事的强大支柱。唐德宗贞元元年,以浙西节度使检校左仆射平章事韩滉为江淮转运使,又加诸道转运盐铁使,藩镇领诸道盐铁使始于此。各地军阀遂以盐铁之利自治,加剧了与中央的对抗。当时李纳、李师古父子即据棣州蛤朵"因城而戍之,以专盐利"。有鉴于此,唐宪宗时,任命李巽为盐铁转运使,着力整顿盐法,使朝廷赋税大增,达到了唐代的最高水平,增强了中央政府的经济实力,有力地支持了中央政权对藩镇的军事行动,先后平定吴元济、李师道、田弘正、王承宗之乱,无不靠各地盐税以供军需。宪宗后至唐末,唐朝国势日衰,河北盐利复为诸道军府所有,诸道藩镇擅盐利则一发而不可收。唐末倚仗盐利,拥兵自重,不听中央号令。即便是朝廷控制甚严的安邑、解县两池盐,也为河中节度使王重荣所把持,利入私门,最后唐王朝终被擅有河中盐利的大军阀朱全忠灭亡。

作为商品的食盐在历代边境防务、民族关系中起到的作用亦非常明显。一方面中国古代边区少数民族进攻中原最早和最突出的契机是为了争夺食盐;另一方面,中原王朝防御、平息周边少数民族的武装进犯也倚重盐利,例如西夏与北宋的战争就是因盐而起。长期以来,中原政府为加强边防力量,在边境地区驻扎有大量的军队,政府有限的军费开支难以支撑庞大的费用。朝廷遂利用运销食盐牟利的商人,将边防军队所需粮草运往边关,以换取对食盐的专卖权。久之,商人厌其运输之苦,便出钱募夫,在边关开荒屯田,就近转输,这对于稳定边塞,开发边疆起到了积极作用。中国近现代北洋军阀、西南军阀的割据混战,无不与盐有密切的关系,因盐而引起的战争更是不胜枚举。民国前期,四川军阀混战,时间长,地域广,大小战役 480 多次,其中绝大多数是为了争夺川南盐税和井盐产场。1915 年袁世凯废弃共和称帝,云南督军唐继尧、蔡锷等人举兵讨袁,护国护法,举义之所以能迅速而如期进行,最重要的原因就是当时云南盐税收入,除盐务机关必需经费外,全部都拨给了滇军使用。

四、盐与百姓

在传统社会中,盐税作为朝廷经济基础中最强大的部分,因而对盐业的开发、利用、擅有、争夺,构成了我们观察、分析和研究社会生活的重要参数和晴雨表。盐对社会生活具有强大的渗透作用,举凡历史上的民众暴动、秘密社会、地方风情民俗等等方面都满含着盐的因素。

纵观封建社会所谓太平盛世,无不与国家对盐业充分开发、擅有利用、严禁私家染指密切相关。管仲推行食盐专卖之法,汉武帝行盐铁官营,唐第五琦、刘晏、李翼为国争盐,明庞尚鹏整饬盐政,清陶澍变革盐法,这样的史实很多,与之相伴的是国殷民富,四海安宁。与之相反,盐利入于私门,朝纲大坏,社会便动荡不安,最终导致农民暴动或起义。唐末黄巢起义就是典型的一例。在传统社会里,因盐产生了一个个庞

大的社会集团，即盐业群体。中国近现代盐业群体大致可以分为四种
类型：一类是盐商群体，他们控制了食盐的生产、运输和销售。这是一
个构成非常复杂的群体，他们有的是地主兼盐商，有的是盐商兼地主，
有的是官僚兼营盐业，也有盐商进而成为官僚，更有官僚、盐商、地主三
位一体者。这一群体直接操纵着盐业生产的主动权，严重影响着一个
时代、一个地区的社会发展趋势，财富上是富可敌国的大财团。二类是
广大盐民群体，他们是食盐的直接生产者，有的文献称之为仕丁或灶
户。这个群体来自于社会各阶层，有失去土地的自耕农，有破产的小手
工业者，有被强划为灶籍的自耕农或佃农。他们身份世袭，社会地位低
下，往往受到超经济盘剥。近代以来，由于盐业生产内部分工日趋细
密，不同工序的盐业工人为维护自己的切身利益，逐渐形成了具有近代
秘密社会色彩的行帮。如在近代中国最大的手工工场、川南的千年盐
都自贡就形成了盐工"十大帮"，即山匠帮、机车帮、车水帮、山笕帮、烧
盐帮、牛牌帮、转盐帮、捆盐帮、扛运帮等，这些行帮有自己严密的组织
机构和严格的管理系统，甚至还有自己的会馆。三类是贩卖私盐的盐
枭群体，这部分人往往与秘密社会相联系。他们的构成复杂，来源广
泛，其特点是以贩运私盐为生计，人数众多、行动诡秘、持有器械，并聚
敛大量财富，是社会动荡的重要因素。四类是个体私盐贩子。这个群
体与盐枭群体的本质区别即他们仅仅是为了谋生糊口，他们单独行动、
肩挑背负，生活艰辛。

　　盐与民俗饮食的关系十分密切。盐是"百味之祖""食肴之将"，是
人们不可缺少的日常调味品和营养素。与盐的产运销相关联的各种美
味佳肴更是风格独特，回味悠长。谁会想到世界名酒贵州茅台的问世
和几经沧桑，竟与川盐销黔有着密切关联，以盐帮菜为代表的川菜是中
国饮食文化中的一朵奇葩，各种盐帮菜品的原料、烹制、风味与发展，无
不与食盐的生产、运输、销售和盐业群体有着密切渊源。盐对人们日常
生活的影响，还表现在围绕盐形成了许多独特的民俗。从民族志和调
查材料中我们可以看到，新疆维吾尔族人就把盐作为灵物来崇拜，盐在
各民族传统婚礼中给新郎新娘带来了无穷的欢乐，同时也成为了人们
诅咒发誓的道具。

　　本章作为全书的第一部分,笔者从科学技术的视角切入,分别从盐的概念、盐与生命、盐与健康、盐与工业、盐与社会五个方面对盐进行详细介绍。首先向读者阐明了盐的概念,使读者对于本书所讨论的盐有了清晰的理解,然后为读者展现了盐在自然界当中的各种存在方式,又分别介绍了盐在工业生产与日常生活中的种种应用场景,揭示了盐对于人类社会乃至世间万物生灵的重要意义。一粒粒小小的晶体盐,不仅融进了你我的血液之中,组成了生命不可分离的一部分,更是融进了生命的进化与演变之中,伴随着物种于历史的长河中漫步,见证了人类科技与社会的发展和进步。希望在读过这一部分后,读者或多或少能够对科学技术中的盐学有更深刻的了解。

　　正如上面所提到的,盐不仅见证了人类科学技术的发展,还见证了人类历史的进程。那么接下来在本书的第二章,我们将踏入历史长河之中,进一步向读者展示中国历史上有关盐的制度的演化与变迁,并沿着历史的脉络去慢慢品味历史当中的盐事。

第二章　历史长河中的盐事

　　盐业,从古至今都是一项关乎民生乃至国运的重要产业。盐不仅是百姓日常生活的必需品,还是古代王朝财税的重要来源。尤其是在生产力水平有限的情况下,历朝历代无不将盐视为国家命脉,对盐的管理、生产都有相关的典制与法规。本章以编年体为体裁,以历史上盐业的管理与生产为着眼点,依据历史典章,对中国盐政史、盐官史、盐技史、盐产史做了梳理。辅以断代体体裁,对盐法在不同朝代间的变化进行了阐述,以表征某盐法在不同时期的演变。为了更科学而准确地阐明中国盐史,本章也参考了一些近现代关于盐史的科学研究文献和最新考古成果,力图让读者置身于真实历史脉络之中,通过四种不同的历史维度来介绍盐事,相信能让读者在体会盐除了发挥其本身的使用功能外,其在历史上其他的重要作用,以期让历史照亮现实。

第一节　盐政史

　　盐政史不仅反映历代人民的生活水平,更反映国家税收制度的发展,乃至国家政治清明与否、国家机器的运转状态。所以,盐政史也是国家民族的兴衰发展史。曾仰丰先生在《中国盐政史》一书中将中国古代的盐政制度归纳为三类:

无税制,行此制者,为三代以前及隋代唐初是也;征税制,行此制者,若夏、商、周三代秦及汉初与东汉六朝是也;专卖制,其制亦可分为五种:一部分官专卖,亦即狭义专卖。若春秋时管子之法是也。全部官专卖即广义专卖。若西汉武帝时之制是也。就场官专卖,亦可称为间接专卖。若唐代刘晏有宋中叶及金元与明万历以前之法是也。官商并卖,亦可称为混合专卖。如五代宋初及辽、金、元之法是也。一曰商专卖,亦可称两重专卖。如明末及清代之制是也。

从历史进程来看,盐政是逐渐从无税制向专卖制转变的,而各朝代的不同时期、不同行政区域也会出现各种盐政制度,甚至多种制度的组合。下面本节将按照中国历史发展顺序,介绍历代盐政制度,明其利弊,以期在历史明镜之面前,正今人之衣冠。

一、远古时代

自远古以至唐、虞(三代以前),政事简易,国用不繁,山海之利,未有禁榷。盐与百物同等,官不统制,任民自由产制运销。这段漫长的时代,生产力发展低下,无税制盐政,是自然而然的选择,是唯一的选择,其实并不是君主或官员主导的。

二、夏、商、西周

中古时代是征税制盐政的萌芽和发展时期。中国盐税的渊源可上溯至四千多年前的夏朝。夏朝是中国史书中记载的第一个世袭制代替禅让制的朝代,也是第一个奴隶制国家。夏朝出土的文物较少,同时关于夏朝的典籍记载也较少,关于盐的记载更少之又少,仅《尚书·禹贡》简略记载了有关夏朝的盐"贡":

厥贡盐絺,海物惟错。

意思是"贡"给奴隶主国家的贡物有盐与絺。"贡"是夏王朝获得财政的一种来源,是古老的宗法制度的产物。东汉许慎撰《说文解字》释"贡"为"献功也"。因此,不能认为"贡"就是"税",因其"贡"并不具有"税"的特征。所以说盐"贡"是古代一种实物形态的国家财政来源,还不是真正的盐税。关于"盐税"一词《后汉书·百官志》有载:

> 凡郡县出盐多者置盐官,主盐税。

正如蒋大鸣在《中国盐业起源与早期盐政管理》一文所指出的那样:

> 当时还不能把盐"贡"视为盐税,但盐税与盐"贡"两者之间,客观上有一定的关系,即盐税的原始胚胎是盐"贡",经过历史演进,后世出现了盐税,但盐税与盐"贡"有本质上的区别。

商朝亦行盐"贡"之法。虽商朝有殷墟考古发现和甲骨文记载,但也仅有零星资料记载。商朝盐"贡"方式、数量也是如此。从《诗经·商颂·殷武》篇记载的:

> 莫敢不来享,莫敢不来王。

可知当时地方需向中央"贡"盐。另从《尚书·说命下》中记载的关于殷高宗武丁任命中国刑法的鼻祖——傅说,所说的话亦可证:

> 若作和羹,尔惟盐梅。

意思是盐味咸,梅味酸,均为调味所需。亦喻指傅说为国家所需的贤才。这也说明盐和人才在商朝都非常重要。另据《礼记》记载:

> 市廛而不税,关饥而不征。

可见商朝只收取商人租金,但并未征税,因而可以说商朝未征盐税。

西周袭殷商"贡"制,仍行方物入贡之制。《周礼·天官·大宰》:

> 太宰以九贡致邦国之用……九曰物贡。

说明此时的海盐、池盐仍为物贡。但与夏、商朝代的"贡"相较,周朝的"贡"无论是在形式和内容上均有所变化。周朝有"诸侯之贡"和"万民之贡"两种贡。"诸侯之贡"是邦国诸侯对周天子的贡献;"万民之贡"是分任"九职"的"万民"对周天子的贡献。据《周礼》记载:

> 凡邦国之贡,以待吊用,另则为凡万民之贡,以充府库。

盐"贡"就在"邦国之贡"之列。《周礼》又载:

> 时盐人,掌盐政令,以供百事之盐。

说明盐用于祭祀、宾客等百事活动,有余部分也会销售。由马端临在《文献通考》:

> 三代之时虽入贡,未尝有禁法。

可知,夏、商、周三代,靠贡而获取盐,任由民众自行经营,却没有关于盐的制度法令。国家虽然对盐像其他山林川泽一样征收赋税,但是此时的盐"贡"仍不具有"税"的性质,仅仅是盐政的开始。

三、春秋、战国

随着社会经济的发展,春秋战国时代,商业活动空前繁荣,伴随其他商品征税制度的发展,以商鞅变法为代表的盐业征税制度走向完善。不过,更重要的是为了凝聚国力,以管仲改革为代表的一种新的盐政制度诞生了,即专卖制度。

春秋初期食盐已成为商业贸易中的一种重要商品。可据《史记·货殖列传》得知:

> 陈在楚夏之交,通鱼盐之货,其民多贾。

另还有盐商猗顿"用鹽盐起",靠经营池盐发迹的记载。亦有盐商刁间"逐渔盐商贾之利……起富数千万"的记载。《说苑·臣术》也记载有:

> 秦穆公使贾人载盐,征诸贾人。

说明秦国当时也靠商人从他国贩运盐,秦穆公曾派遣人到楚国去贩盐。由此可见,春秋各国间是自由交易盐的,并未有政治干预,贸易量也很大,即盐作为自由贸易商品。虽盐产量低,但由于是必需品,所以必定是关市贸易的重要物品。此时春秋五个国家虽尚未实行专卖制度,但对盐已经征收了市税和关税了。

春秋唯齐国至桓公时,依管仲之法,谨正盐笑(同策),创官海之策,盐政始行专卖之制,俗称"官山海"。其制盐法,有官制和民制两种,大都滩场散漫之地,则归官制,其整聚之处易于管理者,则归民制。但当时是以民制为主,官制为辅。所有民制之盐,仍由政府收买,归官运销,故称为一部分专卖。从《管子·轻重甲》:"请君伐菹薪,使国人煮水为盐,征而积之",证实官制的存在。"山林梁泽,以时禁发,草封泽,盐者之归,譬若市人"[1],可以证实主要盐产属于民制。管仲主张的卖盐之法,则无论本产或由外入,均归政府统制经营,"积盐以令粜于梁、赵、宋、卫"是内盐出境由政府运销的证据。又例如"通东莱之盐,而官出

---

[1] 《管子·戒》第二十六.

之"①是外盐输入,亦由政府收买出售的证据。"君以四什(倍)之贾,修河济之流,南输梁、赵、宋、卫、濮阳。恶食无盐则肿。守圉之本,其用盐独重。君伐菹薪,煮沸水以籍于天下。然则天下不减矣。"②是齐国以高价盐输往不产盐的国家销售,尽取天下之利的证据。"因人之山海,假之名有海之国雠盐于吾国,釜十五,吾受而官出之以百。我未与其本事也,受人之事,以重相推。此人用之数也。"③是少数非产盐国利用从产盐国进口的盐进行专卖的证据。管仲的盐法还有,春天农事将起之时,禁北海之众,不得煮盐,是为限制盐之产量,从而使得供求得以平衡,进而亦不夺农时。管仲的盐专卖思想精髓在于盐产于民,运销于官,蕴含着"以予为取"的经济学思想,从《史记·管晏列传》:"知与之为取,政之宝也"可证。另《管子·国蓄》:"民予则喜,夺则怒,民情皆然。先王知甚然,故见予之形,不见夺之理,故民爱可洽于上也",也可证实他一直强调欲取之必先予之的理念。在政策上可予百姓产盐方便,盐人则产盐积极性高涨,产量增加,悄然寓税于官运官销之中,代强征硬索于取税于无形有度,税收也随之增长,国家财税的增长又发展了民众的盐业生产,国家不因另筹税源而劳民,予就转化为取,这就是"见予之形,不见夺之理"。对此《史记·齐太公世家》有很高的评价"设轻重鱼盐之利,以赡贫穷,禄贤能,齐人皆悦"。即所谓"今夫给之盐策,则百倍归于上,人无以避之者,数也"④。管仲的这一思想深为后世所承袭。管仲之法在社会上造成一种不夺农时、崇尚农功的风气,有利于社会和谐。

到了春秋末年齐景公时,盐制又有所变化,将民制完全改为官制。尽夺民利,卖价昂贵,据《左传》记载,晏子对齐景公说:

山林之木,衡鹿守之;泽之萑蒲,舟鲛守之;薮之薪蒸,虞侯守之,海之盐蜃,祈望守之,征敛无度,人民苦病。

---

① 《国语·齐语》卷六《齐语》.
② 《管子·地数》第七十七.
③ 《管子·海王》第十一.
④ 《管子·海王》第七十二.

说明当时有取无予,取之无度,对百姓极为苛刻。齐国自桓公至景公时,一百八十余年间,虽仍行专卖制度,但已非当时之旧法。厥后陈氏蓄谋僭窃,利用盐政,厚施于民,以小斗受之,而以大斗与之,卖盐价格贱于公家,此法实行了数年,齐国盐政卒归陈氏。战国时,而齐犹以负海之饶,号称强大,虽然占据地利,但如果没有管仲之法则不会如此强大。

管仲实为千古盐政之祖,后世的专卖制度均来源于管仲的盐铁专卖思想,他的这一思想对于春秋以后历朝历代国家财政经济产生了深远的影响。今天,管仲的这些思想仍闪耀着智慧的光芒。

春秋时,除齐国用管子之法,行专卖制度外,其他各国之盐法,大都循周朝之法,采用征税制,连产盐大国晋国也未采用专卖制。《左传》可证:

> 晋人谋去故绛,诸大夫皆曰必居郇瑕氏之地,沃饶近盐,国利君乐,地不可失,独韩宣子以为不可,曰山泽林盐,国之宝也。国饶则民骄,近宝,公室乃贫,不可谓乐。

这说明,晋国盐由私人经营,仅仅征收盐税而未尝有专卖之法。所以有穷人陶朱公赴晋地贩盐而成为巨富的典故。坐拥"辽东之煮"①的燕国也和晋国一样,满足于收取数额非常少的盐税。

及至战国时期,则和其他商品一样盐已经完全民产、私运、私销,各个产盐国实行征税制,就连田陈氏时期的齐国也一改姜齐氏时期政策,开放盐业,让私人经营,薄征其税,与商贾合谋而盘剥于乡里,即当时出现的"商贾在朝"②的现象。

四、秦朝、西汉前期

秦作为经历春秋战国而完成国家大统一的王朝,它代表了另一典

---

① 《管子·轻重甲》.
② 《管子·权修》.

型盐政制度——征税制。及至西汉前期,汉承秦制,与秦朝盐政一脉相承。早在秦孝公时,商鞅变法,变法之于盐政,则实行民营征税制,即为国家将山泽之利,尽行开放,产制运销,听民自由,官府则坐收山泽之税,国家财政收入颇丰。正如《盐铁论·非鞅》第七所载:

> 昔商君相秦也,内立法度,严刑罚,饬政教,奸伪无所容。外设百倍之利,收山泽之税,国富民强,器械完饰,蓄积有余。是以征敌伐国,攘地斥境,不赋百姓而师以赡。故利用不竭而民不知,地尽西河而民不苦。盐铁之利,所以佐百姓之急,足军旅之费,务蓄积以备乏绝,所给甚众,有益于国,无害于人。百姓何苦尔,而文学何忧也?

秦国因商鞅变法日益强大,从而扫六合一统天下。

凡事物都有两面性,任桂园在《秦汉盐政与三峡盐业综论》一文分析指出:

> 自秦用商鞅之法,豪强大户占据山林之饶从而兼并土地,专山泽之利,致使小民百姓失去土地而无立锥之地,流离失所。不得不投奔到专营盐铁业的豪强大户门下,从而沦为廉价的劳动力。

从《盐铁论·复古第六》亦可证:

> 往者,豪强大家得管山海之利,采铁石鼓铸,煮海为盐。一家聚众,或至千余人,大抵尽收放流人民也。

而此时,秦朝盐税日渐加重,盐价上涨,使得小民百姓愈来愈贫困不堪,"盐铁之利,二十倍于古"[①],盐价腾贵,尤显出征税制的弊端。秦始皇时期仍奉行"商君之遗谋",同样秦国后期仍盐价很贵。

汉初,盐法承袭秦制,盐税之重,不减于秦。汉高祖"约法省禁"以

---

① 《汉书》卷二十四《食货志》.

黄老"无为"思想为立国之术,"纵民得铸钱冶铁煮盐"①,出让盐铁铸钱三大利,盐的产销任由商人经营。据《汉书·食货志》载:

> 山川园池市肆租税之入,自天子以至封君汤沐邑,皆各为私奉养,不领于天子之经费。

说明西汉初期分封的诸侯国皆循秦制占据山泽之利,以"征税"取之。但所收赋税由分封各处的诸侯王私有,不入国家财政,大农不能过问。《盐铁论》卷一有证:

> 人君有吴王,皆盐铁初议也。吴王专山泽之饶,薄赋其民,赈赡穷乏,以成私威。私威积而逆节之心作。

这个有鱼盐之利的吴王刘濞就是靠盐来赚取割据的本钱的。这种盐政制度结合西汉初年的分封制,一起为后来的"七国之乱"埋下伏笔。

五、汉武帝、西汉中后及莽新时期

作为中国历史上雄才大略的帝王之一,汉武帝,为了凝聚国力,开疆扩土,期间制定了新的专卖制度——全部官专卖制度。

西汉武帝时,内修法度,外勤远略,频年用兵,导致国库空虚,而盐商富累钜万。元狩四年,秉管子之法要的侍中桑弘羊和御史大夫张汤建议,笼罗天下盐利归官府所有,抑豪强,塞兼并。其言曰:

> 山海,天地之藏也,皆宜属少府,陛下不私,以属大农佐赋。原募民自给费,因官器作煮盐,官与牢盆。浮食奇民欲擅管山海之货,以致富美,役利细民。其沮事之议,不可胜听。敢私铸铁器煮

---

① 《盐铁论》卷一.

盐者，钛左趾，没入其器物。郡不出铁者，置小铁官，便属在所县。①

与管子法有归民制者不同，官自煮盐及官运官销，并不假手商贩，产运销三项，均完全国营，故称为全部专卖。其制盐阶段之法是官府备煮盐器，雇民煮盐，并给他们工时费、官铁官锅及工本钱。其卖盐阶段之法则是设置盐吏，让他们坐列市肆，贩物求利。然而当时因征税制度，行之既久，积弊已深，盐价昂贵，更有官府盐吏逼迫老百姓强买强卖，本以除弊，转以滋弊。元封元年桑弘羊领大农，管理天下盐事。桑弘羊所面对的局面是盐吏们互相争夺盐市，私贩乘机牟利，官盐滞销，盐利所入，致使官府几不敷其费用。于是桑弘羊设置大农部丞数十人，分驻各县，平均配运，在盐贵的时候卖之，在盐贱的时候买之，以垄天下之盐利，调节盐价。这样，私贩没有了乘机牟利的空间，朝廷所获盐利增加，遏制了盐价的波动，是谓之为"平准"。专卖制度济之以平准法，弊始少革，国用乃瞻。作为一次重要的盐政改革，下面我们详细阐述，武帝以降，西汉盐政制度的发展过程，以便明了其优点和弊端。

据《史记·平准书》记载，元狩四年，汉武帝果断作出决定：

> 以东郭咸阳、孔瑾为大农丞，领盐铁事，桑弘羊以计算用事，侍中。咸阳，齐之大煮盐；孔瑾，南阳大冶，皆致生累千金。

汉武帝所选用之人，均为理财能手。孔瑾乃为南阳的冶铁大户，东郭咸阳则是来自山东的大盐业主，此二人皆因煮盐或铸铁而富。桑弘羊是武帝的亲信，亦是洛阳富商家庭出身，善心算，在13岁那年，就被任用为侍中，参与财政管理。这三人，都非常有财务管理经验"言获利之事皆能分析秋毫"。自山海之利收归国有后，朝廷直接管理盐业，改民营征税制而为官营专卖制。在制盐方面他们建议汉武帝，招募百姓，自备资金，租用官府所准备的器具、作坊煮盐。由《盐铁论·刺权》："愿

---

① 《史记》卷三十《平准书》.

募民自给费,因县官器煮盐予用",可证。

元狩五年即正式推行天下。在销盐方面,全国范围内设置的 35 处盐铁官署,盐民所产的盐按盆数官府给值收购,这就是所谓的"官与牢盆"①。销盐的地区也必须按数从产盐郡县调拨。若百姓私自采卤煮盐或私自销盐,则同私铸铁一样,施以铁钳锁住左脚的刑罚,并没收其煮盐的器物。这些严厉的措施和分布广泛的盐务管理机构,使盐铁生产与经营全部纳入到国家管理体制当中,调节了社会资源配置,成为了朝廷的主要财政收入。汉武帝的全部官营专卖制,为大多数历朝的封建统治者治理盐务所采用。也是后世效仿的成功制度。

但汉武帝所推行的全部专卖制,也有弊端。由于盐专卖制度均依靠官僚机构来执行,造成了"而吏或不良,禁令不行,故民烦苦之"②。《史记·平准书》也记载"吏道益杂不选而多贾人",可见汉时盐官均出自于过去经营盐铁而致富的人,他们设盐吏坐列市肆,贩盐求利。另据《盐铁论·水旱》记载:

> 盐铁贾贵,百姓不便,贫民或木耕手耨,土耰淡食。

盐价腾高,以令平民百姓因买不起食盐而不得不忍受淡食之苦。由此可见,当时百姓所受之苦。总之,汉武帝盐业官营的缺点:一是盐价昂贵。因盐官掌握煮盐后,为了提高利润,把价格提高,所以老百姓只得"淡食"。为此,盐官还强迫人民按人口数配买,而使人民遭受了残酷的剥削;二是盐由生产地点转运至销售处,完全是征发老百姓营运,增加了人民的负担;三是盐官设零销点太少,老百姓经常要到很远的地方去买配购之盐,耽误了农时。

及至昭帝始元六年,汉昭帝刘弗陵下诏:"诏郡国举贤良文学之士,问以民所疾苦,教化之要"。这便是中国历史上第一次最为著名的经济思想辩论会即盐铁会议,王利器在《盐铁论译注序》一文讲道:

---

① 《汉书》卷二十四《食货志》.
② 《盐铁论·复古篇》.

所谓"贤良"，在当时即在经济上属于"天下豪富民"，在思想上则属于儒家体系；而所谓'文学'，即是指那些专门研究儒家经典的人。与会六十余位贤良、文学们，都是祖述仲尼的儒生，除了心不离周公，口不离孔、孟之外，还宣扬当时董仲舒的学术思想。

这次会议一开场，贤良、文学即率先发难，据《盐铁论·本议第一》载有：

> 今郡国有盐、铁、酒榷，均输，与民争利。散淳厚之朴，成贪鄙之化。是以百姓就本者寡，趋末者众……愿罢盐、铁、酒榷，均输。

此谓"官罢盐铁"。

当面对贤良、文学的诸多责难，桑弘羊等力排众议，据《盐铁论·复古第六》载：

> 实行盐铁官营等政策，乃是为了增加国家的财政收入，以补充边防经费不足。今意总一盐铁，非独为利入也，将以建本抑末，离朋党，禁淫侈，绝兼并之路也。

由此，桑一派极力阐述实行盐铁官营政策，不但是为了充实府库的权宜之计，更是国家长久的经济措施。桑弘羊的盐业经济思想是受《管子·轻重篇》的"统制经济"深远影响而形成的，其核心要义是利用国家商业资本聚集社会财富。《管子·轻重篇》中关于政府经营商业、控制山海、盐铁经营、铸造铜钱等办法都是桑弘羊所提倡并付诸实行的措施。

鉴于当时的贤良、文学推崇董仲舒思想，也是秉辅政大臣霍光之意，抑或是真的为民请愿。客观地讲，他们也的确指出了盐业专营所实际存在的消极方面。霍光既与桑弘羊有隙，又借这样一种强烈的舆论优势，最后以谋反之名杀了桑弘羊后。霍光大张旗鼓地要"轻徭薄赋，与民休息"。《汉书·食货志》可证：

> 昭帝即位六年，诏郡国举贤良文学之士，问以民所疾苦，教化

之要。皆对愿罢盐铁酒榷均输官,毋与天下争利,视以俭节,然后教化可兴。弘羊难,以为此国家大业,所以制四夷,安边足用之本,不可废也。乃与丞相千秋共奏罢酒酤。弘羊自以为国兴大利,伐其功,欲为子弟得官,怨望大将军霍光,遂与上官桀等谋反诛灭。

但即便杀了桑弘羊等,最终盐铁会议仅仅废除了酒类专卖,至于盐铁均未实质触动。霍光死后,宣帝刘询亲政,重新褒扬武帝。地节四年,汉宣帝以水灾下诏"减天下盐价……或营私烦扰,不顾厥咎,朕甚闵(悯)之。盐之食,而贾成贵,众庶重困,其减天下盐贾"①。宣帝还注意发展盐业生产,在蜀中凿井汲卤,设灶煎制,盐业恢复以前的欣欣向荣景象。据《华阳国志》载:

> 孝宣帝地节三年,罢汶山郡,置北部都尉。时又穿临邛蒲江盐井二十所,增置盐铁官。

说明食盐专卖情况有所好转。专卖制度也成就了历史上的"昭宣中兴"。

至元帝时,刘奭崇尚儒术,受鼓吹经济放任的诸儒影响,废"常平仓",罢盐铁官。永光三年冬,又因"用度不足"而恢复了盐铁官②。虽终宣、元、成、哀、平五世,未所变改,但由于西汉后期政治腐败,专卖的控制已经放松,出现了"赂遗曲阳、定陵侯,依其权力,赊贷郡国,人莫敢欺。擅盐井之利,期年所得自倍"的局面③。哀、平间专卖制度大不如前。

综上所述,终西汉一朝之盐政,元狩四年以前承秦旧制,行民营征税制。自元狩五年起,至平帝元始五年止,行全部专卖制者,历一百二十五年。汉武帝盐铁官营的政策,一方面解决了抵御外族骚扰中原所需的财政问题。"大农以均输调盐铁助赋,故能赡之",能使"天子北至朔方,东到太山,巡海上,并北边以归。所过赏赐,用帛百余万匹,钱金

---

① 《汉书》卷八《宣帝纪》第十一.
② 《汉书》卷九《元帝纪》第九.
③ 《汉书》卷九十一《货殖传》第六十一.

以钜万计,皆取足大农"。故能"民不益赋而天下用饶"①。另一方面官营盐铁,也是吸取了西汉初期诸侯王利用煮盐获利而导致的"七国之乱"的教训,从而消除了地方割据势力的经济基础,诸侯国煮盐特权收归中央,从而巩固了中央政权。所以,元鼎中,鲁国、胶东等私煮食盐亦遭查禁就是例子。

公元八年,王莽篡国,命县官售盐,仍行专卖。产盐一项,于官制之外,还有民制,似又属于一部分专卖制。依周礼地贡之说,人民所制之盐,须计息出贡,即行官卖,复令人民出贡,因而就成一种征税专卖的混合制。

齐涛在《试论武帝以后汉代盐政的嬗衍》论述称:

> 王莽代汉以后,社会危机加剧,国家财政捉襟见肘,庞大的边费支出使得用度不足。而土地兼并也更加激烈,加之严重的自然灾害,使北地及青州地人相食,洛阳以东米石二千,东方诸仓一空,流民入关者达数万人,死者七八,户口减半民愈贫困。这又直接影响了国家财政收入。

与此形成鲜明对照的则是官僚、豪强富商、大贾们的空前活跃与富厚。他们"上争王者之利,下锢齐民之业"②,直接危及了封建政权的存续。面对此局面,莽新政权假借效法汉武帝盐铁专营制度的旗号,遂下诏书:"设六管之令,命县官酤酒、卖盐、铁器、铸钱,诸采取名山大泽众物者说之"③。但因王莽时期制度的反复性和盲目仿效,加之制度的执行上又用非其人而导致的政令不能畅通等,所以王莽欲造成"名山大泽、盐铁钱。布帛、五均赊贷,斡在县官"④的局面,从而控制全部间接税利的梦想并未实现。在盐的官运官销方面也是同样东施效颦,命羲

---

① 《史记》卷三十《平准书》第八.
② 《汉书》卷九十一《货殖传》第六十一.
③ 《汉书》卷九十九《王莽传》.
④ 《汉书》卷二十四《食货志》.

和为大司农,并效仿汉武帝"以东郭咸阳、孔瑾为大农丞,领盐铁事"①以及"除故盐铁家富者为吏"的旧例,向各郡派出由富商大贾充任"命士"数人,进行督导。但由于社会的黑暗与吏治的腐败,却是给富商大贾们提供了一个新的牟利机会。此间可由《汉书·食货志》证实:

> 羲和置命士督五均六斡,郡有数人,皆用富贾。洛阳薛子仲、张长叔、临淄姓伟等,乘传求利,交错天下。因与郡县通奸,多张空簿,府臧不实,百姓愈病。

说明一个制度的好与坏,除了制度本身外,更关键的是执行制度的人,执行不善,反而会走向其反面。盐产地管理方面,武帝时统一由官府生产与管理,便捷简明。莽新时期却是官制与民制混合并存,体制混乱法繁税苛,民不聊生。左树珍在《中国盐政史》一书中对此有独到的分析:

> 按莽时制盐,约分官制民制两例。《汉书·食货志》言:羲和鲁匡请令官自作酒,以二千五百石为一均,除米曲本价,计其利而什分之,以其七八官,以其三给工器薪樵之费。酒为久斡之一,与盐相同,则官自煮盐,亦当以均计算,固可比例相证矣。志又言:诸取物于山泽者,令各自占所为于其在所之县官,除本计利什一分之,而以其一为贡,敢不自占,自占不以实者,尽没入所采取,而作县官一岁。《王莽传》亦言:始建国二年定令,命诸采取名山大泽物者税之。山泽物盐亦一种,则莽时盐斡条目,已有民制之例。然卖盐既归县官,复令盐民计息出贡。附会周礼出贡之说,以强夺民利。此又莽之苛法矣。

此外,王莽为保证其盐业专卖制度的执行,还采取了高价严刑的政策,以高于往昔数倍的价格,牟取超额垄断利润;同时,又以严酷的刑

---

① 《史记》卷三十《平准书》第八.

法,防治犯科触禁者。《汉书·食货志》所记天凤四年的一道诏书可证:

> 夫盐,食肴之将;酒,百药之长。嘉会之好;铁,田农之本;名山大泽,饶衍之臧;五均赊贷,百姓所取平,仰以给澹;铁布铜冶,通行有无,备民用也。此六者,非编户齐民所能家作,必仰于市,虽贵数倍,不得不买。豪民富贾,即要贫弱,先圣知其然也,故斡之。每一斡为设科条防禁,犯者罪至死。

这就是当时莽新政权实行的"五均六管"法。但"均"的前提条件是朝廷需储备并握有大量的货币和商品,且官员的执行和管理能力要强。由于缺乏钱与法,他只能依靠大贾豪商来推行专卖制度,纵行其搜刮民间财富,继而形成官商垄断的盐业经营模式,危害非常,实非汉旧。对盐铁等实行统管统制,早已成了府官攫取财源而已。地皇年间,对于莽新政权的以高压重法推进的经济政策,朝野上下,反对声不绝于耳。据《汉书·王莽传》记载:

> 纳言冯常以六管谏,莽大怒,免常官。以大司马司允费兴为荆州牧,见,问到部方略,兴对曰'荆、扬之民率依阻山泽,以渔采为业。间者,国张六管,税山泽,妨夺民之利,连年久旱,百姓饥穷,故为盗贼。兴到部,欲令明晓告盗贼归田里,假贷犁牛种食,阔其租赋,几可以解释安集'。莽怒,免兴官。

可见朝廷上纳言冯常及大司马司允费兴均以上书请废六管被罢官。至于民间百姓更是摇手触禁,"罪者浸众"。此时天下皆怨声载道。及至地皇三年,反抗者纷纷揭竿而起,他下令放弃"五均六管"法。地皇三年后,社会混乱动荡加剧,盐业生产与流通完全自由经营,不但没有了官营,也没有了税收。最终,国家没有增加收入,百姓却加重了负担,正当的商人和手工业者也受到打击。也说明王莽时奸吏豪民并侵,众庶各不安生,也正是王莽政权的短命原因。

六、东汉

针对西汉末年和莽新盐政混乱存在的问题,光武中兴,除专卖之法,弛私煮之禁,任民制盐,自由贩运,于产盐较多之郡县,设置盐官,征收盐税,其法与近代就场征税制相似。

刘秀建立东汉,他勤于政事,"荡涤烦苛,与民更始"①,在制度革新上采取了一系列有力措施,例如薄赋敛,省刑法,偃武修文,不尚边功,与民休戚,制豪强势力,实行度田政策等等。国家政务趋于简易安静,专卖制度也随之逐渐消失,除了某些食盐官营以供朝廷用外,一般则任由民间经营,并未实行官营专卖制度。从《东观汉记·宋弘传》可以得知:

> 光武时,宋弘为司空,尝受俸得盐,令遣生粜,诸生以贱不粜。弘怒,悉贱粜,不与民争利。

意思是建武时期官员还常以盐作为俸禄,并将俸禄之盐拿到市中自由出售,侧面说明盐仍为民间经营。

东汉建国之所以未恢复盐业专营的做法原因有三:首先因为刘秀反莽起义深得豪门贵族的资助,实际这是一个豪族当政的政权,把持着东汉上下的政治,国家在恢复期,为换取他们支持定不会触及他们敛财的工具——盐;其次,刘秀这个爱好经术的皇帝如此行事,也是受了一些鼓吹自由经济的儒者影响;最后,刘秀深受王莽时期盐业专营给社会带来的危害,他为了安定社会,笼络民心,定当要反王莽之道而行之。从此,私煮之禁渐弛,自由民间产盐、贩盐,但刘秀的盐业放任政策并不是完全听任民间自由经营,而是设立盐官,就场征税。但此时的征税制和西汉初的征税制却有不同之处:西汉初,未专设盐官,盐税与山泽市井等税一并征收,而东汉初沿袭保留了西汉中后期盐产区的盐官,为盐税成为专税提供了可能,所以在盐产区实行了就场征税制。

---

① 《汉书》卷二十四《食货志》.

刘秀及其继任者,在发展农业生产的同时,也能较好地解决西汉中期以来长期困扰中央王朝的财政问题。光武帝刘秀初建东汉,在经济领域也采取了很多举措,例如三十税一制、解放奴婢、恢复生产力等,使得东汉初期财政状况明显好转,官吏普遍增加俸禄,历史上称其统治时期为光武中兴。

及至明帝时,虽偶有战事,但仍出现了"是时天下安平,人无徭役,岁比登稔,百姓殷富,粟斛三十,牛披野"①的繁荣景象,人口也增加到了三千四百多万。到了明帝后期,永平十六年,窦固等兵分四路,深入北匈奴腹地,大获全胜,占领了伊吾卢城(即今新疆哈密),设宜禾都尉,屯田戍守,班超率吏士,经营西域。永平十八年,汉明帝死,章帝即位,匈奴乘机反扑,攻占了西域都护府。此时,中原一带又发生了自然灾害。在外有战事牵扯,内有灾害的情况下,财政收支日趋紧张。据《后汉书·章帝纪》记载:

> 永平十八年十一月,……诏征西将,军耿秉屯酒泉。遣酒泉太守段彭救戊已校尉耿恭。是岁,牛疫。京师及三州大旱,诏勿收兖、豫、徐州田租、刍稿。建初元年春正月……诏曰:"比年牛多疾疫,垦田减少,谷价颇贵,人以流亡"。酒泉太守段彭击车师,大破之。罢戊已校尉官。二年春三月辛丑,诏曰:"比年阴阳不调,饥馑屡臻……"。

朝廷虽在永初二年,下诏罢齐地兵纨、方空縠、吹纶絮等高级丝棉制品的生产,收效不大。在朝廷用度不足时食盐专卖又被提起。后行盐铁之利,恢复以往的盐铁专营。对这一原委,《后汉书·章帝纪》有明确记载:

> 昔孝武皇帝,致诛吴越,故权收盐铁之利,以奉师旅之费。自中兴以来,匈奴未宾。永平末年,复修征伐。先帝即位,务休力役。

----

① 《东观汉记》卷二.

然犹深思远虑,安不忘危。探观旧典,复收盐铁,欲以防备不宁安边境。

不过,章帝"复收盐铁"之议,朝野上下颇有议论。建初六年,章宗复议盐铁,大司农郑众激烈反对此议,据《后汉书·郑众传》道:

> 建初六年,代邓彪为大司农。是时,肃宗议复盐铁官,众谏以为不可。诏数切责,至被奏劾,众执之不移,帝不从。

尽管章帝不为郑众所动,但并未立即实行盐铁专营。及至元和年间争论再起,为弥补财政用度,想借盐铁专卖来捃注。据《后汉书·朱晖传》记载:

> 是时谷贵,县官经用不足,朝廷忧之。尚书张林上言:谷所以贵,以钱贱故也。可尽封钱,取布帛为租,以通天下之用。又盐,食之急者,虽贵,人不得不须,官可自鬻。又宜因交趾、益州上计吏往来,市珍宝,收采其利,武帝时所谓均输者也。章帝,诏诸尚书通议。

可见,尚书张林主张实行盐铁专卖,但此建议却遭到守旧派官员尚书仆射朱晖反对,他向章帝奏言:

> 王制:天子不言有无,诸侯不言多少,食禄之家不与百姓争利,……盐利归官,则下人穷怨。与下争利,诚非明主所宜行。①

经过反复讨论,不久,张林再谏言,认为于国诚便,章帝这次未再交付诸尚书议论,下诏施行。元和三年,章帝还亲自视察了盐池"幸安邑观盐池"②。在东汉时,皇帝的命令是由尚书台传达出纳。明帝曾诏曰:

---

① 《后汉书》卷四十三《朱乐何列传》第三十三.
② 《后汉书》卷三《肃宗孝章帝纪》第三.

尚书,盖古之纳言,出纳朕命,机事不秘则害成,可不慎欤。今陛下之有尚书,犹天之有北斗也。斗为天喉舌,尚书亦为陛下喉舌……尚书出纳王命,赋政四海。①

章帝时盐业专营虽无详考,但效果不够理想,产生了很多的社会负能量。可据《后汉书·马援传》知:

章和元年,(棱)迁广陵太守。时谷贵民饥,奏罢盐官,以利百姓,赈贫赢……章帝临终之际,遗诏罢除之,罢盐铁之禁,纵民煮铸,入税县官,如故事。

章和二年,年仅10岁的和帝继位,窦太后临朝听政。外戚窦宪总揽朝纲,为征得豪强政治默许,窦氏就以"罢盐铁之禁,纵民煮铸"为条件,达成妥协交易。四月,以和帝名义下诏:称武帝时盐铁专卖为"权收盐铁之利,以奉师旅之费"②,而章帝之世所修盐业专营"吏多不良,动失其便,以违上意"。据《后汉书·和帝纪》可证:

"敕刺史、二千石,奉顺圣旨,勉弘德化,布告天下,使明知朕意。"

就这样,在全国范围内废除了盐铁专营政策,重新实行了征税制。史料可证,《后汉书·史弼传》载:

史弼任河东太守,中常侍侯览。果遣诸生赍书请之,并求假盐税。

另据《集解》引沈钦韩说:

---

① 《太平御览·职官部》卷十.
② 《后汉书》卷四《孝和孝殇帝纪》第四.

案河东有两盐池,则后汉仍榷其税。

此谓就场征税。

终东汉一代,盐业放任政策一直占据主导地位,中经章帝建初末年至章和二年至六七年极短时间行专卖制,自后由和帝永元元年迄献帝建安三年,一百零九年间均行征税制。

那么读者不禁要发问:汉章帝在实行盐业专营时遇到了多大的阻力而使得其后的盐业专营浅尝辄止?为什么终东汉一代,盐业放任政策占据上风?其中的各种缘由,并不像和帝诏书中说的那么简单,是由于"吏多不良,动失其便"①。而是有更深刻的社会历史原因。

西汉武帝时期,盐业专营政策之所以能顺畅执行下去,在于汉武帝能借助强大的中央集权对沮议者(即那些擅盐铁之利的富商大贾及其代言人)加以利用或者大加打击。在这一历史条件下,富商大贾们或没落,或是进入了政府,取得了政治特权,或把精力转移到土地兼并上,官僚地主们纷纷经营工商业。如成帝时的丞相张禹,就是官僚、地主、富商于一身的典型代表。而东汉时代,这种官僚、地主、富商却把持着国家政权。《潜夫论·务本篇》载有:

> 为国者富民为本……富民者以农桑为本,以游业为末;百工者以致用为本,以巧饰为末;商工者以通货为本,以篱则民贫。

他们亦官亦农亦工亦商,势力迅速膨胀,正如仲长统《昌言》:

> 豪人之室,连栋数百,膏田满野。奴婢千数,徒附万计。船车贾贩,周于四方;废居积贮,满于都城;琦赂宝货,巨室不能容。马牛羊豕,山谷不能受。盐收,能带来巨额利润,他们定当趋之若鹜。

可见,东汉的盐业经营,基本上处于豪强们的垄断之中,征税制的设立和持续也是政商环境所致。

七、三国、两晋、南北朝

曹魏实行食盐监卖制度,这是一种食盐官营的政策。蜀汉、东吴、西晋也实行国家专卖制度,东晋则实行民营征税制度。南朝宋、齐、梁、陈,承东晋制度沿而未改。北朝于后魏延兴时,仿南朝制度,亦行征税。厥后屡废屡兴,乃无常制。永熙以降,国分为二。西魏独行征税制,宇文周继之,亦未改制。盖南、北朝时期,除东魏高齐于沧、瀛、幽、青四州行专卖外,大都主行征税制。

三国鼎立,兵祸连结,为军国所需,则赖以盐利,以曹魏为先导,食盐行专卖之制,吴、蜀亦踵行之。曹操把盐业称为国之大宝,据《三国志》卷一一《王脩传》注引《魏略》载:

> 察观先贤之论,多以盐铁之利,足赡军国之用。昔孤初立司金之官,念非屈君,余无可者。故与君教曰:昔遭父陶正,民赖其器用。及子妫满,建侯于陈;近桑弘羊,位至三公。此君元龟之兆先告者也,是孤用君之本意也,或恐众人未晓此意。自是以来,在朝之士,每得一显选,常举君为首,及闻袁军师众贤之议,以为不宜越君。然孤执心将有所底,以军师之职,闲于司金,至于建功,重于军师……但恐旁人浅见,以蠡测海,为蛇画足,将言前后百选,辄不用之,而使此君沉滞冶官。

由此可见,曹操把盐铁作为稳定社会、恢复生产的重要手段,盐铁之地位空前。

时曹操大臣卫觊出使益州,联络刘璋合击刘表,因道路不通,被阻关中。因战乱流入荆州流民数十万之众,曹操遂留卫觊镇关中,担负起安抚流民,恢复经济,保障社会稳定的重任。时"闻本土安宁,皆企望思归"[1],

----

[1] 《三国志》卷二十一《魏书·王卫二刘傅传》.

卫觊看到"四方大有还民,关中诸将多引为部曲"①,恐"兵有遂强,一旦变动必有后忧",于是觊书与荀彧曰:

> 关中膏腴之地,顷遭荒乱,人民流入荆州者十万馀家,闻本土安宁,皆企望思归。而归者无以自业,诸将各竞招怀,以为部曲。郡县贫弱,不能与争,兵家遂强。夫盐,国之大宝也,自乱来散放,宜如旧置使者监卖,以其直益市犁牛。若有归民,以供之。勤耕积粟,以丰殖关中。远民闻之,必日夜竞还。又使司隶校尉留治关中以为之主,则诸将日削,官民日盛,此强本弱敌之利也。

曹操纳之,遂"遣谒者仆射监盐官,司隶校尉治弘农,关中服从"。卫觊控制盐业的办法是置使者监卖。曹魏时期史籍对监卖制的具体情形并无明确的记载。

监卖制既继承了西汉的专卖制,也有莽新政权的征税专卖的混合制元素。学者林文勋认为,卫觊推行监卖制的目的非常明确:就是与豪强争夺回乡流民、恢复关中经济、抑制豪强势力。要实现这一目的,曹魏政权必须迅速积聚财富,最大限度地占有盐利,并排斥豪强对盐利的瓜分,而这其中的任何一点都是实行通商征税所不能做到的。通过卫觊努力,"流人果还,关中丰实"②。

盐业始终是曹魏政权获取财政收入的重要手段。食盐专卖由于平吴之策联系起来。正如邓艾谈论平吴大计时所说:

> 兵有先声而后实者,今因平蜀之势以乘吴,吴人族恐,席卷之时也。然大举之后,将士疲劳,不可便用,且徐缓之,留陇右兵两万,蜀兵两万,煮盐兴冶,为军农要用,并造舟船,豫顺流之事,然后发使以告利害,吴必归化,可不征而定也。

---

① 《三国志》卷二十一《魏书·王卫二刘傅传》.
② 《晋书·志第十六·食货》.

魏明帝时,凉州刺史徐邈修武威酒泉盐池,卖盐收谷以资州内军需。可见,当时食盐专卖推行于边郡。总之,曹魏政权的食盐专卖积极意义是比较大的。

蜀汉政权在巴蜀地区,因交通不便和生产力低下使得经济发展水平受到限制,国家财政十分拮据。所以把盐业作为国家经济的重要组成部分。因此,十分重视盐业,如刘备定益州,就置"盐府校尉,较盐铁之利"①。蜀汉官营盐铁之功首推王连,任王连为什邡令,王连又选拔了吕义、杜祺、刘干等管理盐务。蜀汉政权还力图将政权范围内的盐铁都纳入官营的轨道。张嶷越嶲郡做太守,境内盐铁为夷酋占有,据《三国志》卷四三《张嶷传》:

> 定莋(今四川省汉源县东北)、台登、卑水三县去郡三百余里,旧出盐铁及漆,而夷徼久自固食。嶷率所领夺取,署长吏焉……嶷杀牛飨宴,重申恩信,遂获盐铁,器用周赡。

可知,此时已然将盐铁夺为官营。蜀汉的盐府校尉、司盐校尉是兼管盐铁的,此外还设有专管冶铁的司金中郎将。刘备曾用张裔为巴蜀太守,"还为司金中郎将,点作农战之器"②,由于盐官"简取良才",蜀中食盐专卖也推行得很顺畅。另外,巴蜀之地盛产井盐,因此井盐业成为蜀汉政权的经济支柱。蜀汉时期,利用火井煮盐的方法仍然很兴盛。据《博物志》卷九记载:

> 临邛火井一所,纵广五尺,深二三丈。井在县南百里。昔时人以竹木投以取火,诸葛丞相往视之。后火转盛,执盆盖井上煮水得盐。

以及《华阳国志》卷三《蜀志》:

---

① 《三国志》卷三十九《蜀书九·董刘马陈董吕传》.
② 《三国志》卷四十一《霍书十一·霍王向张杨费传》.

临邛县有火井,井有咸水,取井火煮之,一斛水得五斗盐;家火煮之,得无几也。

利用火井煮盐,能够加快成盐时间,提高劳动生产效率,对井盐的开发有着重要的意义。可见盐业在蜀国经济收入中占有十分重要的位置。

东吴政权亦将盐作为增强国力,保障社会安定的重要依靠。东吴政权所辖为主产海盐区,有丰富的海盐资源,如:吴郡海盐(今浙江省海盐)、沙中(今江苏省常熟)、东莞郡(广东东莞)均是著名的产海盐地。东吴在海盐的产地吴郡设司盐校尉,在沙中设司盐都尉,管理当地盐业的生产与销售。东吴视盐为巩固政权的重要手段。如《三国志》记载:

今将军承父兄余资,兼六郡之众,兵精粮多,将士用命,铸山为铜,煮海为盐,境内富饶,人不思乱,汛舟举帆,朝发夕到……永安三年秋七月,海贼破海盐,杀司盐校尉骆秀。

又如《宋书》卷三五《州郡志》记载:

晋陵南沙令,本吴县司盐都尉署。吴时名沙中。

说明东吴已经设立了管理盐业的官员司盐校尉和司盐都尉。虽东吴的详细盐政无可考证,但从盐铁管理所设置产、销盐的官职司盐校尉和司盐都尉、盐业经济之地位以及吴地为海盐主产区等因素来看,可知东吴的盐政大概与曹魏及蜀汉接近。

司马氏篡曹魏政权后,西晋一统,盐政则沿袭曹魏旧制,继续实行盐业专卖。《晋令》曰:

凡民不得私煮盐,犯者四岁刑,主吏两岁刑。

可见,西晋盐政在法令上明确禁止私盐。政府垄断盐业资源,实行盐业专卖制度。把盐铁业作为国家重要支柱产业,盐铁也是西晋政权的国家收入的重要来源。据《晋书·杜预传》所记,当时杜预任度支尚书,管财政时:

> 兴常平,定谷价,较盐运,制课调,内以利国,外以救边者五十余条……晋置度支尚书,主国计,盐务隶于度支尚书,后唐代盐事隶尚书省,盖源于此。……朝廷以预明于筹略,凡所条奏皆采纳焉。

其他地方盐业管理机构基本继承了三国旧制,也设有司盐都尉等主管盐业。如《太平御览》卷一六三《州郡部》就记载有著名池盐产区河东安邑就设有"司盐都尉,别领兵五千"。又如《晋书·王舒传》:

> (王)允之讨贼有功,封番禹县侯,邑千六百户,除建武将军、钱塘令,领司盐都尉。

但据《太平寰宇记》卷一二四引《南兖州记》记载:

> 南兖州地有盐亭百二十三所。县人以渔盐为业,略不耕种,擅利巨海,用致饶沃。公私商运,充实四方,舳舻往来,恒以千计。

以及《华阳国志》记载:

> 蜀郡广都县有盐井、渔田之饶,大豪冯氏有鱼池盐井。巴郡临江县,有盐官,在监、涂二溪,一郡所仰。

说明,豪门亦家有盐井,虽然国家严厉禁止私盐,但私营盐业仍然存在。

元康到光熙年间,中原发生长达16年的八王之乱,晋元帝遂率中原汉族臣民南渡,史称"永嘉南渡",建立东晋,其统治者强调"盐者,国之重利"①,仍欲循西晋的专卖旧制,故有禁占川泽的法令,但是司马睿时的东晋朝纲完全被武昌郡公王敦所操纵,贵族不识法令,侵占山川,专擅盐利者到处都是,国家对盐业的专营制度已难以推行,所以盐业政策实行的是民营征税制度。盐业成为东晋贵族牟利的重要产业,如洛阳陷落后,郭文乃步担入吴兴余杭大辟山中"恒着鹿裘葛巾,不饮酒食肉,区种菽麦,采竹叶木实,贸盐以自供。人或酬下价者,亦即与之。后人识文,不复贱酬。"②

南朝自东晋末始食盐专卖制度正式取消改为征税制,统治者面对势力强大的豪族无力无心禁山泽,任由私人煮盐销盐,仅仅征取部分盐税,如盐城有盐亭一百二十三所,"县人以鱼盐为业,略不耕种,擅利巨海,用致饶沃"③。历宋、齐、梁、陈四朝,相沿未改;北朝自北魏至北周,历朝盐政制度兴废不常,时行征税,时行专卖,而以征税制为主。

总之,由于魏晋南北朝时期长期战乱、天下割据,市场的萎缩,世族官僚经商的盛行,占固利源,与国争利,排斥民商,因此魏晋时期商品经济也在专卖制度下持续衰退,征税盛行。

八、隋朝及唐朝前期

北周大定元年,北周王室外戚杨坚夺宇文氏政权,建立隋朝,国号"开皇"。九年后隋朝举兵南下灭陈,结束了自东汉末年以来国家分裂、南北对峙的政治局面,使国家重新大一统。为了治愈南北朝时期官府盐业垄断而横征暴敛形成的创伤,隋文帝放开盐禁,盐政制度恢复无税状态。由于放开了盐池、盐井的禁令,与民共享,因而制盐技术也相应得到了空前的提高。

隋王朝开国之初,尚依北周之制,"尚依周末之弊,盐池、盐井,皆禁

---

① 《晋中兴书·中宗元皇帝典》.
② 《晋书》卷九十四《郭文传》.
③ 《南兖州记》.

百姓采用"①,食盐由朝廷专卖。及至隋文帝开皇三年继解山泽之禁后,又罢黜盐禁,故而有"通盐池、盐井,与百姓共之,远近大悦"。除禁榷,既不行官卖,又免征盐税,实行无税制。又据《新唐书·刘晏传》卷一百四十九:

> 盐池,置总监、副监、丞等员;管东西南北面等四监,亦各置副监及丞。

说明,国家仅在盐池置总监、副监、丞等员,管东西南北面等四监,四监也设置有副监及丞,来监理四面盐事,但他们并无征税职责。

放开盐禁后,盐政之于隋朝和夏、商、周三代以前的无税时代类似,百姓任意取卤煮盐,政府亦不征收盐税。但其本质确与三代不同,任桂园等阐述:

> 三代以前,由于华夏地广人稀,山泽之利,民自取之,完全呈原始共有的自然状态;历代政权都将盐业生产的管理和盐税的征收作为军国之用,因此盐政都是控制得非常严格的。

隋文帝杨坚一统天下后,为巩固新建政权,励精图治,实行"与民休息"政策,放开盐禁,而国用所资,全赖租调,当然会得到天下百姓的拥戴,故而"远近大悦"。至大业元年,隋炀帝杨广即位后,大兴土木,三征高丽,骄奢淫逸,用度大增,然尚未及于盐利。正如唐人崔敖为河东盐池灵庆公神祠作颂时说:"皇家不赋,百三十载"②,说明自隋开皇三年起直至唐开元初年止的130余年,是中国盐业无专税时期。另据李友梁在《隋唐五代盐政与三峡盐业》一文阐述:

> 尽管隋王朝终因隋炀帝的荒淫暴虐而很快宣告灭亡,但隋代

---

① 《隋书·志第十九·食货》.
② 《河东盐池碑汇》.

和秦代一样,都是结束前一个历史阶段,开始一个新历史阶段的重要朝代。它们创立的制度,都对以后的朝代主要是对本历史阶段内的各朝代有严重影响。

自先秦至唐代开元年间,中国盐业政策因时而异,因地而殊,并无常制,时采征税制,时而取专卖制,时而行无税制,盐政尚处于萌发和成长时期。自李唐开元年间以后,随着财政用度增加和国家机构的扩张,历朝历代大体都确立了食盐的专卖制度。正如上海海洋大学创办人实业家张謇在《张季子说盐》一书中提及:

> 盐法公私广狭之义,以唐为大界,唐以前公诸民,主广义;唐以后私诸官,主狭义。

这就是指唐代是中国盐政的分水岭。

自武德元年,李渊登上皇位后,整个初唐时期,在国家盐政上,不行专卖、不收专税,沿袭了隋代"除禁榷,通盐池,盐池、盐井与百姓共之"的盐业无税政策。仅仅在河东、关内设盐使给京师官司和边军用盐。此政及至唐玄宗开元年间止,历经百余年。李唐王朝建立之初,为恢复社会经济,巩固政治,太宗李世民采取了一系列改革举措,实行了"轻徭薄赋、与民休息"的政策,封建经济趋于繁盛,出现了史称"贞观之治"盛世。正如《新唐书》卷四十一所描述的那样:

> 贞观初,户不及三百万,绢一匹易米二斗。至四年,米斗四、五钱,外户不闭者数月。马、牛被野,人行数千里不赍粮。民物蕃息,四夷附降者百二十万人。是岁天下断狱死罪二十九人,号称太平。

唐能沿袭隋之盐政,也正是基于经济繁荣、国力强盛、政治清明的社会基础。

唐玄宗统治的开元时期,是唐朝另外一个盛世,史称"开元盛世"。至此以前的一百多年朝廷财政来源主要靠征户税与土地税,此时仍旧沿贞观时期"轻徭薄赋、与民休息"的国策。但随着帝国的发展和扩张，人口的不断增长，财政用度不足，为增加朝廷财政，开元元年十一月"河中尹姜师度以安邑盐池渐涸，大发兵卒，疏通水道，开拓荒废，置为盐屯，公私均受其利"①。这件事使时人深受启发，于是时人开始在食盐问题上打起了主意。

开元九年，据《新唐书·食货志》卷五十四载：

> 左拾遗刘彤上言，请置盐铁之官，收利以供国用，则免重赋贫人，使贫困者获济。

另据《旧唐书·德宗纪》卷十二载：

> 唐玄宗令宰相议其可否，咸以为盐铁之利甚益国用。遂令将作大臣（姜）师度与户部侍郎强循，俱摄御史中丞，与诸道按察使检校海内盐铁之课。

但因此建议触犯了既得利益集团，正如《旧唐书·刘晏传》卷一百二十三所言：

> 其后颇多沮议者，事竟不行。

由此可见，朝野上下确实也曾考虑征收盐税以益国用，但该想法反对者较多，并未得到大家广泛认同，故没有执行。但为了增加朝廷财税，玄宗采取了折中之法，派御史中丞与诸道按察使检校海内盐铁之课，逐步恢复征收盐税。开元十年下诏书：

> 令诸州所造盐铁，每年合有官课，比令使人勾当，除此更无别求，在外不细委知。如闻称有侵克，宜令本州刺史上佐一人检校，

---

① 《旧唐书·志第二十八·食货上》.

依令式收税。如有落账欺没,仍委按察使纠觉奏闻。其姜师度除蒲州盐池以外,自余处更不需巡检。①

自此,盐政之于征税制再次开始复兴。然时之盐法并无完备,所谓"收税之令式"亦非常宽松,经"除此更无别求,在外不细委知""除蒲州盐池以外"其余各处盐池盐井"更不需巡检"等可知②。盐业管理并非缜密精细,而是粗放型的管理模式,而每年各地盐税的征收,最后仅仅是交由尚书省金部综核而已。

据《新唐书·食货志》记载:"天宝、至德间,盐每斗十钱。"由此可见,唐代在实行征税制后,即自开元十年到至德间,由于政策宽松,食盐征税尚轻,所以盐价还是便宜。这一段时期李唐王朝的盐政,我们可以称之为从"无税"走向"征税"的过渡时期。

九、唐朝中期

安史之乱后,为了挽救国家危亡,经过颜真卿的创新,第五琦的推广,刘晏的改革,逐渐形成另一种的盐政专卖制度——"就场专卖制"。

唐玄宗天宝年间,帝国仍继续着"开元盛世",到了天宝十四年时唐朝达到了盛世的顶峰,据《通典·食货七》记载,唐朝此时已有891万户,总计5291万余人。表面上一派盛世之景,但国家承平日久,唐玄宗丧失了向上求治的精神,统治阶层生活愈加腐败,其内部矛盾日趋激化等原因,在天宝十四年爆发了"安史之乱"。"安史之乱"是中华文明前所未有的一次巨大浩劫,席卷半壁江山的战火不仅成为唐朝的转折点,更是整个中华文明由开放转向保守的转折点,使大唐王朝由极盛转衰,结束了繁荣时期。

据《新唐书·颜真卿传》记载:

---

① 《旧唐书·志第二十九·食货下》.
② 《唐会要》卷八十八.

安史之乱初,肃宗已即位灵武,真卿数遣使以蜡丸裹书陈事。拜工部尚书兼御史大夫,复为河北招讨使。时军费困竭,李峘劝真卿收景城盐,使诸郡相输,用度遂不乏。

意思是,颜真卿抗击安史叛军时,采纳李峘的建议"收景城盐,使诸郡相输",在河北首以食盐专卖方式筹措军饷,其后,"用度遂不乏"。这实际上采用的是"民制、官收、官运、官销"专卖思想。接着在朝廷控制范围内的其他地方加以推广,从中获利至丰。

"安史之乱"为祸八年,两京陷落,民物耗竭,唐王朝财政陷入困境,社会经济遭受到空前的破坏。而早在安禄山反叛之初,为平息叛乱,国库已显拮据。肃宗即位后,为供给平叛所需军费,采纳第五琦建议,实行盐铁官营。唐肃宗李亨先后拜第五琦为监察御史、河南等五道度支使,其后累迁至司金郎中兼侍御史、诸道盐铁铸钱使,笼取盐利,以盐政之治解军用之困,"少以吏干进,颇能言强国富民之术"①可证其经济能力。乾元元年,第五琦创榷盐法,实行民制、官收、官运、官销的盐政制度,其法之要义为:

> 凡新旧盐民,皆登记造册,编入亭户户籍,隶盐铁使,免其杂徭,专事煮盐纳官,盗煮私贩者论以法,于山海井灶出盐之地设置盐政机构(小者为亭,中者为场,大者为监),收榷其盐,置吏出粜。产制由民,收、运、销归官,于是民不加赋而国用以饶。②

可见,其法是在颜真卿局部范围内施行的"民制、官收、官运、官销"的办法基础上改良的,并建立起了相对严密的管理机制,并加以推广到整个国家,此时唐代专卖之盐政替代之前的征税制。可以说,专职盐官的设置,是肇起于肃宗乾元元年第五琦改变盐法之际。国家在产盐近利之地设置监、院,对食盐的收购与运销进行有效的控制,严禁私盐盗卖,

---

① 《新唐书》卷一四九《列传》第七十四.
② 曾仰丰:《中国盐政史》,上海书店出版,1984.

违者依法论处。按当时市价,食盐已由每斗十钱加到一百一十钱,然后由官府转卖给老百姓,借以从中获取厚利。榷盐法虽至全国,但范围也仅限于中央王朝所能直接控制区域。在藩镇割据和战乱不断的情况下,必然使中央政权的榷利深受影响。据《韩昌黎集》卷四十记载官员们:

> 州县吏人,坐铺自榷,利不关己,罪则加身。

盐商们则"自负担斗"至"山谷深处往与交易"形成鲜明对比,此情形进一步影响了国家榷利的征收。

诚然一脉相承于管仲、汉武帝的食盐专卖制度给朝廷解决了燃眉之急,但是这种专卖也出现了类似于莽新时期的弊症:一是官多扰民;二是由于官自销盐,易导致出现强行摊卖的现象;三是官运制度也给百姓带来了差役之苦。

第五琦因请铸"乾元重宝""乾元重规"之故而遭非议,先贬为忠州长史,后改流放夷州。继而由元载代之,选派豪吏以收盐利,其害民益甚。广德二年,又再次被朝廷任用为"专判度支及诸道盐铁、转运、铸钱等使",之后他的官职又多有转迁。卒年七十一岁①。

宝应元年,刘晏接替第五琦任盐铁使,再变盐法,将第五琦盐法中的官运官销改为商运商销。

下面来介绍一下盐业改革家刘晏,《三字经》有"唐刘晏,方七岁。举神童,作正字"之语。说明,他在唐玄宗开元年间以神童授太子正字,天宝年间办理税务,因政绩显著,官至侍御史。唐肃宗时,先任度支郎中,兼侍御史,领江淮租庸事。后任户部侍郎,兼御史中丞,充度支、铸钱、租庸等使。《新唐书·成汭传》卷一百九十载:

> 上元元年,朝廷以河南尹刘晏为户部侍郎,勾当度支、铸钱、盐铁等。

---

① 《唐会要·运盐铁总叙》卷八十七.

但刘晏随即被贬为通州刺史。几经波折,及至李豫登基,再次起用刘晏,复为京兆尹户部侍郎,领度支、盐铁、转运、铸钱、租庸使,兼御史大夫,领东都、河南、江淮转运、租庸、盐铁、常平使①。

刘晏掌管盐务后,在他的主持下唐朝的盐业得以整顿。面对榷利的征收不利的局面,他在第五琦盐法基础上制定了更为严密的盐政。据《新唐书·刘晏传》记载:

> 第五琦始榷盐佐军兴。晏代之,法益密,利无遗入。

刘晏认为,当时盐政弊端在于"以盐吏多则州县扰"②,故首先大力削减了盐监、盐场等盐务机构,仅在盐产之处置盐官,收"亭户"所煮之盐,就盐场转卖商人,改民制、官收、官运、官销为民制、官收、商运、商销、统一征收盐税,改变了肃宗时第五琦规定的官运官卖的盐法。这样变相地增加了商人参与盐流通的积极性,一改往昔也"吏多扰民"之弊端,是对第五琦盐法所作的改革。曾仰丰先生在《中国盐政史》一书中将刘晏与第五琦所行盐法做了比较研究:

> 刘晏就琦旧法略有变通,盐仍归民制,仍由官收,但将官运、官销,改为商运、商销。由官将在场所收之盐,寓税于价,转售商人;商人于缴价领盐后,得自由运销,即民制、官收、官卖、商运、商销五大纲领。若以今语释之,实为就场专卖制。

那么,刘晏所行之法究竟如何,任桂园在《隋唐五代盐政与三峡盐业》一文对其作如下评论:

> 刘晏推行这种就场专卖制,既不夺盐民之业,又不夺商贩之利,同时亦排除了因官运、官销而致"盐吏多、州县受扰"的弊端,而

---

① 《新五代史》卷六十三《前蜀世家》.
② 《新唐书·志第四十四·食货四》.

官府从中大获裨益,此刘晏盐法高明之处。

刘晏盐法和管子及汉武专卖之法,形式虽同,精神各异。盖管子法以民制为主,官制为辅,晏法为纯粹民制,管子为官运官销,晏法为商运商销,此管刘不同之处,而其为官收则相同也。至若汉武盐法,制造运销,悉归于官,完全为国有营业。然官自煮盐,官自卖盐,论者谓其盐利过甚。晏法则仅官收其盐,仍由商运销,即不夺盐民之业,亦不夺商贩之利,为专卖制中之最善者也。

刘晏治理盐务,后世多有效法的,曾仰丰先生在《中国盐政史》曾就刘晏之法,特举其显者数端言之。

盐政整理,在于得人,不在官多。刘晏以盐吏多,则州县摄,故其总领盐政,首以省官为第一要义。《唐书》载:

晏所辟用,皆新进锐敏,尽当时之选,即有权贵,或以亲故为托,晏亦应之,俸给多少,必如其志,然未尝使任事务。晏谓士有爵禄,则名重于利,吏无荣进,则利重于名"。所以盐务的检校出纳,官吏仅是奉行文书而已。所属官吏,虽居数千里外,奉教令如在目前,无敢欺绐,四方动静,莫不先知。此其用人之方,足以取法者一。

盐产于场,整理场产,实为治盐之本。晏当时领东南盐务,凡属海盐,皆晏主之,而山南道属所有井盐,亦有归其兼领者,产区不为不广,然所设盐监,仅有嘉兴、海凌、盐城、新亭、临平、兰亭、永嘉、大昌、侯官、富都、十处大都择旺产之地置吏及亭户,其卤淡产稀者则行消减。此其整理场产之方足以取法者二。

既采用商运商销,然商人重利,大都趋易避难,僻远之地,不免有缺盐之患。故晏转官盐于彼贮之,以备不时之需,如商绝盐贵,则减价以关之,名曰常平盐。其始也,场无弃地之货,其既也,市无骤涨之价,民无淡食之苦,其终也。官获其利而民不知。此其常平盐之法足以取法者三。

采行专卖,官收场盐,必须多建仓梭,以为场盐贮积之所。故晏于吴、越、扬、楚，设立盐廪有数千之多，即可杜场盐之透漏，又可免销市之缺乏。此其多建仓机之制足以取法者四。

晏法就场籴商，纵其所之，固无引界之说，为自由运销，然于场宪之漏私，商人之夹私，未尝不设法查缉，故于盐场之外，酌择要地，别设巡院，凡十有三，曰扬州、陈许、汴州、庐寿、白沙、淮西、埇桥、浙西、宋州、泗州、岭南、兖解、郑滑。一以防止私盐，一以调节盈虚。此其布置缉私之方，足以取法者五。

《新唐书·刘晏传》言：

> 诸道巡院，皆募驶卒，置驿相望，四方货殖低昂及地利害，虽甚远，不数日即知。是能权万货重轻，使天下无甚贵贱而物常平。

刘晏蠲除加榷盐钱，使盐民无复税之累，又禁止堰埭邀利，减轻商人负担，此盐法足以为后世治盐者之借镜。史称"唐当代宗之世，兵事未息，赋税所入，不足供济，晏专用榷盐法，充军国之用，凡宫阁服御，百官俸禄，全国军饷，皆倚办于晏，敛不及民，而用度足"。由此可见晏法之美善者矣。

归纳一下，刘晏的盐法首先在于他知人善任，任人唯贤；其次在于整顿盐务机构，避免更多扰民；再次大力整顿盐场，提高制盐技术；同时，核心在于理顺了食盐流通链条，引入市场调节机制，增加市场货币供应量，给予商人以经济和政策方便，盐业市场此时极度繁盛；再者，他搭建了盐场、盐仓、盐监立体的盐业管理网，特别是设置了众多的常平盐，避免了盐商哄抬物价；最后，他还布置缉私有方，成立了巡盐院，专门监管犯私问题。刘晏治盐成效显著，正如王夫之在《读通鉴论》中称刘晏"能应变以济国之用，民无横取无艺之苦"。通过施行此政后，政府收取的盐利，原来每年只有六十万缗，到大历末年增至六百多万缗，占全国财政收入的一半，被用以支付漕运费用和政府各项开支。另外，探究一下他的思想，其实有不少渊源于管仲、桑弘羊，正如司马光在《资治通鉴》："其理财常以养民为先"，这正是管仲的"世主所爱者民也"的思想。较与桑弘羊他更加注重官商、私商并存,而非"重官商而抑私商",虽也有"排商贾"之说,但只是单纯抑制投机倒把的商人。

刘晏就场专卖之盐法,是中国经济史上浓墨重彩的一笔,对后世产生深远影响,例如其后北宋范祥"钞盐法"就源于刘晏就场专卖思想。至于刘晏个人也受到了后世推崇和纪念,正如《新唐书》所言:

> 他为官,质明视事,至夜分出,虽休浣不废。事无闲剧,即日剖决无留。所居修行里,粗朴庳陋,钦食俭狭,室无媵婢。

德宗建中时,刘晏被罢免,盐法逐渐紊乱。再由于两河用兵,军费日增。真元四年,淮南节度使陈少游奏加盐价,各地区纷纷效仿,于是盐价越来越贵,有以谷数斗才能换盐一升,甚至有淡食者,而各场产盐,政府又不能尽收,以致亭户售私,私盐充斥长达二年。后户部侍郎判度支张平叔改为官自运卖,欲恢复第五琦之法。张平叔盐法是在州县附近之处,令州府差人自籴官盐,在距离州县较远的乡村,则令"所由",将盐就村粜易,官定盐价,每斤为三十文,每二百里,每加收二文,以充脚价,量地远近险易,加至六文为止,若脚价再有不足,则由官补出。张平叔盐法之意在于此法若行,则不问贵贱贫富,士农工商,道士僧尼诸色人等,凡食盐者,无一人能遗漏,则收入必多岁计必有所余。穆宗诏令公郎议其可否,兵部侍郎韩愈则逐条论驳,中书舍人章处厚亦发十难以诘之。穆宗称善,以示平叔,平叔屈服,其事遂寝。

自唐穆宗李恒长庆元年到咸通末年,因榷盐制执行中的弊端,致盐利收入锐减,使唐王朝国力迅速下滑。与此同时,由于盐法执行的日益紊乱与私盐的盛行,江淮、两池榷利也今非昔比。唐王朝迅速衰落,加之官吏腐败,百姓处于水深火热之中,农民起义随之此起彼伏,风雨飘摇的唐王朝已是濒临崩溃。唐僖宗乾符元年,爆发了以贩卖私盐为生的王仙芝、黄巢为首领的农民起义。由于盐务之混乱,官吏之贪虐,王、黄二人皆深有所感,故所发讨唐檄文,均能切中时弊,极富号召力。对此,历史学家范文澜先生论述:

朝廷出卖官盐,豪强出卖私盐,都是大利所在,双方斗争非常剧烈。凡是贩卖私盐的人,必须结交一批伙伴,合力行动,又必须有计谋和勇力,足以对抗盐官。贩私盐的规模愈大,这些条件也愈益具备。黄巢就是这样的一个贩私盐者,一旦与起义民众结合,就成为有能力的首领。

及至中和元年,黄巢攻取长安,唐禧宗携眷属仓皇逃至成都,及至光启元年返京。中和三年,庄梦蝶被韩秀昇、屈从行打败,于是江淮贡赋,被韩秀昇、屈从行等辈所阻,坐拥盐利,以利其军需。故当时该地区各处所收井盐之利,实际上是到不了苟延残喘的唐王室的。及至光启年间,唐朝又陷入了军阀纷争的境地,军阀间战事不断,朝廷拟将两池收归盐铁使管,王重荣就举兵谋反,卒不能夺,实际上此时盐业已成为军阀"拥兵自重"的主要经济支撑了。由"云安榷盐,本隶盐铁,沭擅取之,故能畜兵五万"[1]一语便可知,从黄巢起事至黄巢失败,使腐朽不堪的唐王朝迅速陷入崩溃的僵局。此后二十余年时间,地方割据势力乘机作乱,各霸一方。至大宗末八十年间,官收官运法虽未改,而加价厚敛,积弊已深,实非晏之初制。昭宗天复元年朱全忠(朱温)为河中节度使,取得两池榷盐的处置权,唐室渐微,及至907年,唐王朝终被割据者朱温一举灭亡。

十、五代、宋、夏、辽、金

唐末,藩镇割据局面持续发酵,中央政权频繁更迭,史称"五代十国"时期。处于纷争旋涡中的五代政权为开辟财税,而无不把目光聚焦到盐业上。此时的盐法渐趋苛密,正如曾仰丰先生在《中国盐政史》总结五代十国期间盐政时所讲:

后梁年间,尚循唐代就场粜商遗制。后唐以下,改行官商并卖

---

[1]《新唐书》卷一百九十《列传》第一百一十五.

之制。盐由民制官收,但于运销环节划分官卖区与通商区:官卖区行官运官销之法,通商区行商运商销之法,区分严格,侵销论罪。因虑官销或有不畅,乃籍列户口,按户抑配,计口授盐,按年征钱,在城镇则征"屋税盐钱",乡村则征"蚕盐钱",还有"食盐钱"等名目。所配之盐只准食用,不得转售。严禁私煮贩卖,违者一斤一两皆处极刑,是为中国盐政史上最严酷的时期。

下面我们就逐个分析一下五代十国的盐政。朱梁政权承袭了就场榷商旧制,因朱温本来就是河东节度使起家的,所以河东盐池管理还是比较严格。后来陕虢节度使朱友谦持河中,监理盐课,此时盐政还是比较宽松。天佑二十年,李存勖南破后梁,北定桀燕,击退契丹,建立后唐。鉴于盐利丰厚,他继位后开始整饬盐政,设置盐官,因间接专卖利薄而复行第五琦之盐法。而此时的直接专卖制度,又与晚唐有所区别,实行蚕盐制。据《续资治通鉴长编》卷一八记载:

> 以官盐贷于民,蚕事既毕,即以丝绢偿官,谓之蚕盐。

蚕盐的配售办法是"以版籍度而授之"。就是按照农村户籍配给食盐,在征收夏税时,农民用丝绢(后改为折钱)向官府缴纳。并规定不许货卖,不许带入城市。这种制度,在距离产盐区较远的农村,有着保证食盐供应的作用。但在蚕盐折价上出现流弊:原来规定每斤蚕盐折钱一百文,改为以粮输纳,一百文折缴小麦二斗五升,再以麦价按每斗一百四十文计算,这一来每斤蚕盐就要缴三百五十文。官府这样套折,弊窦丛生,使农民不胜负担。后唐实行的这种配售制度,宋代继续实行。后唐清泰三年夏,太原留守、河东节度使石敬瑭勾结契丹,以幽云十六州为代价,在契丹扶持下于太原登基称帝,国号为晋,史称后晋。石敬瑭为了笼络人心,缓解人民对他卖国求荣的愤怒,曾一度放宽盐政。据《新五代史·晋高祖纪》所言:

> 在京盐价元是官场出粜,自今后并不禁断,一任人户取便粜

易,仍下太原府更不得开场籴货。

可见当时太原场的官场卖盐取消了,商人可以自行贸易,可知盐法在五代时期达到最宽松的阶段,行之数年,商民便之。天福十三年,时任河东节度使的刘知远不苟于和儿皇帝石敬瑭为伍,击退中原契丹人,在太原称帝,建立了后汉政权。但此时契丹不断袭扰,而导致"国用尤窘",所以他对于盐铁之利很看重,实行盐禁。《资治通鉴》描述了当时盐禁之苛:

> 汉法,犯私盐、曲,无问多少抵死。郑州民有以屋税受盐于官,过州城,吏以为私盐,执而杀之,其妻讼冤。癸丑,始诏犯盐、曲者以斤两定刑有差。

公元951年,刘知远临死时指定的顾命大臣郭威灭后汉开国,自称为周朝虢叔后裔,因此以"周"为国号,史称"后周",以别于其他以周为国号的政权,又以郭威之姓,别称"郭周"。当时的盐政正如《旧五代史》卷一百四十六·志八·《食货志》所言:

> 周广顺元年九月,诏改盐法,凡犯五斤已上者处死,煎碱盐犯一斤已上者处死。先是汉法不计斤两多少,并处极刑,至是始革之。三年三月,诏曰:"青白池务,素有定规,只自近年,颇乖循守。比来青盐一石,抽税钱八百文足陌、盐一斗;白盐一石,抽税钱五百文、盐五升。其后青盐一石,抽钱一千、盐一斗。访闻更改已来,不便商贩,蕃人汉户,求利艰难,宜与优饶,庶令存济。今后每青盐一石,依旧抽税钱八百文,以八十五为陌,盐一斗;白盐一石,抽税钱五百,盐五升。此外更不得别有邀求。访闻边上镇铺,于蕃汉户市易菜籴,衷私有抽税,今后一切止绝。"

说明当时虽有减低盐税之举,但朝廷对食盐控制还是很严格的。广顺二年,实行计户授盐,即"屋税盐"制。《册府元龟》有详载:

　　州城县镇郭下人户,系屋税合请盐者,若是州府,并于城内请给;若是外县镇郭下人户,亦许将盐归家供食,仍仰本县预取逐户合请盐数目,攒定文簿,部领人户请给,勒本处官吏及所在场务同检点入城;若县镇郭下人户城外别有庄田,亦仰本县预前分擘开坐,勿令一处分供给使。

　　可见,这是按屋税分派食盐,配征盐钱,因城内外有差,定然会造成郭下人户将屋税盐倒入城,扰乱了流通秩序。于是在广顺三年,取消屋税盐制,改以蚕盐制。

　　总之,自隋唐到五代十国期间,盐制由无税逐步增加到有税再到重税的历史变革。同时也出现了就场专卖制。每一次盐政变革都伴随政治的动荡抑或反之影响着政治。经济和政治是一对相辅相成,但又相互影响的事物。

　　显德七年,后周诸将发动陈桥兵变,拥立赵匡胤为帝,建立了宋朝,定都东京开封府(河南开封),改元建隆。北宋先后消灭南平、后蜀、南汉三国,又于开宝八年击败了势力较为强大的南唐。此后,吴越与福建、漳泉等地的地方势力纷纷"纳土"于宋朝,后灭北汉基本统一全国,使纷乱的时局逐渐结束,各地盐区也复归统一。宋朝占据中原,而边疆并列存在其它少数民族国家,占领着东北和西北的一盐区,其它国家多参照宋朝官商并卖的专卖制和入中法、钞盐法、引法等盐政制度。辽之盐制,采用征税。金初遁辽之旧,至贞元二年,始仿宋钞引法。同时,为促进物资交流,互通有无,宋朝政府还在边境地区设立榷场作为专门的贸易场所,榷场制度在宋夏边境最为典型。这一制度,在和平时期,也出现在宋辽、宋金边境。至此,中国盐政揭开新的篇章。接下来我们详细解读一下从公元960—1279年时期的中国盐政。

　　北宋初期,承袭了后周时期的旧制,一直到了一统中原后,才开始废除繁苛盐法,乃明定官卖,通商。据《宋史·食货志·盐法》记载:

　　官鬻通商,随州郡所宜。

意思是各州郡根据实际情况有所不同,京西、陕西、河东、河北等处行通商,京东、淮、浙、广东等处行官卖。官卖法实际上来源于第五琦之法,但无城镇乡村之分。官般和通商在当时被认为是两大不同类型。官般就是将盐户所制之盐,尽行收贮入官,由官发卖,官卖各路,盐由官运,即直接专卖制。官运主要是差役乡户,使任运输之劳,另以里正一人主其事,名曰"帖头"。通商,并非完全的自由贸易,而是实行民制、官收、商运、商销,抑或民制、官收、官运、商销的间接专卖制度。到了雍熙年间,北方草原民族大辽屡次进犯宋朝的河北州郡,才因频年用兵抵抗,导致军需不足,所以朝廷令河东、河北的商人运输粮食到沿边州郡,谓之"入中"。但凡商人入中后,按销路的远近,折合市价,优给其值,授以要券,谓之"交引"。遂引字,始于此。商人拿着这个引券到京师,按照券面价格,偿付现钱,或到江淮及解池等产盐地来换取盐,谓之"折中"。时间到了端拱二年,在京师设置了用于存放江淮盐的折中仓,商人运粮到京师后则给以仓盐。而当时,京师出现了一种以买卖交引为业的贾商,他们开设交引铺,从中操纵,虚估刍粟,抑制盐价,再用很低的价格来买券取盐,以获取厚利,这就是折中之法的弊端。到了庆历二年,解盐使范宗杰仍不顾这种政策的弊端,反而倒行逆施,对解盐全部实行官府专卖制,结果导致盐课亏损,运盐的百姓及士兵不堪苦役,死伤逃亡,倾家荡产,导致关中地区发生骚乱。

赵祯时期的庆历末年,时任汝州(河南临汝)知州的范祥因为官搬折中法的败坏,对如何整顿解盐经营颇为关切,为一改往昔虚估抬价的隐患,于是创行了"盐钞法"。此法是将旧禁盐地全部改为通商,改入中粮食为现钱购盐,主行商运商销,就场专卖。与刘晏的盐法相比,只多一种买钞手续。其核心是边州军原来实行由商人筹办粮草的办法,改为交纳现钱,用解盐偿还。价钱多少,则根据交钱州军的远近等情况,估算盐价。商人交纳现钱后,州军给商人由三司统一印制的盐钞,钞中载明盐量及价格,商人持钞至产地交验后,凭钞领盐运销,表面上是验钞,实际上是一种钱券,类似现代之收税凭单。这样商运商销,使得官府免去了征发士兵及百姓的运输劳役。这样使用专用的盐券既充分发挥了货币作为支付手段的功能，又避免了商人输边实物进行估算所产生的估价过高之弊。西北有了现钱购买军用粮草，朝廷又可免去从京师调拨边防军费的烦劳。官府根据边防和销售区的费用多少、食盐需求的情况，适当调节钞（券）价，鼓励商人将现钱直接交纳到边防前线，使商品经济在解盐通商中充分发挥作用，多方受益。

曾仰丰先生在《中国盐政史》指出范祥钞法的优点有四：

> 以现钱入中，而不以刍粟，可革高摄之弊，此其一。改官般为商运，可省数十州郡搬运之劳，乡户得免于赔累逃亡，此其二。视产盐之数量，为出钞之多寡，盐有定额，钞有定数，可杜虚估浮发之弊，此其三。商人于支盐后，须运往钞券内所载地点行销，是为有限制之自由贸易，既杜壅塞，复绝居其，此其四。此外复师刘晏常平盐之遗意，于京都设都盐院，置库储盐，盐价低时，则敛而不发，如盐价昂贵，则大发库盐，以压商利。古今盐制之善，无如刘晏，善师晏者，无如范祥，后世引盐票盐，其源皆出于钞盐，故自刘晏以后，范祥钞法，亦足称焉。

嘉佑五年，范祥因病去世，薛向继任。因常年与西夏、交趾等国战争以及赈灾，导致边军粮食需求大增，需要大量盐钞来应付。遂官府的盐钞不再限定额度，使得盐钞市场投放量与食盐的民间需求量不再相适应。由于市场供大于求，大量商人兑换的食盐大量积压，导致盐价暴跌，商人无利可图后不再入中，久而久之，边境有急。正如吴慧在《中国盐法史》一书中所指：

> 入中粮草，弊在"虚估"；现钱买钞，弊在"虚钞"。立法之初用意都未始不善，但日久积弊，往往向反面转化。范祥考虑到盐与钞、产与销间的平衡，强调发钞的额度，薛向反其道而行之，采取盐钞膨胀政策，钞壅盐滞，盐法坏乱。

崇宁时，北宋晚期的四大奸臣之一的蔡京辅佐徽宗为丞相。此人

好大喜功，上谄下媚，贪得无厌，敛财无数，经常批个条子就可去榷货务
（卖钞机构）支取。官拜丞相的他自知钱从哪里来，盐利自然被蔡京所
关注。为攫取民间财富，他大变盐法，改行"换钞法"，更印新钞，收换旧
钞，在换新钞过程中又规定要贴输现钱数分（十分之三、四、五），谓之
"贴纳"。换给新钞，仍带旧钞数分，谓之"对带"。"贴纳"越多，则就场
支盐越在前，"对带"则相应越多。如果不贴纳对带，则旧钞就变成了废
纸，不能在市面上流通。大观政和年间，因出钞过多，新旧紊乱，于是又
规定完全用现钱的先给盐，新钞为次给盐，旧钞又以时间较近者为先给
盐。宣和初，因为钞法屡屡变改，初用对带法，后又变对带为"循环"。
曾仰丰先生在《中国盐政史》中解释"循环"：

> 循环者，已卖钞，未授盐，复更钞，已更钞，盐未给，复贴输钱。

此时商人拿到一斤盐，实际上已经付了三倍的钱。据史料记载：

> 民无资更钞，已输悉乾没。数十万券一夕废弃。朝为豪商，夕
> 侪流丐，有赴水投缳而死者。[1]

曾仰丰先生在《中国盐政史》总结蔡京盐法有三特点：

> 一是以钱请钞，以钞请盐。二是盐钞屡变。对带、贴纳、循环
> 变换不已。在盐钞变换的过程中，盐商的盐利被剥夺，政府收入不
> 断增加。三是积钱于中央，地方漕计困乏，转嫁负担于民众。

蔡京变法前，官卖盐息钱中，有三分之一应副河北沿边籴买，此外
一部分支付盐本钱及种种与盐有关的费用，一部分应副漕计，所以，地
方岁计得以不乏。自崇宁行钞法于东南，以通商法代替官般官卖，将从
前以盐利应副各方面支用之钱，悉归朝廷君臣挥霍，特别是用于皇帝的

---

[1]《宋史》卷一百八十二《食货志》第一百三十五.

各种土木工程营造及花石纲,各种排场的宴会活动、数额惊人的赏赐等,而转运司无以支拨补助州军经费。

宣和二年,王辅负责盐务的管理,仍然采用了蔡京的弊法,改行新钞,所有旧盐,须贴纳对带,才可以出卖,一开始限两月,后来再增限一月,这样盘剥百姓,弄得民不聊生,这些都为靖康之祸埋下了伏笔。

靖康二年,金军攻破北宋的都城东京,衣冠南渡事件再次发生在历史舞台上,赵构等宋朝皇室南下渡过长江,在临安建立了南宋。由于宋金战争一直持续不断,为了保境御敌,养兵买马,兴建新都等这些都需要大量的财政开支。朝廷把目光不得不再一次转向盐利,而蔡京的换钞变钞的敛财之法在南宋继续被使用。建炎初年,仍然采用对带法,三年重新改为贴纳法。绍兴年间,则"对贴"二法并行,而建炎时期的旧钞,尚未完全消化掉,又设立了"并支法",视缴资先后,依次支给。淳熙时,又改成了循环钞法。庆元间,又罢除循环,改增剩钞,命其名曰"正支",此法也是以缴资次序,先后支盐。纵观南宋一朝的钞盐法,虽然变化频繁,但基本上采用的仍是蔡京时期的贴纳对带循环之制,可以说是剥削黎民百姓的工具,不足以言法也。

总之,三百多年的两宋盐法虽然变化多端,但其根本还是以行就场专卖为主,即民制、官收、官卖、商运、商销。与唐朝盐政相比,多了一道商人买取钞引的手续。与此同时,对商人支取的盐类与销盐的区域也有了明确规定。引法的创立,为宋以后各代所沿用。

辽代的盐法,采用的是征税制度。而后完颜阿骨打在金朝之初也采用了辽代的征税制,到了贞元二年,金朝才开始效仿宋朝的钞引法,设置盐官,建立府库,印制钞引,盐载于引,引附于钞,钞以套论,引以斤计。盐商需要按照引来缴价,然后拿着盐引到盐场支取盐,批引这个环节由盐司管理,缴引这个环节则由各州县管理,这样的盐法和宋朝盐钞法相似。

另外一个北方政权是西夏。这个民族割据政权,"其设官之制,多与宋同。朝贺之仪,杂用唐宋"。经济上对宋朝的依赖性很大,为了促进物资交流,互通有无,政府在边境地区设立榷场作为专门的贸易场所。①

---

① 《宋史》卷四八六《夏国传下》.

下面来讲讲榷场，据《食货志五·榷场》载：

> 榷场，与敌国互市之所也。皆设场官，严厉禁，广屋宇以通二
> 国之货，岁之所获亦大有助于经用焉。

榷场由官方设立，交易必须在榷场内进行，有官吏参与并主持。对
交易的双方没有严格限定，包括官商和民商，只是民商要按交易的数额
缴纳一定比例的税。任长幸在《夏宋盐政比较研究》一文指出：

> 从本质上讲，榷场贸易属早期的国际贸易范畴，宋对西夏或辽
> 金的这种贸易，在政治意图上含有提供经济利益以争取或加强安
> 边绥远的作用，而对经济结构单一的西夏来说，榷场贸易是其促销
> 本国产品，购买所需物品，获取中原贸易之利的重要途径。

由于榷场贸易是国与国的贸易，它作为一项经济制度，由于宋与西
夏长期对峙，使得榷禁不可避免地具有了政治属性，出于政治的目的，
榷禁也随之产生。元祐元年，时任监察御史王岩叟上书朝廷：

> 河北二年以来新行盐法，所在价增一倍，既夺商贾之利，又增
> 居民之价以为息，闻贫家至以盐比药。有沈希颜者为转运使，更为
> 榷法，请假常平钱二十万缗，自买解盐，卖之本路，民已买解盐尽买
> 入官，掊克牟利，商旅苦之。比岁运河浅涸，漕輓不行，远州村民，
> 顿乏盐食，而淮南所积一千五百万石，至无屋以贮，则露积苦覆，岁
> 以损耗。又亭户输盐，应得本钱或无以给，故亭户贫困，往往起为
> 盗贼，其害如此。因此可见，行政榷卖，违背经济规律，导致物流不
> 通畅，露积苦覆，岁以损耗。①

而"远州村民，顿乏盐食"，"于是民间骚怨"，此谓榷卖之弊也。榷

---

① 《宋史》卷一百八十二《食货志》第一百三十五.

禁的实施,使得内部矛盾加大,"盗贼"纷起。《宋史》有证:

> 江、湖运盐既杂恶,官估复高,故百姓利食私盐,而并海民以鱼盐为业,用工省而得利厚。繇是不逞无赖盗贩者众,捕之急则起为盗贼。江、淮间虽衣冠士人,狃于厚利,或以贩盐为事。江西则虔州地连广南,而福建之汀州亦与虔接,虔盐弗善,汀故不产盐,二州民多盗贩广南盐以射利。每岁秋冬,田事才毕,恒数十百为群,持甲兵旗鼓,往来虔、汀、漳、潮、循、梅、惠、广八州之地。所至劫人谷帛,掠人妇女,与巡捕吏卒斗格,至杀伤吏卒,则起为盗,依阻险要,捕不能得,或赦其罪招之。岁月浸淫滋多,而虔州官粜盐岁才及百万斤,诏自陕以西有敢私市者,皆抵死,募告者差定其罪。行之数月,犯者益众。戎人乏盐,相率寇边,屠小康堡。内属万余帐亦叛。商人贩两池盐少利,多取他径出唐、邓、襄、汝间邀善价,吏不能禁。关、陇民无盐以食,境上骚扰。

榷禁制度,对西夏、辽、金、宋都颇具战略意义。任长幸在《夏宋盐政比较研究》一文中指出:

> 对宋而言,其一,榷禁使政府对经济得以有效控制,使宋在与夏、辽、金对峙中处于主导地位,其二,榷禁制度,使宋财政收入的构成有了明显变化,榷禁收益成了财政来源的重要组成部分。其三,通过经济手段遏制西夏,据《宋史》卷二百七十三载,宋与夏对峙过程中,"缘边榷场,因其犯塞,寻即停罢",可随时卡住西夏的经济命脉,增加谈判筹码,逼其就范,迫其臣服,进一步实现经营河西、绥复西北的战略。

对西夏而言,意义在于:其一,为西夏政权提供了稳定的财政来源,掌控经济命脉,增强了其政治上的独立性,在与宋、辽的对抗中,提供了物质基础;其二,西夏的榷禁制度无疑是在效仿中原的基础上,并结合自己的实际情况进行了修订完善,周详严密,反映出西夏单一的经济模式,落后的生产水平和经济发展的迫切;其三,它为西夏社会文化的发展繁荣提供了坚实的经济基础,加速了内地与边疆的政治、经济、文化交流,加速了民族融合,为元代大一统奠定了坚实的基础。

十一、元朝

蒙元一代是蒙古人建立的统一王朝,而盐政主要实行的是榷盐制度。盐引法是其榷盐制度的核心,属于专卖制范畴。

成吉思汗铁木真统一漠北建立蒙古帝国后开始对外扩张,先后攻灭西辽、西夏、花剌子模、东夏、金等国。蒙古国时期,政事简易,虽有盐税,但征收得较少,仅三十取一。《元史·食货志》记载:

> 以酒醋、盐税、河泊、金、银、铁冶六色取课于民,岁定白银万锭。

窝阔台时期,蒙古国继承了金代的盐引法,盐务政策以引法为中心。史料记载:

> 太宗庚寅年始行盐法,每盐引重四百斤,其价一十两。世祖中统二年减银为七两。

这里要说明的是,蒙元时期的每引为400斤,较为整齐划一,而非金之"套""袋"之法,此谓不同也。另《元史》卷九十四载:

> 太宗丙申年,初于白陵港、三叉沽、大直沽等处置司,设熬煎办,每引有工本钱。

说明从太宗丙申年开始,随着工本钱的出现,揭示国家已经介入盐制,所拨灶户之钱为生产成本,灶户所得则为工本钱,盐业销卖则归国家支用。

　　忽必烈于1271年建立元朝。元朝的正式国号叫大元,取自于《易经·乾篇》的"大哉乾元,万物资始"这句话。世祖(忽必烈)中统二年,颁布《恢办课程条画》。据《元典章》记载:

　　　　随路恢办宣课,已有先朝累降圣旨条画,禁断私盐酒醋曲货、匿税,若有违犯,严行断罪。

　　由此可见元代曾多次颁布圣旨条画要求禁断私盐,恢办盐课。另据《元史》卷四《世祖纪》记载:

　　　　诏谕十路宣抚司并管民官,定盐酒税课等法…世祖自去秋亲征叛王阿里不哥于北方,凡民间差发、宣课盐铁等事,一委文统等裁处。

　　可见,该条画是更进一步的盐禁之法。所定盐法当是王文统与各路宣抚司官员共同议定,并由文统等裁处。该条画的目的是"恢办课程",从而保障财政来源。其中12条中的7条涉及盐务,主旨是禁断私盐。该条画规定官员在各级官吏在盐场、河道、守关津渡口等不得阻挠盐商运销食盐、不得涩滞运盐河道、不得拘撮运盐纲船、不得抢夺盐商马匹。该条画是当时较为清晰而完整盐务法令,元代盐政大多沿袭此法。为了维护盐税收入,元代也有一些盐禁法规,如《元史·食货志》记载的:

　　　　凡伪造盐引者皆斩,籍其家产,付告人充赏。犯私者徒二年,杖七十,止籍其家产之半。有首告者,于所籍之内以半赏之。行盐各有郡邑,犯界者减私盐罪一等,以其盐之半没官,半赏告者。

　　元代盐禁也是严苛的。但是,较之五代和宋朝,除伪造盐引者处死外,贩卖私盐的惩处是较轻的。而籍家产却是一种祸害百姓的酷法。

为避免官吏以缉私护税为名,营私舞弊,勒索商贩,破坏盐法,元世祖分别于中统二年和至元二十九年,诏定私盐法规定:

> 今后诸盐产遇有买纳及支客盐,无故留难,不受不给,或勘合号簿,批引钞,违限者并徒二年半……如客商买到官盐,并官司纲运船车经由河道,其关津渡口桥梁,妄称事故邀阻者,陈告得实,杖一百;因而乞取财物者徒二年……。近年各处转运盐使司,所用皆非其人,省降盐引多为势力之家赊卖,赍引下场,搀越资次,多夹斤两,遮当旅客,把握行市,以致盐法不行,公私两不便当。①

从中也可窥视到盐法破坏的程度。

1279 年,元军在崖山海战消灭南宋,结束了长期的战乱局面,盐产区也随之统一。盐务即提上日程。据《元史》载:

> 此财谷事,其与阿合马议之。盐务改革开始于北方。至元十二年,阿合马奏立诸路转运司。东平路转运使蔡德润等联名乞依先立转运司给降条画,及隶中书省。

此时的盐政承袭宋金的盐引之法,实行民制、官收、官卖、商运、商销的就场专卖制,并加以完善。和金代相比,专卖制度得到了加强,专用引法,不复用钞。较宋代,立法更加严密,素有"引制之法肇始于宋而实备于元"。那么元代盐引之法的要义是:盐务政令归于户部管理,户部设置印引局,颁发各路;在主要产盐大区设置了都转运盐使司,执掌卖引办课;在产盐区运盐要道出口设立批验所,掌管批验盐引。而这一时期在制盐方面的主要制度是:在产盐地设置了盐场,场下设团,为灶户聚合煮盐的地方。灶户所产的盐量是有定额的,由官府发给盐户煮盐盘铁,每户一角,待煮盐时,灶户们运卤入团,并将所配给的盘铁一角聚集拼合成为一个整块铁盘,然后按次序轮流煎盐,

---

① 《元典章·户部八·课程》.

这就是所谓的团煎制。灶户所煮的盐,由场官收纳,给付工本。而到了运销环节的法制是:盐商人到运司纳课买引,后商人至批验所进行"勘合",府官们在引上写明引目字号、关支某场、运买县地,此谓之"批引"。每引为一号,前后两券,用印钤盖其中,拆分为二:以后券给商人,谓之"引纸",其前券底簿,谓之"引根",随后就可以去盐场支取盐;场官将凭验核对勘合过的底簿引纸,进场领取盐袋,再由场官在引背批写"批簿",出场时场官再次掣验引纸,并凿下一角("凿角")。批、凿二者兼具,然后才能起运到指定销区进行售卖。起运前须呈报盐运司发给运单("水程验单");运行中,经过沿途关津须依例盘验,逐一验引截角。到达销盐之地,由官司核查盐引数目号名和水程相符,方可发卖给铺户或乡间客贩。卖完后,需要拿着"水程"和引目在五日内进行缴销,谓之"缴引",违限隐匿不缴者,同私盐论罪。整个运销过程,盐随引行,引随盐在,凡卖引、批引、验引、缴引均有规定程序,立法较宋代更加严密。批引、验引、缴引都开始于宋,凿引和水程则是元朝的新发明,故引制成于宋完于元。虽然盐引主要由商人来承销行就场专卖制,但是元代也有官府卖盐的直接专卖制,即有"行盐地"与"食盐地"之分。大抵以近场各区为"食盐地",行官卖,由官司派散食盐给民户,谓之"食盐法";食盐地以外地区为"行盐地",允许通商,谓之"粜商法"。至元十六年食盐法得以全面铺开,施此法的原因是盐的产与销均被官商所控,盐价大涨。至元十八年,大都盐价每引中统钞 120 两,潭州盐价每引中统钞 180 两,江西则卖到 170 两,高的盐价使贫苦民众都吃不上盐。鉴于此局面,时著名理财右丞卢世荣为平抑盐价,上书奏言:

> 每引价钞本只 15 贯,国家未曾多收,但官豪诡名罔利,停货待价,把持行市,揸勒百姓,取以厚利,贫民多不得食,今议以二百万引给商,一百万引散诸路,立常平盐局,或贩者增价,官平其值以售,庶民用给,而国计亦得。①

———————————————

① 《元史》卷二百零五《卢世荣传》.

至元二十一年,诏从其请,以刘晏常平盐之名各县均设立常平盐局,颁布《设立常平盐局》。据《元典章》卷二十二《户部八·课程·设立常平盐局》记载,常平盐局的功用是:一为盐局官由各地官司保选富户(有抵业人、通商贾、信实、不作过犯之人)充当局员;其二,官办盐局,每县一处,户多州郡及人稠密集镇市酌量添设,按官价卖盐,以防商人哄抬价格,平抑物价是常平盐局的重要职能;其三,盐局的年销盐数与所辖民户数相关,需同各处盐局官一同前去盐运司关引支拨;其四,盐局每日将卖到盐钱明附文历,每日分豁本息具单状申报提点官司印押,每旬开申本路,申宣慰司,呈省。腹里路分将每月卖到数目于下个月初五日前申解到本路。实际上常平盐局法和行盐法在同一时期是共同存在的,常平盐局所销售食盐量仅占全年盐产的三成,所以说行盐法仍然是盐的主要销售方式。据《元典章》卷二十八记载,盐商"发卖盐价,如今盐袋不问价例,平和听从民便发卖",可见常平盐局法在盐价太高时才发挥作用。不久监察御史陈天祥弹劾卢世荣,后被罢免,常平盐局法因此也没有施行多久,被加以否定。

至元二十八年,朝廷开始制定本朝的新法典,元世祖命中书右丞何荣祖"以公规、治民、御盗、理财等十事辑为一书",即为《至元新格》。尔后由忽必烈颁行全国,它的内容包括了公规、治民、御盗、理财等十个方面,是当时已经颁布的法律条文的总结。《元典章》记载有其相关条款:

> 其行省、户部检会元降条例,凡近年官吏违犯禁条、营谋私利、侵损官课、阻碍商人者,逐一出榜严行禁治,仍须选差廉干人员不时暗行体察,务要茶盐通行,公私便利。……诸盐法,并须见钱卖引,必价钞入库,盐袋出场,方始结课。其运司官如每事尽心,能使盐额有余、官吏守法、商贾通便、课程增多者,闻奏升赏。

单就盐务法令看《至元条格》,它是元代规范盐官主要行为的法规。同时也在盐袋出场、盐官升赏以及捉获私盐等方面对官吏做了行为规范。

元世祖前期虽颁布了《设立常平盐局》和《至元条格》等涉及盐务的法令,仍无系统的盐政。至元二十九年《立都提举司办盐课》的颁布代表着盐政的进一步完善。其内容涉及盐业生产、销售、管理等方面。该条画指出:

"见钱卖引,照依资次支拨盐袋""纳课买引,赴场查盐",而"诸人卖过盐引,钦奉圣旨,限五日赴所在官司缴纳",可知盐政核心乃行盐引之法。规定:诸军、站赤人等买食官盐,各位下、势要之家不得"掺夺资次,多查斤重",运司煎盐草地诸人不得侵占斫伐及牧放头足,胤火烧燃,盐商货卖不得夹带多余斤重,也不可掺和灰土,收盐官吏不得多取余盐,克扣工本,盐牙不可行大称而坏盐法,附场百里之内人户食盐置局发卖,运司官吏不得亏兑课程,而贩私盐者给予相应惩罚。

这次盐务管理政策变革原因在于之前的盐政打压了灶户生产积极性,破坏了盐的销运秩序,国家财政受到影响。据《元典章》记载:

> 近年各处转运盐使荀所用皆非其人,而势力之家买盐,挼夺资次,多查斤两,遮挡客旅,把握行市,盐场官吏,多取余盐,剋减工本,或以他物准折,致使生受等诸问题。

至元三十年,中书省要求户部改造引样,原因在旧引仍行原来的文字,且泛滥严重。《元典章》卷二二《改造盐引》有记载:

> 从收了江南以后,盐引文字不曾改换,则依那体例行有。待收呵,收不得,治约呵,又难。私盐多的缘故,因着这般有。

此次改引内容涉及对已买引而未支盐者,全部兑换新引,且勘合后才能支盐,所换旧引则收归中书省。"见钱卖引"和"限五日拘收退引"则是此次盐政调整的重要方面。上述改引也凸显了盐引在盐务管理中的作用。至此,"买引—验引支盐—批引—退引"①的盐务经销程序基

---

① 《元典章》卷二十八.

本定型。新的盐引在此后元代没有变更。

及至元三十一年,世祖死。铁穆耳继位。该时期的盐务政策主要表现在盐运司机构的统一和《新降盐法事理》的颁布实施,这标志着盐引法的完善。《新降盐法事理》的颁布原因在于官盐贵于私盐,因此私盐出没,侵碍官课。《元史》卷九十七有证:

> 世祖后期,客人买引,自行赴场支盐,场官逼勒灶户,加其斛面,以通盐商,坏乱盐法。

元贞时,私盐愈演愈烈,尤以江浙、两淮盐区为最。据《元史》卷二十载:

> 大德三年,申严江浙、两淮私盐之禁,巡捕官验所获迁赏。……诸处盐课,两淮为重。比年以来,诸人盗卖私盐,权豪多带斤重,办课官吏贿赂交通,军官民官巡禁不严。

《新降盐法事理》的核心是为改法立仓,设纲攒运,将就场支盐改为就仓支盐,避免盐商和灶户接触,杜绝"场官逼勒灶户,加其斛面,以通盐商,坏乱盐法",①的情况再次发生。改法立仓后,"煎盐之所,皆为禁地"。但此时的仓纲运法也仅限于"两淮"。此外,此项盐法还对盐仓设立后,盐袋装运、入仓、装盐席索制造等问题也做了详细阐述:

> 盐商前往转运司入状买引,转运司支引出库,并出给下仓勘合,置立花名销簿以便记录盐商支盐、售盐的信息。盐仓比对勘合与原发字号相同,比对盐引上盐商名字、印信无伪,即设立关防号簿,写立盐仓据勘合字号放支盐商盐袋情况。批验所置立关防文簿,写立盐商姓名、所支盐数、批验过月日,受到批验牙钱数目等等,批凿则在盐引之上用条印关防。盐商卖过盐引后拘收退引

---

① 《元史》卷九十七《食货志五》.

于盐引正面用条印批给入库。

那么《新降盐法事理》颁布并施行的前十余年效果是明显的,遂有官员所称"办了十年来,课程无亏,百姓每得济来"。然而纵使《新降盐法事理》规定严密,但是后期由于比来所司弛于奉行,商人依旧行使贿赂,官员复不用心检勘,且纲运赴仓又多了"船私",私盐仍旧泛滥。为了巩固两淮盐政,做到盐法的切实施行,延祐五年,又颁布了《申明盐课条画》:

> 随处所办课程由管民正官提点,诸投下及势要之家不得欺凌仓官,亦不得恃势欺行霸市,行盐地面由行省、宣慰司官各一员提调,沿河官保障运司船只通行,盐商、灶户、纲船、工脚、铸盘、织席等事由运司管理。……延祐六年发卖引目及粮中等引,客人查引运至真州,每引量增中统钞五贯,计钞三定四十五两成交发卖,作为今后定例,并禁止仓官、真州批引人、盐总部辖以及拘引人等取要分例,刁难盐商,败坏盐法。

和《新降盐法事理》相比,此条画明确各色盐官的职责和失职的处罚规定,而以盐引为核心的榷盐制度未改。

延祐七年,两浙效仿两淮,改法立仓。显然两浙改行仓法后,取得了一定的效果,所谓"始则为便"。但是不久,仓法的弊端在两浙暴露无遗。正如张国旺《元代盐务政策演变略论》一文指出:

> 两淮与两浙运司行盐地面有巨大的地理差别,两淮行盐地面广袤,跨涉四省,且地广民多,食之者众,然两浙运司行盐之地,里河则与两淮邻接,海洋则与辽东相通,番舶往来,私盐出没,由此"侵衬官课"。仓支法的最大弊端在于其制度的具体实施。现实运作过程中,因灶户流移死亡而使盐业生产得不到保证,"纲场仓官任非其人,惟务掊克",不缴纳退引导致的私盐大行,其中"各仓停积,最为急务"。遂有后至正二年,在中书右丞相脱脱、平章铁木儿

塔识的坚持下，两浙运司改归"世祖皇帝旧制，除近盐地十里之内，令民认买，革罢见设盐仓纲运，听从客商赴运司买引，就场支盐，许于行盐地方发卖，革去派散之弊"。

元顺帝时期，私盐日趋严重。有史记载：

> 近年以来，各处私盐及犯界盐贩卖者众，盖因军民官失于禁治，以致侵碍官课，盐法涩滞。①

因此可见，除私盐外，官员巡禁不严也是主要因素。至正二年中书省奏准，制定了《私盐罪赏》的条画，要求各职司务恪尽职守，而犯私盐者给予从重处罚。至正十一年，据《南台备要》之《建言盐法》记载：

> 中书省拟定，今后除小民自行煎熬，……榷货器具明白者，依例止理见发，所据河海贩盐并陆地十引之上，盐徒指出场官、总催、纲头、灶户工丁等处买到盐数，合准言，难同止理见发，并听随事追问。

但私盐仍然猖獗。另外盐课难以办集也是这一时期出现的问题。据《元史》卷九十七记载：

> 至正元年，河间等路旱蝗阙食，累蒙赈恤，民力未苏，食盐者少……行盐地方旱蝗相仍，百姓焉有买盐之资。……福建等路民力日弊，每遇催征，贫者质妻鬻子以输课，至无可规措，往往逃移他方。

由此可知，因灾荒而致流亡，盐课无法办集。此时的盐法带有强迫摊派性质，对大多数行盐地区无异于杀鸡取卵。最终两浙运司和福建

---

① 《元史》卷九十七《食货志五》.

运司都取消了食盐法。

元代后期,官盐价贵,私盐愈多,加之军人违禁贩运,权贵托名买引,加价转售,致使官盐积滞不销,加之课额愈重,办课愈难。于是元政府扩大官卖食盐区域,强配民食,不分贫富,一律散引收课,农民粜终岁之粮,不足偿一引之价,引起人民普遍不满,危机四伏。至正十三年,以淮南盐贩张士诚与浙江盐贩方国珍为首的人民起义爆发,其他农民起义军纷纷揭竿继起,元朝遂亡。史家有"元代之亡,亡于盐政紊乱"之语。

总而言之,蒙元时期的盐政主要行盐引法。引制肇始于宋而更趋柯细于元,不论商销还是官卖均采用引制,此宋时未有。以提高盐价为裕课之计的盐政思想的出发点和金代一样。和辽代相似的是私盐问题严重,但在辽代是由于制度松散而导致的私盐问题,元代却是在法令严密的情况下,由于官吏腐败所致。除了腐败,高价格、盐引泛滥、官商勾结等等这些都是元代专卖之弊剧于前代的原因。

最终因盐政紊乱,积重难返,直至元朝灭亡。

十二、明朝

明朝盐政,初期循元制,国家稳定后,整顿了元末紊乱不堪的盐政。洪武帝为筹备边储,将边政与盐政有机结合,创行政府募商人输粮换取盐引,凭引领盐运销于指定地区的"开中法"。而场盐官收,仍为就场专卖制。随着商品经济的发展,至万历年间,袁世振以积引日多,乃师刘晏纲运遗意,创行"纲法"。实为专卖法肇始,对清朝乃至近世盐政产生了重要影响。

下面详细介绍明初盐政和开中法创立的历史背景和发展过程:

(一) 明初

朱元璋早在起兵反元时,就针对元末混乱的盐政,即立盐法,置局设官,令商人贩鬻,以资军需。洪武元年,明朝初立,朱元璋吸取了元朝失败的教训,命令在各产地设盐官,整顿制盐,安抚盐民,将其登记"灶户",按户计丁,按丁计盐,史称"额盐"。为鼓励生产,官府还给灶户煎盐所用的柴薪及工本钱,以作灶户生产的费用,并免征其杂役。灶户境况得以改善,故盐产得到了发展。洪武时,全国共计产盐岁额约为四亿六千余万斤。此时的盐政主要是承袭了自五代两宋所谓"引岸制",即灶户所产不论正盐还是余盐均须按时交付,不准私卖,皆由官府收购。和元朝一样,官府收盐后,采用引制,通过引商,在规定的地区贩运。据《明史·食货志四》载:

> 商人支盐有定场,不许越场买补,食盐为国家专卖,违犯者处绞刑。商人凭盐引贩运官盐,盐引沿途辨验,不许并包夹带,盐卖完后,在五日内退引。将旧引影射盐货者同私盐论罪。客商在运盐过程中掺沙于盐者,杖八十。盐运司拿获私盐,随发有司追断,不许擅问。官吏通同作弊脱放与犯人同罪。权豪势要人等,乘坐无引私盐船只不伏盘验者杖一百,有官者断罪罢职。

经过明初整顿,盐政相比前朝,有条不紊,国家的财政收入得到了保障。

(二) 开中法的创行

《明史·食货志》载:"召商输粮而与之盐,谓之开中"。开中法是明清政府实行的以盐、茶为中介,招募商人输纳军粮、马匹等物资的方法。明初盐政和边计的关系,主要是通过开中法而实现的。据《明史》卷八十《食货志四·盐法》记载:

> 明洪武三年,大同粮储,自陵县运至太和岭,路远费烦。请令商人于大同仓入米一石,太原仓入米一石三斗,给淮盐一小引。商人鬻毕,即以原给引目赴所在官司缴之。如此则转运费省而边储充。

意思是因山西等边地急需军粮,政府募商人输粮换取盐引,凭引领盐运销于指定地区,称为开中。王懋德在《金华府志》有这样一段概括:

　　皇朝置盐运司以给边储,客商输粟与边,计其多寡,官给引目,
自支盐于坐派之场,限以地方令其货卖。

　　开中法的创立,适应了明初边防之需,在洪武年间便得到了迅速
的推广。洪武三年,为支持统一战争,也招募商人往开封、洛阳和临
汾等地运粮,然后给商人以盐。《续文献通考》卷二十《征榷考·盐
铁》可证:

　　如输粮至洛阳一石五斗,开封及陈桥仓二石五斗,西安一石三
斗者,并给淮浙盐一引,输米西安、凤翔二府二石,河南、平阳、怀庆
三府二石五斗,蒲、解、陕三州三石者,并给解盐(解池产的盐)
一引。

　　洪武四年,定中盐则例,据《续文献通考》载:

　　输米临濠、开封、陈桥、襄阳、安陆、荆州、归州、大同、太原、孟
津、北平、河南府、陈州、北通州诸仓,计道里近远,自五石至一石有
差。先后增减,则例不一。率视时缓急,米直高下,中纳者利否。
道远地险,则减而轻之。编置勘合及底簿,发各布政司及都司、卫
所。商纳粮毕,书所纳粮及应支盐数,赍赴各转运提举司照数支
盐,转运诸司亦有底簿比照,勘合相符,则如数给予。

　　意思是所制定的中盐则例是计道路远近,运粮多寡,考虑中纳商人
能否获利等因素,以确定粮引兑换额。以后官府根据需要,陆续实行纳
钞中盐法、纳马中盐法、纳铁中盐法及纳米中茶法、中茶易马法等。自
此,开中制度趋于完善,规定盐贩需在指定的地区销盐,据《明史·食货
志》可证:

　　鬻盐有定所,刊诸铜版(盐引铜版),犯私盐者罪至死,伪造引

者如之，盐与引离，即以私盐论。

而为了多获得盐，开中商人则在边地招民垦种，将粮食就近交入粮仓以换盐引，于是便由开中而产生了商屯。有史记载：

> 召商输粮而与之盐，谓之开中。其后各行省边境，多召商中盐以为军储。盐法边计，相辅而行。①

开中法起始于山西，继而在陕西、甘肃等边地实行。不论商人是单纯运粮于边，即开中输米，还是自出粮于边，即开中纳米，朝廷此时的盐政目的都是纳粮济边，由此可见开中法是为北方和西北的边防服务的。另据《明史》卷八十《食货志四·盐法》记载：

> 明成祖即位，以北京诸卫粮乏，悉停天下中盐，专于京卫开中。惟云南金齿卫楚雄府，四川盐井卫，陕西甘州卫，开中如故，数年京卫粮米充美，而大军征安南多费，甘肃军粮不敷，百姓疲转运，于是又令诸卫所复召商中盐。

从此以后，除北方诸边实行开中法之后，海南、云南、贵州、广西等多地也效开中之法，开中之地得到普及和推广，人们生活安定。开中除了以盐易粮外，还可用盐交换如纳钞、纳马、纳布、纳铁等等其他商品。据《食货志四·盐法》："上马一匹与盐百引，次马八十引"可证。正统九年，又纳布中盐，山东每二引折纳棉布一匹运赴登州，以备辽东军需之用。景泰和成化间也允许商人纳马中盐。成化九年，也有关于用河东盐来换取山西阳城所产之铁的记载。由此可知，盐引一时成了无所不能兑换的证券了。但是，其他的交换不是经常性的，开中法的经常内容始终是以盐易粮。

《明史·食货志》曰："有明盐法，莫善于开中。"在当时为经济社会

---

① 《明史》卷八十《食货志四》.

发展起到了积极的作用。明人刘应秋在考察开中制度时,认为此法有"数便":

> 开中制度有数便,商人自募民耕种塞下,得粟以输边,有偿盐之利,无运粟之苦,便一。流亡之民,因商召募,得力作而食其利,便二。兵卒就地受粟,无和籴之扰,无侵渔之弊,便三。不烦转运,如坐得刍粮,以佐军兴,又国家所称为大便者。"①

另据明朝大臣叶向高和涂宗濬分别称:

> 塞下之地尽垦为田,坻京露积,士饱马腾,无枵腹之忧也。边郡既实内地益充,民得甘其食,美其衣,老死不闻征发,无转输之苦也。屯堡星联,兵农云集,耕夫得安于力作,而胡马不窥于长城,无蹂躏之扰也。故边政修也。

> 河套十万黠虏,朝夕睥睨,伺我之隙边长一千二百余里,摆以五万余军,分障固守荷戈待战,昼夜戒严,未得顷刻休也。所以奋不顾身为国家御虏者,恃有此月饷耳。月饷之所以充足者,持有此盐商耳。②

自明行开中之法后,时边区所需之粮皆由商人转运,这对朝廷而言,既充实了边储,又节省了运费。同时,边地菽粟无甚贵之时,人们生活安定。总之,正如《明经世文编》所言:"商利而民亦利,国足而边亦足,称美善已"。

那么开中法详细运行特点有哪些呢?孙晋浩在《开中法与明代盐制演变》一文中有详载:

> 其一为盐政资金的流转过程被大大改变,由于此时盐政是首

---

① 《皇明经世文编》卷四百三十一《盐政考》.
② 《皇明经世文编》卷四百四十七《边盐壅滞疏》.

先由政府组织灶户进行生产,国家再收取灶户所产之盐,而后再卖给盐商,最后再由盐商销往行盐之地。此盐政下资金的流向,于官府而言,盐务机构则通过出售官盐获得资金,再将所得资金的上缴朝廷,由朝廷拨付部门开支,小部用于支付灶户工本。于盐商而言,先盐商筹集资金,然后向政府购买官盐,再将官盐销往行盐之地,收回投资;其二是官商交易过程延长,之前盐政是盐商以货币向盐政机构购买官盐,银货两讫,则交易结束,盐商则携官盐转运出售,盐政机构将现金上缴朝廷。行开中法后,由一次完成的官商交易,变成两次进行,先是盐商将粮草上纳边关,等于向政府预付购盐款项,然后再返回盐场,从盐政机构那里支取应得的官盐,再携官盐转运出售;其三,对商人而言,开中法实则为一场期货交易。因为开中法的实施过程是盐商先需要先赴边关纳粮,再回盐场支盐。还有因为边关遥远,往返费时,使得盐商支盐与纳粮两个环节间出现了一个时间差,等于向政府预付盐款项,这就将原来的现货交易变为一场期货交易。当出现守支不平衡时,势必影响盐商的利润,对于具有趋利属性的盐商而言,则必然拒绝报中,退出官销领域;其四,盐官制度不再重要。另外伴随着开中法的实施,官商间交易方式也发生了变化,由官盐与货币的交换转而变为官盐与粮草的交换,回到了原始社会时期的物物交换的形式。随官盐变现的不再需要,盐政机构也只负责官盐生产,不必经手财富的转化,成为一个单纯的生产管理机构。随财政职责的剥离,其重要性必然大打折扣。

总之,明朝初年,开中法的有效实施使得盐务管理得到了明显改善,边防也相应得以巩固。盐政与边政则为封建国家政治中的两件大事,因此其好与坏,直接关系到"国计之虚实,宗社之安危"[①]。故而盐政修,国库盈,则边修,社会稳,则民心定,先安居而后专心生产,人民方可幸福。因此说,明初所行盐政与边政相辅的开中法以及商屯之兴,是明智且成功的。开中之法是明代盐引制中一个新的创造,是明王朝一

① 《皇明经世文编》卷四百七十七《与自公祖》.

项重要的经济政策,也是一项政治制度,解决了诸多边政问题。

(三) 明朝开中法废弃后的盐政与边政

封建社会里面的一项善政往往日久生弊。虽开中法实施的百年间,使得明朝相继出现了永乐盛世、仁宣之治等盛世。但开中法实行后的一个世纪后,开始渐趋衰微,原因种种,最终废止,代而行之的则为折色纳银法。由开中而来的商屯也随开中之废而废。此后,明代的盐政与边政也日趋坏乱。

究其开中法败坏原因:首先是明政府改变了"得盐利以佐边计"的方针,而以食盐专卖为财政搜刮手段,走上了前朝重增盐课、屡提盐价的老路,盐人的从业环境恶化。由于宣德时用兵安南,正统时讨伐麓川,景泰时抵御瓦剌,军事开支较大,财政激增,因此为充盈国库,统治者们把目光转向了盐政。他们上调引价,继而加重以时估制为其依据的开中则例,如宣德十年开中于独石,淮盐每大引就纳米九斗,正统八年,达一石二斗。由于盐粮开中的地域广大,盐粮价格变动频繁,加之吏治衰微,户部很难准确地掌握和调节盐粮交易的比价关系,这就使开中商人感到米重盐轻,盐商利润减少,经营无利而不肯前来开中,致使开中制时续时断,有误军储。朝廷为挽救边政而又增加了盐课,又即采取在市场未扩大的情况下增发盐引,造成盐引壅积,开中溢额,通货膨胀,盐业生产、流通举步维艰。到弘治时期除淮浙等处的海盐维持洪武旧额外,长芦盐、河东解盐、四川、云南井盐四处共增盐三十万小引,增率近一成有余,在没有提高制盐生产力和产量的情况下以致出现宣德时"中纳名额数足,盐不足支"①。

其次是永乐时因宝钞发行过多,为回笼纸币而实行的户口食盐法。户口食盐法即按户散盐,计口收钞。正如《枣林杂俎·智集》所云:

> 因官有盐以市民,披籍计口,取其直。而里长公具牛车输之里中,仍计口给盐。是官受盐而民资食也,上下相资,非牟利也。上

---

① 《明宣宗实录·宣宗章皇帝实录卷》之五十五.

自王府，下及官吏贫民，皆有食盐，无复买盐于商者。而官复召商中盐，商将何所卖之?

这说明，食盐制的推广，使得开中商人的销盐市场收窄。同时在盐产量未增加的情况下，因官盐与之争夺份额，使得商人用于开中的供销盐份额缩减。市场与货源这二者均影响了开中商人利益。

再次是权贵包办开中，特别是包中盐引，排挤了正当商人。明初规定开中仅限于商民，朱元璋强调食禄之家毋侵利，《明会典》有证：

洪武二十七年，禁公侯伯及文武四品以上官令奴仆行商中盐，违者杖一百，徒三年，盐货没收。

但边境多事、军旅屡兴迫使明廷放宽限制。永乐时开中京卫，不论官吏军民皆许中纳，结果"勋贵武臣多令子弟家人行商中盐，为官民害"①。景泰年间因北边多事，急需粮饷下令权势可报中，可据《皇明经世文编》：

遂令不分军民官校之家许于口外缺粮处开中淮浙长芦运司引盐。

此时这些举措仅仅是临时权宜之计。但到成化时，阉佞掌权，"奏讨占窝"之风大盛。据《续文献通考》记载，富商吕铭等八人投托势要，以运米辽东为借口，径奏淮盐五万五千引，御马监李棠也以此理由要求中盐万引，宪宗却中旨允之。弘治时期，权贵侵夺盐利更为猖狂。他们将大量好盐冒称"残盐"奏讨，以免纳盐课，低价开中。自此以后，该法为权贵报中敞开了大门。权贵"占窝卖窝"包中对于开中的影响正如《嘉靖七年魏有本疏》所言：

————————————

① 《明史》卷一百五十.

　　窃惟盐法之弊，莫甚于占窝也。凡占窝之人，非内外权势，则市井奸猾，一闻开中，则钻求关节，伪写书札，相率趋之，监中官或畏其势，或受其欺，止据纸状姓名准中。商人挟资冒险而无售，彼且勒取高价而卖之，空手而往，满篚而归，商人未纳官粮，先输私价，是卖者之利，非买者之愿也。今禁例非不严，而此弊终不可革者，臣不知其故也。臣闻往年户部郎中李湻之在辽东，验银开中，此弊遂革。臣乞令今后各边报中，俱限赍银称验，贮库准中，以三千引为率，不许过多，候各商上纳刍粟完日，给领勘合。其余不准。如此，则权奸无所容其计，而商人称便矣。

　　同时，私盐也是开中渐衰的原因之一。明初对待灶户远较元代优厚，洪武十八年额盐一大引给工本米一石，或给钞二贯五百文，这些钞也可易米一石。余盐更倍值以收，草荡薪柴，计值可抵一丁盐课之半。但后来宝钞逐渐贬值，富灶的余盐不愿与几等废纸的宝钞交易，于是私盐泛滥而官盐阻滞。价钱便宜的私盐(余盐)一时间使得开中商人的正盐日滞。

　　最后，以银代粟，行开中折色法给开中法以严重打击。即明孝宗时期叶淇变法，开中由原来粮食(本色)中盐改为了银两(折色)。史料记载：

　　　　弘治五年，户部尚书叶淇召商纳银运司，类解太仓，分给各边。每引输银三四钱有差，视国初米直加倍，而商无收支之苦，一时太仓银累至百余万。①

　　那么朝廷之所以推广以银代粟的折色之法目的是增加中央财政收入，一改往日"太仓无储，内府殚绌"②的局面。当时怂恿户部实行折色的是叶淇的同乡两淮富商们，希望给他们以方便。因为在当时开中纳粮，其利主要归沿边商屯的边商们(陕西商、山西商)，开中纳粮获得盐引后要加价转卖，而内商直接开中得盐引则有"赴边纳粮，价少而

---

① 《明史》卷八十《食货志四》.
② 《明史》卷一百八十五《列传》第七十三.

且远涉,在运司纳粮,价多而又易办"①。内商们为了改变自己的这种不利局面,运动户部,愿征银加价,以取食盐专卖权,通过直接纳银运司,既可摆脱边商控制,又可多得中盐机会以排挤屯田的商人。果然开中折色后边商受到严重打击,西北富商纷纷改业内商,故有"徙家于淮南以便盐,而边地为墟"②。这样商屯撤业,为之解体。残留的边商资力日疲,不以仰承内商之鼻息,明初以来的纳粮于边的开中法也日遂困蔽。叶淇变法之后,边商的商屯也逐渐被废弃。军屯的破坏,再加商屯的废弃,使边塞空虚,"千里沃壤,莽然荆榛"③。明代的边政由此大坏。在这种情况下,一遭兵创,边军根本无法抵挡。遂有"生齿日遂凋落,边防日遂困敝"④的史料描述。与明初那种"三边安固,居民充实"相比,则是两种不同的情形。正如《续文献通考·征榷》中分析:

> 叶淇之法虽户部存银增至百万,然赴边开中之法埂,商屯撤业,菽粟翔贵边储日虚矣。

从叶淇变法可知,朝廷在盐政的指导思想上发生了转变,由修饬边政放在首要,走向财政搜刮放在首位的政策性转变。盐法之变,直接影响了边区生计。当时在朝廷,不少人主张复兴开中,重整商屯。嘉靖八年,几次明令恢复开中和商屯,尽管如此,此时被废弃的开中及商屯已无法复兴。正如《屯政考》所言:

> 城堡多湮,胡骑纵横出没,扰我禾稼。即欲力耕厚积,徒为虏外府耳。

商人到边地毫无安全感,开中之法自然无法实行。又如《理盐策》所言:

---

① 《玉堂丛语》.
② 《皇明经世文编》卷四百三十一《盐政考》.
③ 《农政全书》.
④ 《皇明经世文编》卷一百八十六《哈密疏》.

> 田野萧然,千里弥望,粜犹艰阻,乃欲使之关耕积粟,以应开
> 中,知其难矣。

开中既废,开中纳粮,飞挽艰难,商人利薄,大非往时,而此时,盐政再也谈不上佐边了。但和宋代的盐课以钱计,元代以钞计比,盐课以银计也是一个很大的转变,这也影响了后世。

纵观中国封建社会,历朝历代都将盐课作为国家财政来源。因此,历代统治集团都对盐政给予了极高的重视。明初统治者在对盐政进行整顿的同时,把着眼点放在边政建设上,"得盐之利以佐边计",盐政与边计相辅相承。后来随着盐政渐乱,边政也随之而乱。这也印证了那句"盐政修而边政与之修也,盐政弊而边政与之弊也"①。

(四)"隆万中兴"时期的盐政改革

明代初年,明廷是盐的所有者和经营者。开中法是以粮易盐,允许商人将盐货从盐产地官仓支出后,运往引地销售,这时灶户与盐商之间不能进行交易,政商剥离,盐政告别国家专卖制。及至明代中期,灶户可以所产余盐直接卖给持有正引的商人,但灶户所制正额盐仍不能直接卖给商人。而到了明朝后期,特别是明世宗朱厚熜继位时为了疏导盐引大雍,一改把余盐"以偿补课"为"官余盐",即全面推行余盐带销的做法,但是余盐以佐正引的做法并未取得好的效果,守支者多,旧引难泄,开中者少,新引难售。大量雍滞的盐引所带来的债务危机留给明穆宗朱载垕。为了治雍,隆庆二年,右佥都御史庞尚鹏总理两淮、长芦、山东三运司,他"比照嘉靖初年事例"采取"小盐法"来疏雍。

庞尚鹏的"小盐法"产生的背景是嘉靖末期,两淮因行工本盐每年35万引,导致引目积压。隆庆二年时,已积压引目约500万引。为此,庞尚鹏奉命疏理,并提出两项速销积引的举措。其一是扩大每单行盐数额,据《清理盐法疏·疏通引盐》记载:

---

① 《古今图书集成·食货典》卷二百一十四《盐政考》.

淮盐分南北两路。原淮南每年行八单,每单 7.3 万引,小计共 58.4 万引,淮北每年行 4 单,每单 5 万引,小计共 20 万引。故两淮 原每年共行 78.4 万引。现淮南每年仍行八单,但每单 8.5 万引, 小计为 68 万引,淮北每年也仍行 4 单,但每单 5.5 万引,小计为 22 万引。即疏理后两淮每年共行 90 万引,比原增加 11.6 万引。

其二是余盐改行小引,嘉隆之际,正额盐引价很高,盐商行销正额 盐均无利可图,他们于是靠行销余盐而获利,故朝廷令此二盐并掣。即 每引共计 550 斤,其中正额盐 285 斤,余盐 265 斤。疏理后,每引改为 485 斤,其中正额盐仍 285 斤,余盐则 200 斤。疏理后可拆解的引数增 加,以同样重量的余盐带销更多的正额盐,从而达到速销积引的目的, 这就是庞尚鹏“小盐法”。但是庞尚鹏的“小盐法”并没有彻底解决盐引 雍滞之弊。到了万历时期,由于“三大征”而导致财政空虚,为了聚敛财 源,而滥发盐引,以致新引迭增,老引重发,复益大雍,程度空前。朝廷 为了解决旧引雍滞,新引不售,实行了“套搭”,即欲支陈年积引需搭买 新引。这就是“新旧兼行,二八抵验”之法。据《盐法议二》记载:

> 今淮上所谓新旧兼行者,旧引断自万历三十二年是矣,乃新引 则断自万历三十六年,是皆囤户所收之引,而非边商见到之引也。 盖自四十三年以前,边中仓勘,多以贱值投之囤户,与边商无涉矣。 故今欲肇自四十五年,复祖制行正盐,必以行见引为主。而行见 引,必以四十四年所到边钞为正。

由此可知,在万历四十四年时,若按祖制行盐,则应以中盐顺序,万 历三十二年的盐引(旧引)持有者先行盐,同时万历三十六年的盐引(新 引)持有者后行盐。例如,淮南每年行盐 68 万引,其中 34 万引安排给 万历三十二年的盐引持有者(此被称为旧引),另 34 万引则安排给万历 三十六年的盐引持有者,剖而二之,半行新引,半行旧引。此外,为防止 盐商人不买新到仓钞,只行旧引,故又增加一条规定,叫“二八抵验”。

从《盐法议三》可证:

> 今淮上虽行旧引三十四万,然仍用二八抵验之法,则仍套买边
> 引二十七万有零。

其意思是,盐商在行万历三十二年旧引的同时,须再购买 27 万引
新到边钞以作抵验,方可行盐。这便是当时实施的"新旧兼行,二八抵
验"之法。很显然,该法程序繁琐。由于新引同样需要时间去守支,这
样会出现银征八九年前,而盐掣八九年后的局面,据《盐法议一》可知:

> 内商苦于套搭,十年之间纳银三次而尚不得行盐一次。

"新旧兼行,二八抵验"的行盐格局,是因困守支所造成,并对边、内
二商都不利。

万历四十四年,袁世振奉命疏理两淮盐政。袁世振以积引日多,乃
师刘晏纲运遗意与两淮盐御史龙遇奇一道,创行纲运制度。《两淮盐法
志》对纲运制度有详载:

> 改单为纲,正行现引,附行积引,编设纲册,分为十纲,每年以
> 一纲行积引,九纲行新引,依照窝数,按引派行。凡纲册有名者,据
> 为窝本,纲册无名者,不得加入,是谓纲法,即纲运法。

纲运法既疏通旧引以救内商,又出售新引以照顾边商。入纲册的
原则是"以已纳余银已买边引者为先,其纳余银未买边引者次之"。纲
册刊定后"即永留与众商,永永百年,据为窝本,年年照册上数派行新
引",不在纲册上的人不能行盐。总之,纲运法的核心要义是把现有积
引的旧商编入纲册,固定并世袭化,不在纲册上的权贵阶层不得染指。
实际上,仍有囤户以有大量积引或冒名顶替、投托权贵的方式据有了窝
本,合法并世袭化。此时的明朝政府将官收商销的官府专卖变成专商
收销的豪商专卖,其本意就是解决官府直接控制而盐课难征的问题。

把盐商由代销商变成经过特许的包销商,实行间接管控,既风险小又降低了管理成本,仅坐收引钱。就这样,明朝为保证其盐课征收而不经意间完成了中国盐政史上的一次重大变革。而后袁世振又创立减斤加价之法,以销积引。先是每引正余盐共重五百七十斤,定价纳银五两六钱,改纲后,每引减为四百三十斤,定价纳银六两,论盐则每引反轻一百四十斤,论价则每引反多纳银四钱,故对于纲册登记之商,许其永占引窝,据为窝本,利之所在,人必趋之,所以纲法初行,商人争先认引,尚能收效一时。天启间,加征辽饷,引价益贵,增引超制,恣意搜刮。崇祯时,复加剿练诸饷,浮课日增,商资益竭,私盐盛行,而积引如故,盐制至是又坏,时给事中黄承昊欲有所改革,因时危急,莫克实施,而明遂亡。

十三、清朝

清朝早期和中期盐政继承和发展了明万历年间袁世振提出的盐政制度即专商世袭卖盐法,道光年间,进行了适当的改革,实行票盐法。

1644年清朝建立。顺治二年,为了增加朝廷统一战争经费开支,时任巡盐御史李发元以免征浮课、留垣盐和通残引为招商之计,提出了"恤商裕课"的方针,但据《两淮盐法志》记载:

> 顺治年间战争繁仍,所需兵饷半资盐课。

这样不仅"免征浮课"成为具文,更不要说"恤商裕课"了。康熙年间,也因平三藩,收台湾,军费浩繁,"督饷之檄,星火日下",而疏于盐政。直至康熙二十二年后,战争结束,清廷才有精力整顿各项赋税制度,"恤商裕课"方针才得以执行。因此从明代万历四十五年创行纲运制度经半个世纪多的政局动荡后,终于在康熙年间作为盐政变革的一种制度而落实。

虽然清代盐法承袭明制,但又有所不同。李绍强在《论明清时期的盐政变革》一文中有详解:

> 其一,灶户在清代仍然是一种特殊的户籍,清廷于顺治二年废

前明军、民、匠籍制,惟灶丁为业。灶户不再分配草荡灰场,一部分灶户利用自己的土地进行生产,另一部分则向有大量土地的场商租入,盘撇等则由灶户自己集资或贷于商人铸造成。灶户进行生产所需资金也从商人取得,《请定盐法疏》"凡灶户资本多贷于商人"可证。商人还对灶户的生产进行监视和管制,防止私煎。雍正六年,设立灶长、保甲等制,"以杜灶丁私卖之弊",由此使商业资本对灶户的管制逐步加强。

其二,改官仓为商垣,官府不再收盐,盐场出产悉归商收,据《清盐法志》记载"凡在公垣以外者,即以私盐论罪",以保障盐商收盐的垄断权。

其三,继续实行明代的行盐地界制,以保障盐商对市场的垄断。据《清高宗实录》"杜偷漏引课,越境贩私之弊"。并规定越界出售杖一百,买食者杜六十,其盐入官。但清廷又有融销规定,即将滞销口岸的盐引转运畅销口岸,使资力雄厚的大商人以融引排挤小商人。

其四是盐引主要由盐商垄断。与明代权贵垄断盐引不同,清代贵族很少垄断盐引,大部分盐引由盐商垄断。据《长芦盐法议略》记载:

"长芦、河东、两浙真场以垄断引地为主,长芦引地中,永庆号之引地二十州县,范毓滨之引地二十一州县,王惠民之引地六州县,皆一商任办。"

两淮等地盐引由数十家商人承办。引商将盐引"子孙承为世业",运商购买盐引,清代法定窝价每 1 两,畅销时价格倍增。由于引商完全脱离盐的流通过程,为纯粹寄生阶层,所以其势力不大。而运商垄断了盐的运输,成为盐商中实力最雄厚者。

其五,限制盐价。明代官府对盐价没有正式规定,而清朝为社会安定和引盐畅销,对盐价有所限制,乾隆五年由皇帝批准,每引最贵不得超过银 6 两,但盐商追求暴利,盐价日涨,皇帝偏袒盐商,不予追究,到乾隆五十三年干脆暂停了定价。

　　清朝盐政的变革始于道光十二年,朝廷采纳两江总督兼管两淮盐政陶澍建议,在淮北试行票盐制。李绍强在《论明清时期的盐政变革》一文中指出票盐制要义有四:

　　其要义一是取消盐引和引商对盐引的垄断,实行招贩行票,即"在局纳课,买盐领票,直运赴岸,较商运简捷。不论资本多寡,皆可量力运行,去来自便";二是,裁减赋税和浮费。由每引正课银一两五分,减为每引七钱。更裁去一切浮费,定为每引杂课二钱,经费四钱;三是,在引地的范围内,取消了行盐地界的限制,有了较为自由的盐运;第四,允许"盐枭"充当盐贩。虽然票盐较之纲引有很多改革,但票贩行盐并未完全自由,在纳税、领票、讨价、买盐、运盐、卖盐等环节,都保留了许多繁琐的手续。

　　即便如此,票盐法实行后还是取得了一定效果,如盐价降低,盐销打开,盐税增加。如此进一步打击了引商、运商的垄断地位,这些寄生食利者完全破了产。正如《陶文毅公全集》所言:

　　高堂曲谢,第宅连云,改票后不及十年,高台倾,曲池平,子孙流落有不忍言者。旧日繁华,剩有寒菜一畦,垂杨几树而已。

　　陶澍淮北的票盐制并非他的首创,而仿效了明代嘉靖时期浙江、山东部分地区实行的票法。因时度势,取得了较好效果。于是道光十年淮南也改行票盐法,楚西各岸盐价骤贱,民众为之欢声雷动。道光三十年,两江总督陆建瀛践行票法于淮南。其法为:

　　在扬州设局,收纳课税,照淮北成例,每运盐十引填票一张,以十张为一号,凡商贩请运,自百引起至千引止,并不作为常额,所运盐斤,准在淮盐界内行销,并不指定专岸。①

---

① 《中国盐政史》.

咸丰年间,太平天国农民起义爆发,清政府为佐军费,对百物抽取厘金,推及盐务,称为"盐厘",数额过于正课,国家盐政收入且持盐厘为大宗。同治年间,两江总督曾国藩就作两淮整顿票法,聚多数散商为少数整商。凡行湘、鄂、赣三岸者须以 500 引起票,名为大票;行皖岸者须以 120 引起票,名为小票。在各岸设督销局,凡盐船到岸,由局经理,按先后次序挨轮批销,盐商不得越次抢卖,谓之"整轮"。盐斤售价,由局按销市畅滞酌情核定,盐商不得跌价抢售,谓之"保价"。此法既行,承办票运者尽属大商,小本商贩无力领运。同治五年,两江总督李鸿章改行循环票法于淮南,盐商只要能照章完纳盐厘,即可享有运盐循环之权利,不准新商加入,谓之"循环给运",美其名曰"参纲法于票法之中"①。同治八年,两江总督马新贻在淮北也实行了循环票法。自此票商只要能按官府的要求完纳盐税,即可永远控制盐票,执为世业。盐制虽仍称票法,与纲法已无实质区别。光绪年间,盐政渐趋紊乱,或为赔款,或为练兵,或为要政,或为海防,或为抵补药税,或为兴筑铁路,因事立目,迭行加价。于是盐价日贵,私盐愈甚。清末因清理财政,一度变动盐务官制,图谋整顿盐务,但未采取实际步骤。于是盐政之弊一如既往,官视商为利薮,商视官为护符,因循苟且,抗拒改革,直至覆亡。史称"专商积弊与清代相终始"②。

诚然,历史上的各种盐政均有其时代背景,各种盐法也有其利弊。行不善者会产生垄断,例如征税制有豪强擅利、小民蒙害之苦,专卖制则有强行摊卖(官专卖)或专商占据引岸(商专卖)之弊。行善者,则扬长避短,收效最大,例如刘晏的就场专卖,既重视官收官运,又重视商运商销,政府和市场之间的作用发挥到了极致,同时两者也更为和谐。这对于当下中国把市场和政府的优势都充分发挥出来,新常态下保持经济持续健康发展有一定的启示作用。

---

① 《清史稿》卷一百二十三《食货志四》.
② 田秋野,周维亮著:《中华盐业史》,1979.

第二节　盐官史

伴随着政权的更替和国家的兴衰,中华文明已经走过了上下五千年。国家制度随其政权的形成而产生,又随着政权更迭而发展变化,日趋完善。国家制度中官制体系与职官称谓,应时更迭,纷繁复杂。盐官在中国古代庞大的官制体系中是属于后起的一个特殊的序列。经历从秦汉以降的近千年沿革,历代政府在对盐官的选、用、升、评、惩等方面逐渐完善,形成了完备的官吏制度。官制体系与职官称谓也随着盐政的不同而不断演化着。本节根据历史史料和当代考古资料,对历代盐官制度进行了较为全面的论列。

一、先秦盐官

在《甲骨文合集》第 5596 片中提及"卤小臣其有邑",意思是商王问卜:卤小臣可不可以有一座封邑? 说明商代此时已经有监治盐业的盐官。商代盐卤是流通在贵族上层之间珍贵和神圣性的物品,鉴于盐之特殊地位,"卤小臣"地位也必然不一般,因此其监治盐业的盐官在当时也是比较高级的职务。周效商法,复行盐"贡"之制,其中,"九贡"为"诸侯邦国岁之常贡"。据《周官》记载:"以九职任万民","九职"指:三农、园圃、虞衡、薮牧、百工、商贾、嫔妇、臣妾、闲民。那么如何监治盐贡和盐用呢? 实际上,周朝的中央政权的组织是以冢宰为首的天地四时六官制度,诸侯国的地方政权组织基本为国野制,俗称"天官冢宰、地官司徒",即由冢宰、司徒监治盐贡。另《周礼》中有"盐人"职掌的记载,但盐人不是监治盐贡的官吏,只是执掌各类盐来供应各种事的所需之用。只让盐的使用合乎礼法,但不管盐的贡纳之用。至春秋战国时期,盐已成为关市贸易的一种重要商品,盐政监治实际施行盐专卖制或征税制,因此有的国家设盐官,专司其事,如《管子·海王》里载有"铁官""盐官"之数。秦族地区边陲,盐政有专门任职管理山泽的虞、衡等官。

二、秦朝盐官

《华阳国志·蜀志》明确记载秦惠文王二十七年:"成都县本治赤里街","置盐铁市官并长丞"。这说明此时蓉城已有"市"来销售盐铁,并已经设置盐官监治。至秦昭王时期,盐政为民营征税制,据《睡虎地秦墓竹简·秦律杂抄》记载:盐务由少府监治。秦王扫六合,结束了天下割据的局面,建立起中国第一个大一统的中央集权国家,山林泽川均为国家所有,盐资源也在其列,据《汉书·食货志》曰:秦与汉初"法使天下公得顾租铸铜锡为钱"。即让民间来冶铸铜锡等金属,国家得取雇庸之值。明文上说的是铸铜业,不过同样也指盐铁业,因此这一时期实际施行盐业民包政策。中央由少府主管山海资源,地方出产盐的郡县建立盐官,《史记·太史公自序》曰:"(司马)蕲孙昌,昌为秦主铁盐官,当始皇之时。"以及《史记·平准书》载:"而山川园池市井租税之入,自天子以至封君汤沐邑,都各为私奉养焉,不领于天下之经费。"均可证。

三、汉朝盐官

1. 盐官的职能责任

正式的盐官,始见于西汉初期,"举行天下盐铁,……除故盐铁家富者为吏"可证①。又《后汉书·百官志》:

> 其郡有盐官、铁官,……随事广狭置令、长及丞。

此也可判定汉初初置盐官的大概情形。汉武帝之前,盐铁赋税收均入为皇室私有,自武帝时创立盐法,行专卖制,改隶属大农,特设大农领盐铁事即治粟内史,主管国家田租和各种钱物的收支,如今天的财政部部长一职。大农之下有两丞,一个掌管盐事,一个掌管铁事,盐与铁

---

① 《史记》卷三十《平准书》.

均为独立监治机构,同为大农所属。汉武帝以东郭咸阳、孔瑾为大农丞,监治盐铁事务,其中东郭咸阳监治盐政,孔瑾监治铁务。同时汉武帝也命令孔、咸二人在地方设置铁官、盐官,官员之选主要是过去经营盐铁业的巨贾。《史记》卷一二九:"开关梁,驰山泽之禁,……富商大贾周流天下",足见盐利之丰、巨商财力之炽。国内所普遍设置的铁官、盐官,正是国家根据该状况下所做的应对举措。当然使山海之利重归国有,也是西汉政府设置盐官的重要原因之一。

2. 盐官的分布

《后汉书·地理志》:"郡县出盐多者置盐官,主盐税。"说明主要是在产盐区设盐官。汉成帝时,郡国诸县盐官有 37 所,其中鲁(11)、晋(3)、冀(3)、蜀(3)、陇(3)、蒙(3)、渝(2)、陕(2)、粤(2)、辽(1)、津(1)、滇(1)、浙(1)、宁(1),大致的范围是由东北至辽、向西到陇、向西南到滇,基本覆盖了大汉疆域,而又以鲁、浙、粤沿海一线为核心,总计十四所,占总数的百分之四十;其次是陕陇蒙地区的九所,占总数四分之一。如此的盐官布局形成主要取决于其资源分布形式①。

表 1 《汉志》所载郡国诸县盐官表②

《汉志》		今地名
郡王国	县侯国	
河东郡	安邑,有盐官	今山西夏县西北
太原郡	晋阳,有盐官	今山西太原西南
南郡	巫,有盐官	今重庆巫山
巨鹿郡	堂阳,有盐官	今河北新河北
勃海郡	章武,有盐官	今河北黄骅
千乘郡	千乘,有盐官	今山东广饶高苑
北海郡	都昌,有盐官	今山东昌邑
	寿光,有盐官	今山东东北
	曲成,有盐官	今山东招远西北
	东牟,有盐官	今山东烟台东南

---

① 《汉志》.
② 孔祥军:"西汉盐官制度考察",《江苏商论》,2008(09):171—173.

《汉志》		今地名
郡王国	县侯国	
东莱郡	㤥,有盐官	今山东龙口东
	昌阳,有盐官	今山东文登南
	当利,有盐官	今山东莱州
	海曲,有盐官	今山东日照西南
琅邪郡	计斤,有盐官	今山东胶州
	长广,有盐官	今山东莱阳东
会稽郡	海盐,有盐官	今浙江平湖
蜀郡	临邛,有盐官	今四川邛崃
犍为郡	南安,有盐官	今四川乐山
益州郡	连然,有盐官	今云南安宁
巴郡	朐忍,有盐官	今重庆云阳西南
陇西郡	临挑,有盐官	今甘肃临挑
	西,有盐官	今甘肃天水西
安定郡	三水,有盐官	今宁夏回族自治区同心东
北地郡	弋居,有盐官	今甘肃宁县东南
上郡	独乐,有盐官	今陕西米脂西北
	龟兹,有盐官	今陕西榆林北
西河郡	富昌,有盐官	今内蒙古自治区准格尔旗东
朔方郡	沃野,有盐官	今内蒙古自治区杭锦后旗南
五原郡	成宜,有盐官	今内蒙古乌拉特前旗东
雁门郡	楼烦,有盐官	今山西代县
渔阳郡	泉州,有盐官	今天津西北
辽西郡	海阳,有盐官	今河北滦南西
辽东郡	平郭,有盐官	今辽宁盖州西南
南海郡	番禺,有盐官	今广东广州
苍梧郡	高要,有盐官	今广东肇庆
越巂郡	邛都县,有盐官	今四川西昌西南

(三) 汉盐官的历史沿革

汉代自形成盐官制度后,因不同时期的盐政而致其略有差别。如:

"元封元年,桑弘羊请求在郡国和县,往置均输盐铁官,……天子以为然,许之。"

说明郡县已经设置盐官以负责盐的生产于税赋,而此时又设置负责监治盐铁运输的均输盐铁官。国学大师钱穆认为汉代官员职能责任的增加是主要由政府采办引发的:

内廷外朝,只要是有所需,……今设均输官,尽笼天下货物,则王室政府公私所需,都取之均属,无烦各自市而相争。

由于皇室与府衙之间采购盐品存在争购,致使盐价波动很大。所以盐官在职能上又增加了向中央大司农输送盐品的责任,以平衡市场盐品供需,如一旦出现部分地区盐价剧烈波动,大司农便可及时应对,调节供需以消物价的畸变,稳定社会秩序。并把商贾利用地区差价所获的财利上缴国库,从而既打击投机倒把又扩大了财政收入。这一政策为武帝时期的鼎盛无疑是有着莫大的贡献,国家出现下面描述的盛景:

于是天子北至朔方,东到太山,巡海上,并北边以归。所过赏赐,用帛百余万匹,钱金以巨万计,都取足大农。①

不过,由于汉武帝开疆拓土的进展太过快速,致使汉王朝的经济不能支持政治上的战略,王朝的骤衰使得统治层有了很大分歧。终于在汉昭帝时出现了一次盐铁辩论会议,当时所谓的贤良文学们对盐铁官营制度发起了抨击,虽然最终没能颠覆该项制度,但也震动了该制度的统治地位。元帝即位后,随即召开了盐铁会议:

在位诸儒多言盐铁官及北假田、常平仓可罢,毋与民争利,它为文学贤良观点的后继,而元帝由此免除该制。……初元五年,夏四月,有星孛于参,诏曰:罢角抵、上林宫馆希御幸者、齐三服官、北假田官、盐铁

---

① 《史记》卷三十《平准书》.

官、常平仓。①

　　说明汉元帝时尝罢盐铁官,但诸儒们终究是纸上谈兵,盐官制度罢了三年后,因盐铁官、博士弟子员,以用度不足,遂永光三年冬就不得不重新恢复。

　　终自武帝开始到西汉末年因专卖制未改而使得盐官制度没有过大的改变,一直到王莽篡汉,豪杰蜂起,盐铁制度也处于困境。西汉主专卖制,故采中央集权,东汉主征税制,故采地方分治制,政策不同,官制也因之迥异。直到章帝初期时才略加复起。

　　　　建初六年,(郑众)代邓彪为大司农。时肃宗议复盐铁官,
　　(郑)众谏以为不可,诏数切责,至被奏劾,(郑)众执之不疑,帝
　　不从。②

　　也在这时候,朝廷对盐官制度做出了部分调剂:

　　　　郡国盐官、铁官本属司农,中兴皆属郡县。又有廪牺令,六百
　　石,掌祭祀牺牲雁鹜之属。及雒阳市长、荥阳敖仓官,中兴皆属河
　　南尹。余均输等皆省。③

　　如此盐官于司农就没有了隶属关系,而是分归地方,所以均输之职也就不存在了。往后盐官制度还有一变化,据《后汉书》卷四《和帝纪》记载:

　　　　章和二年夏四月丙寅,诏曰:先帝即位,务休力役,然尤深思远
　　虑,安不忘危,探观旧典,复收盐铁……而吏多不良,动失其便,以
　　违上意。先帝恨之,故遗戒郡国罢盐铁之禁,纵民煮铸,入税县官
　　(即天子)如故事。

---

① 《汉书》卷二十四.
② 《后汉书》卷三十六《郑众传》.
③ 《后汉书·百官志》.

说是和帝章和二年后，罢黜盐铁禁令，私盐被合法化，盐官管理职能也随之失去，只进行简单的赋税职能，盐官系统也随之改变。不过由于文献失传，因此不易考证。

四、三国、两晋、南北朝时期盐官

建安时，魏武擅政。卫觊与荀彧上书给曹操曰：

> "夫盐，国之大宝也。自乱以来放散，宜如旧置使者监卖，以其直益市犁牛，若有归民，以供给之。"①

魏武帝曹操从之，由此专卖制开始复兴。从《魏志》了解到当时设置了使者以监察管理盐官，并且监卖盐的官员，在盐官之上。三国时期的各国盐政，都倾向于专卖，其官制也大体相同。曹魏政权设有司盐尉，司盐监丞，蜀有盐府校尉，吴设司海盐校尉。都尉校尉官级较高，监丞官级较低。监治盐务的官员，魏始设置，蜀吴都仿魏制，据《蜀志·吕父传》和《蜀志·王连传》可知：

> 先主定益州，置盐府校尉，杜祺刘干等并为典曹都尉。

连为司盐校尉，较盐铁之利，利入甚多，有裨国用，于是简取良才，以为官属。

晋承魏后，设置了主管国家财政税收的官吏度支尚书，主国计。据《晋书·杜预传》记载：

> 预拜度支尚书，乃较盐运，制调课，内以利国，外以救边。

---

① 《三国志·魏书·王卫二刘傅传》.

可见，当时是盐务隶于度支尚书管理，其官职类似于今天的财政部部长。地方官，有司盐都尉，司盐监丞，均也沿袭了魏旧。这项官吏制度对于后世也产生了影响，例如唐朝时的中央朝廷的盐务，就隶属于尚书省管理，即源于此。到了西晋时代，也主行专卖制也，北魏行征税，于河东盐池，遂立监司以收税，称之为司盐监都尉。

五、隋唐时期盐官

1. 隋唐盐官的历史沿革

及至隋代，重新设置了总监、副监、监丞等员，来监治东西南北盐池，各区也各置副监、丞以及盐事，由总监统领。隋至初唐，解除盐禁，行无税，盐官时置时罢。至开元十年，唐玄宗开元十年，恢复盐法，苛盐税，由郡县监治，不专设盐目。在安史之乱爆发后，国库亏空。肃宗乾元元年，为了填补军国之用，在户部特别安置盐铁使，并命时任度支郎中的第五琦任之。因此大改盐法，安置监院官吏收缴盐品。唐代的专门任职盐官就此开设。

肃宗上元元年，元载继为盐铁使，在国内产盐区安置监司。宝应元年，任命刘晏为盐铁使并兼管担任诸道水陆转运使。刘晏认为从盐官吏冗员难免困扰地方州县行政，遂修改第五琦盐法，只在产盐区置盐官，其职能是监制生产、收榷亭户盐货、出粜商人。并于江浙盐区设置四场十监，监下设亭，亭乃为盐产事务中管理的最基层单位，例如通州盐区的掘港亭、西亭等，其官吏职能是打点亭户和产盐、税盐的事宜。为针对私自贩盐，又安置巡察院，在淮南盐区有扬州（称扬子）、白沙（今仪征）两巡院，扬子巡院又是东南盐务的重心。巡院有知院官，又叫留后，其职责为监治盐政。晚唐又于扬子院辖区增设分院。

2. 隋唐盐官的选授升评

至于在官员选拔考核方面，唐朝也没建立起严格的制度。据《新唐书·选举志上》可知：

吏部甲令，虽曰度德居任，量才授职，计劳升叙，然考校之法，皆在书判簿历、言辞俯仰之间。

可见，虽然有选拔考核办法，但是由于当时官吏腐败，制度没有正常行使奖惩职能。另因为唐中后期才行盐法，所以也没有专门的史料对盐官选授升评方面的记载。但从新旧《唐书》食货志和刘晏等人的传记，以推知大概。到了唐代后期盐铁使主管盐、铁、茶专卖及征税，为财经要职，常以重臣领使，或由宰相兼任，其人员大多由皇帝任免或群臣举荐。巡院官掌一区盐政，官阶与州牧相当；监场官掌管场务，官阶约是县令级别；其人或由吏部铨选（由吏、兵部分掌文武官员选任），或由盐铁使举荐。历史上记载刘晏善于选举盐吏，被其荐举之人中不乏一些人在刘晏死后相继执掌国家财政，同时对院监官吏约束到位，属吏在外也十分遵从其令。《新唐书·刘晏传》有证：

> 凡所任使，多收后进有干能者。其所总领，务乎急促，趋利者化之，遂以成风。当时权势，或以亲戚为托，晏亦应之，俸给之多少，命官之迟速，必如其志，然未尝得亲职事。其所领要务，必一时之选，故晏没后二十余年，韩洄、元琇、裴腆、包佶、卢征、李衡继掌财赋，皆晏故吏。其部吏居数千里之外，奉教令如在目前，虽寝兴宴语，而无欺绐，四方动静，莫不先知，事有可贺者，必先上章奏。
>
> 晏累年已来，事缺名毁，圣慈含育，特赐生全。月余家居，遽即临遣，恩荣感切，思殒百身。见一水不通，愿荷锸而先往；见一粒不运，愿负米而先趋。焦心苦形，期报明主，丹诚未克，漕引多虞，屏营中流，掩泣献状。自此每岁运米数十万石以济关中。

这里记载的是有一年京城长安食盐价格暴涨，朝廷命从淮南取盐三万斛，以救关中之急。命令下达后，仅用了四十天时间，就从扬州将盐如数运到长安，当时人以为奇事，吏民叹为神人，说明刘晏的盐官系统非常高效。

另《新唐书·刘晏传》也记载了身为盐铁使的刘晏的功绩：

晏代其任,法益精密,官无遗利。初,岁入钱六十万贯,季年所入逾十倍,而人无厌苦。大历末,通计一岁征赋所入总一千二百万贯,而盐利且过半。

说明刘晏初任盐铁使时全国盐利收入仅为缗钱 60 万,至其卸任时达到 600 万,10 余年间盐利增至 10 倍。于此可知唐代盐官监治制度之一斑。在刘晏死后的二十余年,韩洄、元琇、裴腼、包佶、卢征、李若初、相继掌财政,都是有名于一时的盐官。自建中年间,遂馥盐枭黄巢之乱,及至唐朝末年,朱梁篡权,循唐之旧,盐官制度上没有什么变化。后唐同光间,孔谦为租庸使,始议改变盐制,于州府县镇,各置榷场院,乡村各处,允许通商,两法并行,实以官卖为主,于是罢巡院官,置转运使,让盐铁度支户部,并归租庸使管辖。长兴元年,以许州节度使张延朗,充三司使,三司置使。到了后晋天福七年,又敕诸道道属州县应有盐务,并令司差人主管料理。周广顺初年,因将榷盐事宜,改由州县办理,故以解州刺史张崇训,兼充两池榷盐使。

总之,自唐中期到后周以来,盐务政权大多归属中央,地方仅仅是就场官收,因此盐官吏制度也变化不大。

六、宋时期盐官

1. 宋朝盐官的历史沿革

宋承唐代五代之后,实际施行"折中法",中央一级的监治机构分盐铁、度支、户部为三司,设置三司使一人,总领其事,所有财政事务,都归于三司。而盐务一项,尤为重要,故盐铁司级别在度支,户部之上。三司成为仅次于中书、枢密院的重要机构,号称计省,三司的长官三司使被称为计相,地位略低于参知政事,其职与今天的财政部部长相同,由此可见宋代的盐务是附属于中央财政最高机关,类似西汉制度。

宋朝建立之初,沿用了五代时的盐法,实际施行专卖制,称之为官运官销。为了监治运销,因此中央一级官府特设发运使,负责运盐公事,转输各路诸仓,给地方州县销卖食盐,同时也监察着盐的销卖。三司使居中,发运使居外,发运使须秉承三司使的政令,指挥各路地方盐官,好比现在的直辖市的官员。乾德以后,在各州府道台等地方一级官府均安置了转运使,并设置副使判官,按照据事务之繁简来定为设官的标准,或使副并置,或置使不置副,或置副不置使,或为同转运使,两省以上即为都转运使。地方一级的监治机关则有转运司、提举茶盐司、提刑司。转运司为主要盐务权力机构。后来,转运司盐务权力又被提举茶盐司和提刑司分权。提举茶盐司掌管钞引禁私,察劾违法。提刑司掌管刑狱诉讼兼监察吏治。地方州郡则普遍设有通判,负责到主管的仓场去催促买纳。另外还设有巡捕官,负责巡检私盐、捕捉盗寇。支盐官,负责产盐场买纳、支发。买纳官,招诱存恤亭户,广行煎炼。催盐官,监治亭户及备丁小火煎办盐课,中买入官。县设知县、令佐。正如《宋史》所谓:

"宋自削平诸国,天下盐利都归县官。"

雍熙间,在中央安置了榷货务,隶属三司监治。榷货务是宋代重要的财政机构,不但对茶、盐、矾等物施以专卖职能,还是宋代最主要的金融机构之一,和今天的证券公司有许多相似之处。榷货务的金融职能很多,业务范围相当广泛,包括现金汇兑、钱币兑换回收、证券。贾人持"交引""券""见钱钞""关子"等信用券榷货务按照券价兑付这些信用证券,或者付钱给解池,解池给以商人盐货。

庆历末,范祥建议,创行钞盐,即"官鬻通商"的官盐,于是任命其为陕西提点刑狱,兼制解盐司。此时,盐铁官分掌七案,其一为兵案,其二为胄案,其三为商税案,四为都盐案,五为茶案,六为铁案,七为设案,其中各案的税收以及官府所卖的货品都由盐铁司管辖。宋朝时的盐、茶与铁,都是官府专卖,而上述大宗商品盐最是重要的,茶次之,铁又次之,所以宋朝的官制茶盐并称,正如汉唐时以盐与铁并称者一样。

元丰间,改变了官制,取缔了三司,归由户部监治,户部判部事有三个部门:度支、金部、仓部。财赋的统计和支调由度支负责,度支下设八案,分别为赏给案、钱帛案、粮料案、常平案、发运案、骑案、斛斗案、百官

案,掌管全国财赋之数。盐务政令,由金部主管,属于左曹课利案。至于仓部,据《宋史·职官志》记载:

> 仓部郎中员外郎,参掌国之仓庾储积,及其给受之事。分案六:曰仓场,曰上供,曰粜籴,曰给纳,曰知杂,曰开折。

全国的茶盐税入盈亏,及产销数目,盐务稽核,均归于户部勾稽考核。太府寺负责发卖盐的钞引,负责盐政事务的盐铁一司,也隶属于中央户部,类似今天的财政部。

熙宁间,始置提茶盐司,卢秉提点两浙刑狱,专门负责提举盐事。崇宁间蔡京改钞为引,并淮浙京东河北诸路推行。政和元年,诏江淮荆浙六路,共置提举一员,于是全国都置,宣和三年诏京东、河北路,添置提举一员,自从设置提举茶盐司后,茶盐务在地方就有了专门的监治机构。

建炎十五年,确立提茶盐司,基本职能是收管茶盐之利以丰盈国库。同时它还有茶盐官考核、监察违法行为及弹劾或荐举地方官员等职能。其从属官员则有勾当公事等职务,一路一员。南宋时,勾当公事正常情况下二人,分管常平、茶盐,所以称"常平干"和"茶盐干"。茶盐司还设主管文字一员,都吏、书吏等,还有职级、手分、人吏、贴司、军曲等吏员,人数一二十人。该司建立五年间,茶利高达一千万缗,成为当时财政收入的主要来源。

2. 宋朝盐官选授升评

宋代官制多变,官吏的选拔、考核升迁之法甚多。太祖时,设役使派遣院,其职能是委派朝官赴地方任职。太宗时设审官院,职能是掌朝官考课升迁。还设考课院,职能是掌幕职州县官考课升迁,称为"磨勘"[1]。又规定官员资秩升迁阶序作为官员升迁的依据。真宗时,规定磨勘期限,文武官任职满 3 年,给予磨勘迁秩。神宗时期改革官制,仿唐代官制,官吏都由吏部铨选,皇帝任命。根据《宋史》及《宋会要辑稿》

---

① 《续资治通鉴》卷二十二《宋纪》第二十二.

所述盐场监当官为初等官，品阶与知州类似，正常情况下监当官有专衔。监当官是士人踏入仕途的开始。监当官有任期年额，以任期内每年盐货产销数额比较足额的增减数额进行考课。大观元年，出台盐官考课法，考列最等者，有减磨勘年限、升堂除名次、减举主人数等激励政策，殿等者也有具体处罚规定。监当官归州官及转运司或提举茶盐司双重领导，监当官任期已满时，须置台账簿册以审计盈亏。正常情况下按照循"监当—知县—通判—知州"的次序升迁。

综来说之，宋朝时的盐官，或是转运使或提邢官，又或漕司提邢或茶司兼任，变改甚多。只有在范祥钞法创行时，在解池安置了盐解司，并于京师设置都盐院，建仓储盐，委派官员主事，此举是仿照刘晏常平仓盐之意。而场务官大都仍照着唐朝时的官制，规模大的曰监，中者曰场，小者曰务。如泰州、通州、楚州设有三监，都是以监来管辖场。而海州则置三场，并没有设监。沧州置三务。其中制造海盐的人曰亭户，制井盐者曰井户，又是谓之灶户，制碱盐者曰锴户。户下面还有盐丁，按丁办制课盐。同时还设有买纳催煎运盐监仓等官来监治盐户，收纳盐斤。另外还设有批引掣验官，来管理商人支盐，受于场者，管秤盘囊等盐务。

七、元朝时期盐官

盐官的设置是元代盐政的重要内容之一。元统治者对全国较大的几个盐运司的官员进行了统一设置，并罢去一些规模较小盐司的官员。随着盐务监治制度（盐运司—分司—盐场）的建立，统治者整合金代盐官制度和元初转运司制度，建立了盐官制度，并推广至两淮、两浙及福建盐区。下面逐一来论列一下元代盐官衍化。

蒙古国时期的盐产主要是河间、山东海盐以及解州池盐。可据《越支场重立盐场碑记》刻载：

国初草创，盐政未立，任土之贡，一付京官。

说明当时并没有完善的盐官系统。成吉思汗曾任命刘敏为安抚

使,据《元史·刘敏传》记载:

> 癸未,授安抚使,便宜行事、兼燕京路征收税课、漕运、盐场、僧道、司天等事。

此时刘敏并非纯正的盐官,盐场税课仅仅是职能的一部分。窝阔台时期,耶律楚材立十路课税所,盐课由课税所管,首官称盐使。蒙太宗二年,开始在平阳府设课税所,命姚行简修盐池,程思廉为沿边监榷规运使、解州盐使。蒙古太宗三年,肇置征收课税所河北东西道,辟荣祐为沧盐办课官。世祖中统元年,改立宣抚司提领沧清深盐使所①。说明此时宣抚司监治盐运司,河间盐运司改称宣抚司提领沧清深盐使所,首官仍称盐使。当时没有统一的盐官选任监治机制,盐官多是上级任命。元初,北方盐官的设置与当时财政机构的设置相关联。世祖二年,设置随路转运司以管各地盐务。转运司设有使、同知和副使。随路转运司的首官称使,次级官称同知使事和副使。世祖四年,改沧清深盐提领所为转运司,至元十二年内,改立河间、山东转运司,专掌盐务。

此时北方盐产具体是由细化的盐司来完成,如河间是以清、沧盐司主管,其官员的设置仍为盐使和副使。南方盐官开始是延续宋代的制度,所任用人员也多是南宋时的官吏。在产盐量小的区域,则按照宋朝旧例安置提举司。福建在元世祖至元二十九年,立提举司,元大德十年,又立都提举司官。对于主要盐产区,设置了相同的盐运司官员,均设有使二员,正三品;同知一员,正四品;副使一员,正五品;运判二员,正六品;经历一员,从七品;知事一员,从八品;照磨一员,从九品。元朝将北方盐官制复制到南方,全国一致,这已延续了有十年之久。

元朝统治者根据盐产的地域特点,盐官的设置也不尽相同。由于两浙多山地,私盐易发,故增设判官一名以禁私盐。元代北方各盐场设管勾来监治盐场。世祖至元三十一年,两浙盐场管勾司成立。成宗元贞元年,改场为司,置司令、司丞、管勾各一员,从七品,以重其事。自此

---

① 《元史》卷九十四.

在盐场官员中,司令为从七品,司丞从八品,管勾从九品。两浙改管勾为司令、废掉了盐运司下辖的盐使司,从而使盐场官员直接接受盐运司官员的领导,这些都与元代的盐务改革有着密不可分的联系。元武宗至大二年,管勾司改为司令司。元代负责盐务的官员还有仓官监支纳、大使,但盐运司官和盐场官两部分构成了盐官制度的核心内容。

总之,有元一朝的盐官衍化历程正如张国旺在《元代统一局面下盐官制度的重构》一文总结时所述:

> 元早期北方盐运司官是金代盐使司的变种,南方则照着南宋旧制。元世祖至元二十三年至二十四年,南北方的盐官基本形成一致。元成宗元贞元年,两浙盐场监治机构由管勾司改称司令司,盐场官员由管勾改称司令、司丞和管勾。河间、山东盐运司的盐官设置成为各大盐区盐官设置参考依据。元代盐官制度的安置源于"盐运司—分司—盐场"的监治制度。基于此项制度,从而使得盐运司官员与盐场官的职能责任分工更为明确清晰,盐运司官专一负责恢办盐课、整治盐法、科断私盐案件、申报盐事和参与制定盐法等事务,盐运司各官员之间又有详细分工。盐场官则负责组织灶户火丁生产,催督趋办、教化亭户、巡禁私盐、审理词讼和盐产的征收、储放与出纳等项事务。

八、明朝时期盐官

明承元制,元朝户部总领盐政,中书省指挥盐司。而到了明朝废除了中书省改内阁,内阁是全国监治盐务的最高机构,其下属的山东清吏司管全国的盐课衙门。布政使监治地方政务,故明朝盐务行政之权下放地方。实际负责盐的产、运、销与盐课的则是各盐产区的都转运盐使司与盐课提举司。

1. 明朝监察御史制度的构建

明朝由于大多数皇帝不勤于政务,外戚和宦官干政,从而导致官场贪污腐败,特别是盐政贪污腐败尤深。统治者为治理腐败,监察御史制度登上历史舞台。立国之前,朱元璋便设官置衙监治盐法,至洪武二年,两淮、两浙、长芦、山东、河东等盐区均已安置都转运盐使司,负责监治一个盐区的盐业产、销事务,有专建之官衙和庞大的僚属。为取有稳定而丰厚的盐利,朝廷实行了盐专卖制,制定了打击私盐的律例,但却无任何专门针对运司的监察管理机构,从而运司之权泛滥,缺少制衡。另有一些皇亲国戚、王公贵族、宦官势力和民间力量参与其间,他们贩私盐以取高利。遂巡查盐务御史制度应运而生。洪武四年,"为核实盐课征收情况,分遣监察御史往河南、北平、山东等府州核实盐课并仓库逋负之数。"[①]

但此时的监察御史职权并不直接涉及盐政。永乐十三年,都察院监察御史奉命巡查盐务开始以巡查盐务御史的身份介入盐政,《畿辅迹志》卷三十六《盐政》和《明宣宗实录》卷六十七分别记载:

> 巡盐,两淮一人,两浙一人,长芦一人,河东一人。
> 巡盐御史,两淮、两浙、长芦、河东各一人。
> 宣德年间,私盐严重,朱瞻基屡派御史巡查盐务。如宣德四年,命御史于谦率锦衣官捕长芦一带马、船夹带私盐者。宣德五年,遣锦衣卫官及监察御史巡捕长芦盐区"鬻私盐者"。宣德十年,朝廷又差监察御史一员往扬州府通州狼山镇守,提督军卫、巡司稽捕私贩,并命御史准巡按例,岁一更代。

正统年间,盐政积累弊病日甚,据《明英宗实录》卷二十二载:

> 癸卯命行在刑部右侍郎何文渊、行在户部左侍郎王佐、都察院右副都御史朱与言提督两淮、长芦、两浙盐课。

说明当时与他们随行的还有监察御史、中官。正统三年,以"两淮、

---

① 《明史》卷七十三《职官二》.

两浙、长芦盐法已清"朝廷遂召"整理盐法内、外官员还京……盐场事务悉令盐运司监治"。但随即又往两淮、长芦、两浙三地差使御史巡查盐务,并"令御史视鹾,按照巡按例,岁更代以为常"。自此以后,随着御史巡察盐政事务成为常态后,巡盐御史官制也正式成形。另据《明英宗实录》卷四十记载:"州县官员巡盐已有监察御史,凡有规避律具明宪,又何用内臣并锦衣卫官校,以瘠民膏血而骇民耳目乎,上嘉纳之"。可以看出,明英宗朱祁镇调回原本与御史一起巡查盐务的内臣并锦衣卫官校,自此巡盐御史获得独立的执法权。

　　土木之变后,伴随着边疆告急,军费开支增加,财政压力大增。景泰时期为稳定盐利,而不得已调整盐业监治制度,景泰三年,朱祁钰"罢两淮并长芦巡查盐务御史",其管辖事务"令巡抚、巡按官兼管担任管理之"①。其中两淮巡盐交由巡抚王竑监治,和负责巡捕私盐的巡查盐务御史相比,其权力要大得多。王竑之责在于兼管担任管理两淮盐课、督理盐业生产、巡捕私盐、监察两淮运司官吏等等。但由于各地督抚本已多职并举,加之兼管盐务,且要求其"时常巡历行盐地方,提督缉捕私贩之徒",这确实对巡抚而言实在无法兼顾。于是,朝廷不得已作出调整,令巡河御史兼管担任管理盐法,令巡抚王竑"通行提督"。由此可见,巡查盐务御史在盐政监治方面扮演着重要角色,明廷虽用巡河御史兼管以代巡盐御史,但因盐政巡察之重要又不得不设官监治。朝廷"以各处已有巡抚、镇守等官兼管担任"作为理由,一度免去了两浙等地的巡查盐务御史②。到景泰四年,洪英等治理河道长达七年后回京,朝廷复命御史巡察。同年,两淮盐区也恢复了巡盐御史官制。其官制然于河东盐区本无巡盐官职,及至天顺四年,河东私盐日盛,明廷命山西按察司分巡河东道官员兼管担任管理陕西河东运司盐法。成化九年,差监察御史一员于河东运司巡查盐务。至此,朝廷向四地差使巡查盐务御史的制度基本定型。其中,两淮巡查盐务御史又称淮扬巡查盐务御史,河东巡查盐务御史因治所在山西,故又称山西巡查盐务御史。成化十七

① 《明英宗实录》卷二十八.
② 《明英宗实录》卷二百三十一.

年,户部奏:

> 长芦运司官盐为雨水所淹,及屡为人所盗,共一十三万七千五
> 百六十余引,其盐折大布三千九百七十四也都被灾无征。已经巡
> 查盐务御史林符勘实,俱合免追。从之。①

说明此时巡查盐务御史已有了对盐场的勘灾权。至弘治二年,"孝
宗令各处巡查盐务御史稽察各年盐课,对于不完者,官攒、分司官停俸,
三年不完者递降一级,运使六年不完者,如之"②。而此时巡盐御史又
增加了一个考核之权,职权的加大使得其更多地干涉盐政事务。如,正
德五年,两淮巡盐御史刘绎上疏:

> "一曰处置未掣引盐,二曰计处食盐供应,三曰责任地方官司,
> 四曰禁革盐徒源流,五曰斟酌该年引目。"②

随即也得以恩准。说明只要巡盐御史认为有必要,就能干涉盐政。
及至嘉靖初年,权利没有界限的巡盐御史已是盐政的最高监治者。到
了嘉靖七年,"巡查盐务御史王舜耕以灶丁贫困,令运司将纸米价银并
粟谷量行给散,全活甚伙。"③
由此便知,在明朝中后期运司官员已经沦落成为巡查盐务御史的
"奴仆",听其指令。《两淮盐法志》有关于巡盐御史职权的概括:

> 上命监察御史一人,秩正七品。御史之职掌察两淮盐策之政
> 令,监临司使,平惠商灶。只要是盗煮私鬻阻坏盐法者,则督令官
> 军捕扑之。盐粮发运,自充、济距留都河渠兼管担任管理之,无使
> 壅滞。诸司之事有所兴革,咸请于御史审允之而后行,御史乃视其
> 成,校其功状殿最、参其德行、量其材艺而荐纠之,以奉行其制

---

① 《明宪宗实录》卷二百一十九.
② 《两淮盐法志》卷十七《盐法五事》.
③ 《济南府志》.

命焉。

由此可知，当时巡盐御史职权包括监治河道、监察考核运司官员、巡捕私盐、完善盐务监治等涵盖盐务监治的所有方面。而巡盐御史之前的稽查私盐任务，已变成"督令官军捕扑之"，成为巡盐御史的次要职能责任。据《续文献通考》卷九七《职官考·转运使》记载，此时的运使只是"谨受巡盐御史之政令而申励焉。"

也正因巡查盐务御史实为最高盐业监治者，时人多称其为"盐官"或"盐院"。

万历年间，神宗庸政、懒政、怠政，各地空缺了很多巡盐御史。由于缺少巡盐御史的督，随即各地盐政陷入停滞。时都察院署事詹沂在其上疏中说道：

> 盐课，边饷所急需，而两淮课额又急于长芦。据其稽核，全赖巡按。今巡查盐务御史久缺……督理乏官，课额亏减凡七十余万。九边待哺，将若之何？①

因缺乏巡盐御史的监管，两淮盐课课额亏减白银七十余万两。可见，万历一朝，都转运盐使司已经不能独自完成盐务监治的任务了，巡查盐务御史一旦缺任，盐业系统将不能正常运行，可以说巡盐御史已经成为不可或缺的盐业监管者。

综而述之，正如夏强在《明代的巡盐御史制度》一文总结时指出：

> 明初盐务缺乏监管，由于贪腐造成的盐利锐减，应运而生的巡盐御史被明廷连续赋予更多的权力。随着其权力的扩张，加之朝廷未对其形成长期而稳定的监察管理，从而导致了巡盐御史的权力缺乏制约。在明中叶已经成为各地至高、至关紧要的盐政监治者。总的来说，明代巡盐御史的权力经历了一个发展、扩张、稳

---

① 《明神宗实录》卷四百三十五.

的过程,绝对权力必生贪腐,在吏治不清的状况下,巡盐御史也迈上了运司贪腐的老路,并愈演愈烈。

下表为明代历朝公开审定的、涉案金额明确的巡查盐务御史贪墨案件如下:

表2　明代巡查盐务御史贪墨案件统计表①

巡查盐务时间	人物	贪墨数额	史料来源
景泰元年	两浙巡查盐务御史林廷举	受贿白银一百两	《明英宗实录》卷一九八
隆庆二年	两淮巡查盐务御史孙以仁	侵匿盐银千余两	《国朝典汇》卷五四《吏部二十一》
万历末	两淮巡查盐务御史徐缙芳	赃四万四千余两	《国榷》卷八八
崇祯元年	两淮巡查盐务御史张养	侵课四万七千余两	《国榷》卷九六
崇祯五年	两淮巡查盐务御史史壅	盗盐课二十一万两	《国榷》卷九六
崇祯六年	两淮巡查盐务御史高钦舜	私取增杂项银两十五万二千	《嘉禾征献录》卷二四《各道》

2. 明朝盐官的选授升评

明代文官的选授和考升区别于秦汉时期的"上计"制、魏晋时期的九品中正制、隋唐时期"四善""二七最"、宋朝的引对磨勘和元代的计年制,而实行的是考课制度,其形式上包括考满和考察两种制度。所谓考满,即为:

在京六部五品以下官吏和太常司、国子学属官听本衙门正官。察其行能,验其勤惰,定为称职、平常、不称职三个等级,三年一考,九年通考,以凭黜陟;四品以上京官和通政使司、光禄司、翰林院、尚宝司、考功监、给事中、承勅郎、中书舍人、殿廷仪礼司、磨勘司、判禄司、东宫官九年任满,升降由皇帝个人决定,直隶有司首领官

---

① 夏强:"明代的巡盐御史制度",《史学月刊》,2017(08):53—63.

和属官从本司正官考课,任满再由监察御史复考,内外入流和杂职官员九年任满则发给证明赴京,由吏部考课,地方上军职首领官任满由布政司考课,提刑按察司复考。地方的各布政司、按察司、都转运、盐使司首领官、理问所正官、首领官三年秩满,从本司正官所辖上司、按察司考课,如考不称职,还另给由使赴本部复考,府、州县首领官山本衙门正官考课,县官到州,州官根据县官的言行、办事的勤惰情况,开写称职、平常、不称职词语,以凭黜陟,州官到府和府官到布政司与此相同,然后统由按察司复考,地方官三年一考,九年为满,届满时给由赴京,由吏部和监察御史通判,定其去留。①

对考满制度起辅助作用的是考察,据《明会典·吏部十二·朝觐考察》记载:

> 洪武二十九年,始定以辰、戌、丑、未岁为朝觐之期,朝毕吏部会同都察院考察。

至于自上而下的盐官也自然在此制下考升,据《两淮盐法志》记载:

> 国朝建官位事,非贤能弗使。惟兹醝政,边饷攸需。自监临而下,要都出自遴选,受有麻毗之寄。

可见,具有查纠百司官邪、天子耳目风纪之职责的巡盐御史因其为钦差大臣,属皇帝役使派遣,是从朝廷内外进士出身三年考满的官员中考选。运盐使则是从任职满考的知府中升选,因其也为高级官吏,多由三品以上官员保荐,皇帝任免。分司判官则是从贡生、监生出身的官员中升任或改授。至于盐课大使,属于未人流杂职,是从吏员出身的低级差役中选派。判官以下盐务官吏都属常选官,其选授、迁除一切由吏部

---

① 《明太祖实录》.

决定后奏请许可。

另据张荣生在《古代淮南盐区的盐官制度》一文中也对明朝时期对官吏的"考满"与"考察"这种考绩制度作了十分细致的论述：

> 考满论官员的历俸资格，以称职、平常、不称职为上中下三级。考满的办法是：三年给由（凭证）曰初考，六年曰再考（次考），九年曰通考，遵照职掌事例考核升降。考满的原则是：评称上级者升赏，中级者复职，下级者降职，如有贪赃枉法者付法司惩办，苴者削职为民。巡查盐务御史为皇帝的耳目风纪之司，任期满后对其官职升降都由皇帝裁决。各地方运司各属官由布政司考核，并送按察司复考，凡五品以上官员任期已到后的提拔贬谪都由皇帝裁决，五品以下及杂职官员九年任满，由其上司出凭证（称"给由"）后赴吏部考核，按照定例升降；如有杰出的功绩或才能的由皇帝决定提任。考满期限：场大使九年，运使与分司判官或三年、或六年。盐官考满是以其担职期间其经收的盐课足额与否为主要条件。规定：各盐区每年经办的盐课，经管官员务必催督煎办按时完工，按季开报，合于上司，年底要出"总足"通关奏缴。正统元年，规定各盐运、盐课司及各场官吏考满到京，都要去户部检查典核盐课通关回报，之后才允许吏部收考。成化十六年，规定：各处盐课至第二年正月不完者，该场官停俸杖追；分司、运司官以十分为率，三分不完者一体住俸；各盐官三年、六年考满，巡查盐务御史查勘任期之中盐课完足，才允许发放"给由"起送；若九年考满，所督盐课过违年限不完者，查送吏部降二级叙用；每年年底分司各将办过盐课开报巡查盐务御史查盘造册奏缴；官员有回家丁忧或其他事故等，要经巡查盐务御史查盘，经手盐课交付接管官攒，才允许离任。弘治八年，规定，各运司运使及分司判官任期之中盐课有未完成的不允许考满和别升官职。十二年又规定，各运司官员考满，务开任期之中各年已办过正课若干、补课若干，如正课已完、补课未完者，也不许申送给由。考满之外，另有考察。孝宗弘治年间规定外官每三年一次（以辰、戌、丑、未年）进京朝觐，而察典随之，谓之"外察"，又

称"大计"。当时规定,州县以月计上报府,府考察核定等后,以岁计上报布政司。三年,巡抚与按察司通核所属吏绩事状造册具报吏部;吏部通过"八法"(贪、酷、浮躁、不及、老、病、罢、不谨)进行考察,对五品以下官员渎职分别按照退休、降调、停职、撤职四种办法进行处理。只要是大计受处分者不再任用,定为永制。皇帝还不时派遣御史,并令各道按察司察举官员有无过犯,奏报黜陟。宪宗成化四年,规定,各盐场每遇年终选差有司官查盘盐课,每三年由巡查盐务御史亲诣各场查盘。

九、清朝时期盐官

1. 清代盐官的历史沿革

清承明后,盐务官制,大都照着明朝旧制,几乎没有变动。中央户部,职掌盐务政令,专门监治奏销考成,岁由山东司监治。虽然中央户部为监治盐务的最高机关,在实际上,仅仅办理审查、奏销、考成等工作,其职能完全为稽核事务。清朝初期的地方盐官,全都遵从明制,后来略有变通,只要是产盐省份,于长芦、山东、两淮、两浙、两广都设都转盐运使司(元明为都转运盐使,清改为都转盐运使)。盐运司的下面,设有运同、运副、运判,分管产盐之地,辅助盐运司管理盐务。有监掣同知,掌掣盐之政令,有库大使,掌收纳盐课及其库贮,有批验大使,掌批盐引之出入,及掣验放运之事,有经历知事,掌稽核文书,有盐课大使,掌盐场及池井之务。盐务较简的产盐区域,只设盐道,不设盐运司,如河东、福建、云南、四川,则设盐法道,它的从属官吏,略与盐运司相同。销盐的省份,也设盐法道,主管岸销事宜,负责销盐分数,是否全完,督销引盐,是否得力等职责。

官制与盐政,相辅而行,元代时设立了转运盐使,主在卖引给盐,设场司令。明改为盐课大使,主在收买课盐,以备商支。清沿明制,在产区置巡查盐务御史,称之为盐差。下面按照编年体逐一论列清代盐官衍化的历史沿革。

　　顺治十年,停止役使派遣巡查盐务御史,将盐务交由盐运司专门任职管理。顺治十二年,户部向皇帝陈述运司权轻,难以举发弹劾,抑制豪强,禁止私贩,请仍敕都察院选择廉能风烈御史巡察,从之。

　　康熙七年,差使六部郎中员外郎及监察御史,赴各地巡查盐务。康熙八年,户部侍郎李棠馥奏报巡查盐务原差监察御史,不独综理盐务,兼有察劾地方官员,并查拿恶棍之责,后来停止了差使六部司官,仍旧专差御史。康熙十一年,左都御史杜笃祜,奏准停差巡查盐务御史,归并各督抚监治。直隶巡抚金世德,向皇帝陈述长芦盐务繁杂,巡抚势难兼顾,应请仍差御史专理。或长芦、淮浙、河东等处,仍照例役使派遣御史巡察。

　　雍正二年,又停差御史,改归各省督抚兼管担任管理。自乾隆初,照旧特派盐差。乾隆四十三年,因各地盐务繁简不一,令山西巡抚兼管盐政。及至道咸年间,各区盐政,陆续裁减撤消,改归总督或巡抚兼管,各省督抚,都带监治盐政衔。道光十二年,因将淮北改行票盐,于板浦场之西临疃太平堰、中正场之花垛垣,临兴场之临浦潼、富安疃,安置盐务督销局,专门任职管理场盐买卖放运。道光三十年,复将淮南,也改票盐,其办法虽仿淮北。后鄂、湘、西、皖四岸,安置督销局。由两江总督,派委江南候补道员,充任总办,以湖北、湖南、江西各盐道为兼办。淮北督销局,则以正阳盐厘局长兼管担任总办。两浙之苏五属,及台州、温处、广信、徽州等处,都设有督销局。光绪末,河东则有潞盐督销局,陕西则有西安督销总局,暨凤汉各局,直隶则有口北督销局,承德则有热河蒙盐督销局。

　　2. 清代的盐官选授升评

　　至于清代盐官的选任,正常情况下由帝王在内廷监察御史中简选充用,或由都察院奏差,所差之人需进士出身,任满回京取旨别用。运使则其出身也以进士居多,是由吏部在俸满知府中列名请求皇帝下令特简,俸满可升任按察使等职。运判以下盐官,均归户部"铨选"。运判出身多是贡生、监生。据光绪《两淮盐法志》引《吏部事例》:

　　　　各省运判缺出,令该督抚会同盐政于现任属员内拣选,具题保荐,由吏部引见补授。

又引《捐赈议叙条例》:

> 运判常规不归月选,系在外题补之缺;此项议叙人员应俟人文到部,签掣省分,令其先赴该省委用,遇有缺出,不论日期先后,将议叙之人题补一员,再将应升之人照例拣选题补一员。

可见,清代任命运判,既有俸满应升之员,又有捐银纳官之员,两种类型的官员轮流相间补用。运判任期已满,可升任道员等职。对于场盐课司大使而言,清朝初期顺治、康熙年间出身多是吏员,雍正一朝改品入流后,则多出自举人、贡生、监生。乾隆三年,吏部定议,场官则专门从举人、贡生中择优选用。其任用对象及程序,其一是已取得候补场员品衔者为当然对象,其二是已取得举人候选知县品衔而情愿改就场官者,其三是乾隆二十五年又议准的恩、拔、副贡生考职人员,虽经停拣盐库大使,但如其他专项人员不敷挑拣时,亦可通融补用,以上三类人员,任用程序是由吏部文选司官员遴选引荐,候皇帝简用,再经分批引见皇帝后,发给文凭分赴各省,最后由督抚具体安排到各个盐场任职。嘉庆年间,吏部遴选的候任盐大使的人员太多了,为了安排这些官吏则出现了拣发盐大使、降调开复留用候补盐大使、分发试用盐大使等名目。嘉庆五年,为了减少壅塞之员,朝廷规定各省盐场大使人员不足时,才可以从分发各员中按其到省日期先后挨次题署,但是不得越次挽补。嘉庆八年,吏、礼二部又议定,候任盐大使需要规避本省人员,从而来杜绝近亲繁殖。道光二十三年议定,盐库大使补缺班次,除咨报之要缺只准由候补委用人员酌补外,如遇归部拣补缺出,应选用候补班一人、委用班一人、捐纳班一人,以上三班轮用三次以后,再用议叙班一人。若候补班、委用班无人应拣,即行过班(即作为已经拣选过而论)。光绪十年,经奏准重申道光二十三年之制,凡盐库大使归部拣补缺出,由候补、委用、捐纳、议叙各班按班轮补;但在捐纳班、议叙班未到班之前,应插用分缺尽先一人,按名次序补。

对官吏立有考核考察制度则清袭明制。张荣生在《古代淮南盐区的盐官制度》一文中提及:盐官考察三年一次,考察京官称"京察",外官称"大计"。每届大计之年,各直省由州、县上至府、道、司,层层由长官考察属员,然后汇由督抚考核所有属官功过事迹,注定等级考语,缮册呈送吏部。考核的标准为德、绩、能、龄"四格",弹劾的对象为贪、酷、罢软无为、不谨、年老、有疾、浮躁、才力不及等谓之"八法"。各省考册限十一月内完成送到吏部,由吏部会同都察院吏科、京畿道考察题覆。只要是德才兼优者为"卓异",职历满三年,准予保举,经注册引见后,加一级,赐衣一袭、回任候升。荐举有虚者另别议处,卓异者如犯贪酷不法,其原荐官也要被察议。"八法"官:贪酷者革职提问,罢软无为、不谨者革职,年老有疾者勒令退休,浮躁者降三级调用,才力不及者降二级调用,加级、纪录均不准援抵,揭举弹劾不实者治罪。不入举劾者为"平等",仍令督抚凭借四格注考具册咨部以核定等级,编辑成缮黄册给皇帝呈览。每到了大计之年,盐务官员由盐政会同督抚,照地方官之例一体考核。只要是操守廉洁、才具优长且勤政者,提举其事迹保荐升迁;如乾隆十八年余西场大使萧浚以大计"卓异"擢升怀守知县。只要是犯"八法"者,也照例参处。盐政不题参劣员,则将该盐政照例议处。

清代对盐运使、分司、大使等专门任职管理盐务之官订有盐课考成制度。规定:欠不到一分的官员暂停其升任,扣六个月俸禄;欠一分者罚俸一年;欠二至五分者分别降职一到四级,令其戴罪督催,完成后方可复职。欠六分以上者一律革职查办。运司、分司被参后,限半年补全,大使限一年补全。如限期内不能补完,不复作分数,仍照原参分数题参:运使按照布政使"地丁钱粮"条例处置,分司照州县官"地丁钱粮"例处置。只要是盐课官员的盐课未完就不许离任,巡查盐务御史如果准其离任就会被降二级调用。除非是"丁忧"等特殊情形准予离任,由接任及代理官员接续催办。运同、运判、大使等官新旧交代,照州县例,限两个月交代清楚,由管盐督抚、盐政取具册结报户部备案。

清代对各省盐运官员订有销引专项考成制度。条例规定：各省官员销引，欠一分者停其升转，欠二分者降俸一级，欠三分者降俸二级，欠四分者降职一级，俱令戴罪督销；欠五、六、七分者分别降二、三、四级调用，并且不准其撤销处罚复职，如果有军功、钱粮加级纪录的准其功过相抵，其他级纪不准抵消；欠八分以上者革职。又规定两淮盐运官员缺额四、五、六分者分别降二、三、四级调用，七分以上者即行革职，故两淮运司堕销处分较他省更重。

清代还订有盐大使产盐、发盐专项考核制度条例。条例规定：各场栅额收盐斤，全部以业经配运开行者方准作为收数入于旬、月报之内；每半年由运司会计一回，如比定额超出若干即予记功奖赏，少配盐若干则即查照分数参处，以杜绝场员虚报走私等。又规定：只要是产盐缺额，不及一分者罚俸6个月，一分以上者罚俸1年，二分三分者降一级留任，四分五分者降一级调用，六分以上者降二级调用，七分者降三级调用，七分以上者革职；如能于正额之外溢额一、二、三分以上者分别纪录一、二、三次，四分五分以上者分别加一级、二级，遇有多者依次递加。此外还订有缉私处分专条。

据《淮鹾备要》记载，朝廷虽有盐官考成之法，但并未贯彻执行到底，尤以晚清为甚，时盐官视考成之法为具文。嘉庆、道光年间，各盐场官虽不乏勤政之仕，但因获利多而处分少，致使膏粱之子居其半。据《两淮盐法志》记载：

> 居此官者非有他故，率都以老死而后罢，鲜有以参劾去者。

足以见得考成之法形同虚设。同治年间，两江总督李鸿章为整饬两淮盐区吏治，曾上疏参劾庸劣不职场官数人，但因积重难返，终清之世吏治未能刷新。

总之，清朝在地方以总督兼管盐政，统辖各地额引督销，缉捕私贩。

都转运司理盐政,盐课司大使管场务。

第三节　盐产史

本节结合史料,介绍盐的分类以及产生的历史脉络,盐产资源分布广泛,但存在形式不尽相同。古人因地制宜,从不同途径获取相应的盐。以从盐产而分为海盐、池盐、井盐、岩盐四大类。以海水煮卤所得,即为海盐;煎晒源于山脉河流湖泊的即为池盐,多产于内陆;以打井抽取地下卤水所制得,即为井盐,多产于川、滇两省;以开矿直接采得即为岩盐,产于西藏、青海、四川、宁夏等,岩盐矿产区。正如《明史》记载:

> 解州之盐风水所结,宁夏之盐刮地得之,淮、浙之盐熬波,川、滇之盐汲井,闽、粤之盐积卤,淮南之盐煎,淮北之盐晒,山东之盐有煎有晒,此其大较也。"

又如南朝陶弘景《名医别录》载:

> 东海盐、南海盐、河东盐池、梁益盐井、西羌山盐、胡中树盐,色类不同。

一、海盐

海盐,顾名思义,产于海水之盐。远古类人猿进化到人类过程中,沿着海边迁徙,品味海水,获得咸味口感。人们长期观察海边洼地,海水蒸发,沉淀出盐的结晶。这样,人们对盐出产于海水现象有了深刻的认识。人们便主动开辟海边滩地,挖池筑坝,建设盐田。引海水灌溉,摊晒海水成卤,结晶成盐。古人认为盐的质地是水气之所成,正如《尚书·洪范》中说:"水曰润下,润下曰咸。"

随着铁的发明和铁器的使用,人们开始用铁锅煎煮海水制盐。海盐或是用铁锅煎煮海水结晶成盐或是在盐田晒干海水沉淀结晶而所得。汉字"盐"的本意是"在器皿中煮卤。"《说文解字》中记述:"天生者称卤,煮成者叫盐。"《管子·海王篇》中说:

> 伐薪煮水,自十月至于正月,得盐三万六千锺,粜成金万一千余斤。

后人把海盐的制取,称为盐利之源。古代传说中炎帝部族的一个诸侯宿沙氏,以海水煮卤,煎成盐,颜色有青、黄、白、黑、紫五样。后人把宿沙氏奉为制盐之鼻祖,尊崇其为"盐宗"。宋朝前,河东解州安邑县东南十里,就有修建专为祭祀"盐宗"的庙宇。清朝同治年间,盐运使乔松年在泰州修建"盐宗庙",庙中供奉主位便是宿沙氏,以纪念其煮海为盐的功绩。陪祭于侧的有商周之际运输盐卤的胶隔和春秋时齐国实行"盐政官营"的管仲。

海盐产地,集中在我国沿海各地。《尚书·禹贡》列出九州山川临海之图。并记述:"海岱惟青州",是说青州东到大海,西至泰山,现属于山东东部。青州有很长的海岸线和广大成片的盐卤滩地。这里盛产的海盐和细葛布都是关系国计民生的重要物质。其实当时海盐在我国沿海辽宁、河北、山东、江苏、浙江、福建和广东等地都有规模生产。《周礼·职方氏》中说:"东北曰幽州,其利渔盐。"《管子·轻重甲》中说:"齐有渠展之盐,燕有辽东之煮。"另据《史记·齐太公世家》:

> "太公封于营邱,以齐地泻卤,乃通鱼盐之利,而人民多归齐。"

中国古代文化典籍记述盐事,也随着盐业发展和盐文化传播逐渐丰富起来。成书于周代及春秋战国时期的《尚书》,后来《史记》及历朝历代史书,对我国沿海海盐产区都有记述:如北方辽盐产区;河北一带的长芦产区;以淮海为界的江苏两淮产区;以钱塘江为界分为东西的浙江两浙产区;汉武帝时,桑弘羊置郡国均输盐铁官于广东南海的广东南海产区;唐代宗宝应年间户部侍郎领度支盐铁转运使刘晏,设盐场于福建的福建产区。

二、池盐

古代远离大海的人们,需要食盐,只好靠从海边长途贩运海盐,或以其他卤水之类替代。生活在内陆的人们因地制宜,向高原山川、江河湖海探求索取食盐矿产。池盐就是人们从自然盐池捞取而煎晒之盐。有的用铁锅煎煮盐池卤水;有的修建盐田,开渠引水,将盐池卤水灌满盐田,进行摊晒。这样制取的池盐,又称课盐。我国的池盐主要产于山西、陕西、甘肃、青海、新疆、西藏、内蒙古及宁夏等地。

山西运城盐池,史称解池。与俄罗斯西伯利亚库楚克盐湖、美国犹他州澳格丁盐湖并称为"世界三大硫酸钠型内陆盐湖",是我们祖先开发最早的盐湖。据《河东盐法备览》记载,五千多年前先民就在运城盐湖发现并食用盐,这是"中华民族利用山泽之利的一个伟大创举"。解池位于山西运城市南一公里,中条山下,涑水河畔。由鸭子池、盐池、硝池、镁池等组成。盐池东西长 30 公里,南北宽 2.5 公里,总面积约 75 平方公里。它是中国著名的内陆盐湖。湖面海拔324.5 米,最深处约 6 米。形成于新生代第四纪初。盐池开发于古代传说中的尧舜时代或更早一些。由于它位于黄河东面,又称河东盐。当地夏季太阳光直射,气温最高可达摄氏 42 度,湖水蒸发使水位下降,湖里大量生长出藻类,在阳光照耀下湖水泛红。春秋两季,湖水恢复常态。湖水盐度很大,大大超出脊椎动物的耐盐度,鱼类不能在湖中生存。湖的盐水比重很大,人只能在湖水上漂浮,所以有"中国死海"之称。经烈日暴晒结晶盐,味正色白,杂质少。春秋战国时期就以解盐"西出秦陇,南过樊邓,北极燕代,东逾周宋"贩运四面八方而名扬四海。是当时国家赋税的重要来源。到了汉朝运城盐湖出产的盐更加扩大贩运的区域,不仅是中原地区,还进入草原和西域。

对于人类社会的族群聚合壮大、部落间交流和交易、生存资源的掌控和支配、和平与战争有着不可忽视的作用。中国古代传说中炎帝、黄帝和蚩尤原始部落间发生的"阪泉大战""涿鹿之战",都是战争双方为了争夺适于放牧和浅耕的包括拥有盐池资源的中原地带而进行的。尧舜禹偎此建都,汉成帝、唐太宗、清康熙等历代帝王,都视盐池为取之不尽用之不竭的滚滚财源而倍加珍视,先后赴运城盐池巡幸达 39 次之多。唐代运城盐池,采用了垦畦浇晒法,彻底改变了早期"天日曝晒,自然结晶,集工捞采"的生产方式,促使食盐产量和质量大幅提高。据记载,唐太宗大历年间,全国盐利收入达到了 600 万缗,占到全国财赋收入的一半。而运城盐利收入达到 150 万缗,占到全国盐利的四分之一。即运城盐利收入占到全国财赋的八分之一。可见盐利作为国家财力的主要来源,功不可没。故有"郇瑕之地,沃饶近盐。"[1]

就是说运城盐池作为国家富庶的富源,就在于盐利的贡献。盐池同时也是富民的钱袋子。舜帝是心系黎民的古代圣君。他巡视盐池看到满池的盐粒,非常兴奋,手抚五弦琴吟唱:

> 南风之薰兮,可以解吾民之愠兮;南风之时兮,可以阜吾民之财兮。

这是一首歌唱南风劲吹,吹走水汽,带来了白花花的池盐,使老百姓过上较殷实生活的《南风歌》。运城盐湖也被田汉先生赞为"千古中条一池雪"。

天然盐池的形成,都是源于山脉河流。我国境内的盐池分布得益于西部的葱岭(帕米尔高原)为主干,又分为北部阿尔泰山脉;东北而入新疆天山山脉;东向入新疆的昆仑山脉;南入西藏的喜马拉雅山脉四大系山脉。这些山脉支脉相逢,山洪并涌,雪山融化,汇流成河、大河下泻受山脉拦阻成湖泊,以及曲流冲聚形成盐池。经过蒸发、风吹日晒,水中咸质沉淀成为盐卤,或结晶成盐粒、盐块。所以黄河流域都有大盐池,包括三江源附近的青海、西藏、新疆、内蒙古、宁夏、甘肃、陕西、山西各区皆有较大规模的盐池,诸如著名的山西运城盐池、

---

[1] 《左传·成公》.

内蒙古的河套盐池、吉兰泰盐池、雅布赖盐池、察汗布鲁克盐池、甘肃花马盐池等。

三、井盐

通过打井的方式抽取地下卤水(天然形成或盐矿注水后生成),制成的盐就叫井盐,生产井盐的竖井就叫盐井。历朝历代对井盐也尤为重视,战国末期,秦国吞并巴、蜀,将其划分为秦国蜀郡。秦昭王三十年,著名水利专家李冰出任蜀郡守。在他任蜀郡守二十余年中,致力于兴修水利、道路建设、井盐生产等,修成成都七桥以及今宜宾县、汉源县境内的道路。在他带领人民整治巴蜀水利的过程中,曾平除乐山脚下的盐灌大滩。这处"盐灌滩"属于浅层的自流井类盐卤层。李冰从中受到启发,开始建造广都盐井,同时也是世界上第一口盐井。至此人类有了新的食盐资源即井盐。李冰时代所开凿的广都盐井等,大都深度在地表面以下 20—30 米左右。李冰成功将发源于秦地黄土高原的凿水井技术运用到盐井的钻探。采用了井圈下沉法等项技术,开凿出大口浅层盐井。据《华阳国志》说:

> 又识盬水脉,穿广都盐井。秦孝王令李冰守蜀,冰察地脉,知有咸泉,因于广都等县穿凿盐井。

东汉以后,大口井逐渐向深度发展。晋代已达三十丈(约 73.2 米,晋代一尺约 24.4 厘米)深。隋唐时,已有深达八十丈(约 242 米,唐时一尺约 30.3 厘米)的深井出现。到了宋代,中国井盐业钻井技术取得了具有历史意义的突破,主要标志就是"卓筒井"的开凿成功。

"卓筒井"就是直立的筒井。《东坡志林》中记载:

> 自庆历、皇佑(1041—1053 年)以来,蜀始创筒井。用圆刃凿如碗大,深者数十丈。以巨竹去节,牝牡相衔为井,以隔横入浅水,则咸泉自上,又以竹之差小者,出入井中,为桶无底而窍其上,悬熟

牛皮数寸,出入水中,气自呼吸而启闭之,一桶致水数斗。凡筒井皆用机械。利之所在,人无不知。

卓筒井的开凿工艺主要是:其一为这类井口径很小,仅 26.7—30 厘米,与现代盐井的口径极为相近。井的深度可达几十米、一百米、甚至几百米;其二为在钻井工具方面,使用了"圆刃"。其深钻技术便是在此基础上的"顿钻钻井法"(用冲击力凿岩石)。这种圆形刀刃的发明,开辟了近代设计各种钻井"凿刀"的途径;其三是以巨竹去节,彼此首尾相衔,构成人造井壁。这一构造既可防止淡水渗入井内,又在一定程度上增加了盐井的使用寿命;其四是在井口安装以熟牛皮制作的活塞式装置和机械装置,使汲卤工效大大提高。这一切技术创新,不仅说明古代制盐工艺中井盐的生产工艺最为复杂,也最能体现中国古人的聪明才智。卓筒井一经问世,立即得到迅速推广,极大地提高生产井盐的能力,促进古代井盐业的发展和社会经济的发展。卓筒井的工艺在世界钻井史上是一大奇迹。到了元、明两代,卓筒井几乎完全取代了其他旧井型盐井。

中国是世界上最早利用天然气的国家,天然气的最早应用就是井盐开发中的煮盐。东汉后期,逐步出现了用天然气煮卤水制盐。这改变了早期加薪煮卤的制盐或用盐池晒盐的制盐方法。用薪火加热的方法不仅劳工费力,费时繁杂;而且消耗大量林木柴草,造成环境污染;再者伐木加快林木消失,破坏了人类生存的自然环境,减缓经济发展。天然气作为煮卤制盐的新燃料,洁净无污染,用火便于管理,而且热效率高。同时也省时省力,消除了伐薪、运输、储备薪草等繁杂工序,减少了相应的人工、物流和财力。通常一口气旺的火井,可以供应几十口大锅煮卤制盐之用。

《天工开物·井盐》中记述:

西川有火井,事奇甚。其井居然冷水,绝无火气,但以长竹剖开去节,合缝漆布,一头插入井底,其上曲接,以口紧对釜脐,注卤水釜中,只见火意烘烘,水即滚沸。启竹而视之,绝无半点焦炎意。未见火形而用火神,此世间大奇事也。

这里记述的就是应用天然气煮卤制盐的情景：在四川西部，人们开凿盐井时发现了有一种火井。非常奇妙，火井里居然全都是冷水，完全没有一点热气。但是，把长长的竹子劈开去掉竹节，再拼合起来，用漆布缠紧。做成两头贯通而竹壁密封的通气管。将一头插入火井底部，另一头用曲管连接对准锅底中心。把盐井里的卤水填满铁锅，点燃锅底通气管口，立刻看到火在锅底燃烧起来，会有热烘烘的感受，卤水在锅里很快就沸腾起来。人们打开通气管，惊奇地看到竹管却一点也没有损坏，就连烧焦的痕迹也看不到。看不见火的燃烧物质，而在空中却有火的燃烧。不禁使人感叹道：这真是人世间的一大奇事啊！

天然气的应用促进了井盐生产规模的不断发展，也促进了钻井技术的不断提高。清朝道光年间，凿成了一口深 1000 米以上的天然气井。创造了世界深井钻探的新纪录。中国在天然气的利用方面，比欧洲 (1668) 要早 1300 年以上，而钻井深钻技术比西方早 1000 年。《后汉书·郡国志》中记载：

> 蜀郡临邛有"火井"（天然气井）。当地人取井火还煮（盐）井水，一斛水得四五斗盐。家火煮之，不过二三斗盐耳。

民国学者曾仰丰指出：

> 中国盐井，聚于川滇二省，多在山脉绵亘川流环曲之处。此外仅甘肃之漳县、西和二处有之。山西之解池，以堤岸失修，池水涸淡，改为穿井汲卤。其余各区，概无盐井。

四、岩盐

据《北史·西域传》记载：

高昌出赤盐,其味甚美,复有白盐,其形如玉,高昌人取以为珍
贡之中国。

这是岩盐见于史书的最早记载。

岩盐又叫矿盐。岩盐是古海经过地壳变动,抬高升出海面,又经
过地层扭曲叠加,受高压挤压成盐。岩盐的化学成分为氯化钠,纯净
的岩盐为无色透明。含杂质时呈浅灰、红、黄、黑等色,玻璃光泽。易
溶于水,味咸。是典型的化学沉积成因的矿物。广泛分布于世界
各地。

在中国西部,岩盐由于处于地层较高的部位,即存在于青藏高原、
云贵高原、内蒙古高原、新疆等地区。被誉为"盐中瑰宝"的喜马拉雅水
晶盐,是喜马拉雅山出产最纯洁的岩盐。约 2 亿 8 千万年前,喜马拉雅
山脉地区还是一片古海洋。之后经过亿万年的沧海桑田变迁,印度板
块从非洲古大陆分离出来,一路北上。约 4 千多万年前,印度板块俯冲
撞击到亚欧板块,喜马拉雅地区升出海面,喜马拉雅古海消失了。随着
这一地区进一步抬升,喜马拉雅山脉开始形成。古喜马拉雅海残留的
海水及盐卤也已经深藏地下几百米。经过亿万年的高温和挤压,地下
海盐与其他矿物结合形成我们今天看到的盐的化石——喜马拉雅水晶
盐。青海现代盐湖中有些岩盐呈球珠状,特称珍珠盐。

中国一些较大岩盐矿产区有西藏、青海"柴达木盆地"、四川、江苏
淮安、湖北应城、陕西榆林、河南平顶山(叶县)、河北宁晋、台湾嘉义及
滨海等地。河南叶县 1981 年发现深度 1100 米,氯化钠含量在 85%—
95%之间,面积 400 余平方公里,盐矿储量 3300 亿吨的盐田。江苏淮
安岩盐矿藏储量 1350 亿吨(不包括洪泽湖底),埋藏浅,品质优,盐层厚
度 100—200 米,卤水浓度每立升 300—320 克。陕西榆林地区发现预
测储量 6 万亿吨的盐矿资源,约占全国总储量 50%,现已探明储量
8854 亿吨,主要分布在榆林、米脂、绥德、佳县、吴堡等地。2010 年,河
北宁晋东部 400 平方公里范围内探明埋藏深度约 2600 米,盐层厚度
100—300 米,预测储量 1000 亿吨以上,品位优良的岩盐矿藏。

岩盐的开采方法,浅层矿,通常就挖竖井直达盐矿层,采用地下开

矿方法开采。深层矿,则采取萃取法进行开采(即用水泵把水打到融水层,融化盐矿成卤水,再用水泵把卤水抽到地面,蒸发卤水提取纯盐)。今天大约有三分之一的岩盐开采采用萃取法。

以上四种类型盐,海盐产地广阔,产量最多;其次是池盐;再次是井盐、岩盐。

另外,还有一种土盐,味苦质劣,食之有害身体健康,为盐碱地所产。

第四节　盐技史

盐是维系人类正常生命活动的一种必需品。史籍上中国制盐的历史与华夏文明史同步,至少可以追溯到 5000 年前。根据盐的来源,中国古代的盐可分为海盐、池盐、井盐、岩盐等几大类,由于其来源各不相同,因此每一种盐需要应用不同的生产工艺,海盐之技则以煮海水为盐、先制卤后煮盐、先制卤后晒盐和晒海水为盐;井盐不论是大口浅井、卓筒井或小口深井阶段,其技核心在于凿井取盐;池盐之技在于垦畦浇晒。本章对我国古代典籍较丰富的海盐、井盐和池盐的生产工艺及其进步加以详述。

一、海盐生产技术史

我国古代的海盐生产技术,经历了煮海水为盐、先制卤后煮盐、先制卤后晒盐和晒海水为盐的四个阶段。现逐一介绍如下:

1. 煮海水为盐

据《说文解字》卷十二记载:

古者宿沙初作煮海盐。

清代学者郝懿行在《证俗文》也说得很明确:

> 盐，咸也。古者宿沙初作，煮海盐。

明朝彭大翼在《山堂肆考》羽集二卷记载：

> 煮海条云：宿沙氏始以海水煮乳煎成盐，其色有青、红、白、黑、紫五样。兹见，宿沙氏，始制海盐者。

宿沙氏煮海为盐开创了我国海盐生产的先河，被尊为"盐宗"。其实从字面上不难发现："宿"指居住、生活，"沙"指海边，"宿沙氏"既非人名，也非部落名称，而是对生活在沿海地区的居民的泛称，"宿沙氏"意即生活在海边的人。据《太平御览》引《宋志》称：

> 宿沙卫，齐灵公臣，齐滨海，故以为鱼盐之利。

另据周玉奇在《盐城民俗》一文中描述到：

> 宿沙氏发明的海水取盐的方法是用石头放在海水里浸泡，然后把石头放在火上烤，烤出盐的粉末，便可食用。

再从盐业考古学角度看，盐业考古资料显示在渤海莱州湾南岸寿光，黄海之滨的盐城，都发现有古海盐场，包括一定规模海水制盐沉淀、蒸发池、盐池群和盐灶等制盐设施以及从福建沿海出土的仰韶文化时期人类煮盐用的陶器，都能说明原始社会时期的居民已经开始海盐生产了。

《管子·轻重篇》曰："请君伐菹薪，煮泲水为盐。"；《岭表录异》载："自收海水煎盐之〔者〕，谓之野盐，易得如此也。"；《元和郡县图志》载："盐亭驿，近海。百姓煮海水为盐，远近取给。"；《泊宅篇》载："盖自岱山及二天富，皆取海水炼盐，所谓"熬波"者也。远古时海盐生产一般采取直接取海水煎煮的办法，海水含盐量不多，仅为 3% 左右，此法成盐是很不容易的。一般要获得 1 斤盐,须加热蒸发掉 2 斤水,这需要消耗大量的燃料,费工费时,以致制盐成本非常的高。随着生产力水平的提高,海水煮盐的工具也随之衍变发展,由陶器衍变为青铜器,再变为铁器。汉代以后将煮盐锅称为"牢盆"。

2. 先制卤后煮盐

先制卤后煮盐是古代盐业的第一次重大技术革新。先将海水制成卤水,再将卤水煎煮成盐,克服直接煮海水为盐的缺点。这是因为卤水含盐浓度比海水含盐浓度高得多,因此随着浓缩盐的时间缩短,节省很多燃料以及人力。工艺技术的提升,降低了制盐成本。制卤技术是海盐生产的重要发展。此技术虽史料较少,但还是可以找得到的。例如东晋郭璞《盐池赋·序》曰:

> 吴郡沿海之滨,有盐田,相望皆赤卤。

"相望皆赤卤",从盐田里盛满了卤水足以见得东晋已经通晓制卤之技术。南齐张融《海赋》也有海盐生产的描述:

> 漉沙构白,熬波出素,积雪中春,飞霜暑路。

《新唐书》也有记载:"盐生霖潦则卤薄",意指制盐时如雨水过多,那么所制的卤水稀薄。《岭表录异》也有海盐制卤煮盐的记载:

> 野煎盐:广人煮海其无限。商人纳榷,计价极微数,内有恩州场、石桥场,俯迎沧溟,去府最远。但将人力收聚咸池沙,掘地为坑,坑口稀布竹木,铺蓬簟于其上,堆沙,潮来投〔没〕沙,咸卤淋在坑内。伺候潮退,以火炬照之,气冲火灭,则取卤汁,用竹盘煎之,顷刻而就。竹盘者,以篾细织,竹镬表里,以牡蛎灰泥之……。

林树涵在《中国海盐生产史上三次重大技术革新》一文中这样描述:

　　《岭表录异》所记的唐代制卤方法与宋元古籍所记的制卤方法相同点都是用海水溶解被太阳晒干的咸沙土中的盐分,经过过滤,沥出卤水。不同点在于,唐制是收集自然晒干的咸沙,水分较多盐分较少。宋元制法是待潮水退后,将湿沙耙松,扩大蒸发面积,加速水分蒸发,沙晒得干透,含盐分较多。再则,唐法是让上涨的潮水浸没收聚成堆,堆置坑上的咸沙,沙中盐分溶解成的卤水,只有一部分沥下坑内,咸沙利用率低,宋元制法是挑海水浇淋咸沙,沥出卤水,沙中盐分溶解成的卤水,几乎可全部沥下坑内,不致造成浪费,而且还不受潮位和潮水涨退时间的限制。

　　先制卤后煮盐的技术分为三个环节:制卤,验卤和煎煮。史籍缺乏,使我们不能明确隋朝以前是否有验卤这一环节。但唐代刘恂《岭表录异》记载岭南地区的"野煎盐"时,已有此三个环节了。一曰制卤,二曰验卤,三曰煎煮。《岭表录异》又载:

　　　　江淮试卤浓淡,即置饭粒于卤中,粒浮者即是纯卤也。

　　足以说明制卤、验卤和煎煮这三个环节。也说明了唐人当时已经能得到高浓度的卤水。据《太平寰宇记》卷一三〇记载,后来的试卤方法是:

　　　　取石莲十枚,尝其(指卤水)厚薄,全浮者全收,半浮者半收盐,三莲以下浮者,则卤未堪,须却刺开而别聚溜。

　　说明浮起的莲子数越多,盐卤的浓度越大,制盐的价值越高。这种生产方法与不经浓缩直接取海水煎煮相比,既节省时间,也节省燃料,而且过滤掉了很多杂物,成盐干净,质量较高。
　　唐代制卤技术成因在于自安史之乱后,大量人口迁徙至东南沿海,原始的直接煎煮海水制盐,已经满足不了人口骤增带来的食盐消耗,技术改良势在必行,先制卤后煮盐技术应运而生。唐代后期,制卤技术及试卤方法的产生导致了海盐生产重心自北向南转移,岭南、福建、淮南等地成为海盐主产区。到了南宋时已没有煮海水制盐的记载,先制卤后煮盐技术得到全面普及和推广。

制卤还有两种办法:刮土淋卤和摊灰淋卤。据《太平寰宇记》卷一三〇《淮南道八·海陵监》记载的"刺土成盐法",也就是刮土淋卤法,其法为:

> 凡取卤煮盐,以雨晴为度,亭地干爽。先用人牛牵扶刺刀取土。经宿,铺草籍地,复牵爬车,聚所刺土于草上成溜,大者高二尺,方一丈已上;锹作卤井于溜侧。多以妇人、小子执芦箕,名之"黄头",舀水灌浇,盖从其轻便。食顷,则卤流入井。取石莲十枚,尝其厚薄;全浮者,全收盐;半浮者,半收盐;三莲已下浮者,则卤未堪,却须剩开而别聚溜。卤可用者,始贮于卤槽,载入灶屋。别役人丁,驾高车,破皮为窄连、络头、皮绳,挂着牛犊、铁杈、钩搭,于草场取採芦柴、芳草之属。旋以石灰封盘角,散皂角于盘内,起火煮卤。一溜之卤,分三盘至五盘,每盘成盐三石至五石。既成,人户疾著木履,上盘,冒热收取;稍迟则不及。收讫,接续添卤,一昼夜可成五盘。住火,而别户继之。上溜已浇者,摊开,刺取如前法。若久不爬溜之地,必锄去蒿草,益人牛自新耕犁,然后刺取。大约刺土至成盐,不过四五日。但近海亭场,及喑雨得所,或风色仍便,则所收益多;盖久晴则地燥,频雨则卤薄。亭民不避盛寒隆暑,专其生业故也。然而收溜成盐,故不恒其所也。

可见,其制盐程序比唐代岭南"野煎盐"复杂一些,但原理一般不二。摊灰淋卤与刮土淋卤的原理与操作程序也类似,仅仅是用柴灰取代草堆上的泥土。元代陈椿曾在《海潮浸灌》一诗中描述了这两种制卤办法:

> 浙东把土刮,浙西将灰淋。开得摊场成,车引海潮浸。土润成

花生,土瘠成波渗。煎盐工力繁,惟此艰难甚。

吉成名在《中国古代的海盐生产技术》一文中这样描述:

> 两种方法煮盐所用的器具宋代为铁盘,长宽各 10 余米。用这
> 种盘煎煮,一日一夜可煎盐 6 盘,每盘可收盐约 300 斤。据说这种
> 铁盘"制作甚精,非官不能办"。民间也有用镬子或竹篾盘煎煮的,
> 规模较小。如用镬子煎煮,一夜可煮盐 2 镬,每镬可收盐约 30 斤。
> 晒沙土淋滤制卤技术在我国使用长达千余年之久,它的产生在海
> 盐生产史上具有重大的意义。这种技术大幅度减少燃料的消耗,
> 缩短成盐时间,从而有力地促进海盐生产的发展。

3. 先制卤后晒盐

制卤煮盐也还需煎煮这一步。为了进一步降低人力物力成本,古
代盐民进行了第二次重大技术革新:改煮卤成盐为晒卤成盐。自南宋
始,部分沿海地区开始采用晒盐法来制取海盐。而当时的晒盐不是直
接取海水晒制成盐,而是先采取摊灰淋卤或刮土淋卤后用卤晒盐。先
民们起初用瓦片铺成了晒盐所用结晶池,后来改用坎,即缸片。所以,
世人称其为坎晒。虽坎晒法成本较煎煮法降低,但沿海地区阴雨天气,
此法未能普及,因此,坎晒与灶煎并存。

宋代程大昌的《演繁露》一书中有制盐的记载:

> 武德七年,长安古城盐渠水生盐,色红白而味甘,状如方印。
> 按,今盐已成卤水者,暴烈日中,数日即成方印,洁白可爱,初小渐
> 大,或十数印累累相连。则知广瑞所传,非为虚也。

《元典章》中也有元代制盐的记载,元初广东制盐者已经开始晒盐,
其办法与福建类似,制卤沿用刮土淋卤法和摊灰淋卤法,结晶用坎晒
法,坎晒与灶煎长期并存于广东等地。由于江浙气候条件较差,所以推
行晒法较晚。嘉庆年间,岱山有个盐民叫王金邦,他开始创造了板晒

法,即用杉木制成盐板,用以贮卤晒盐,其形状和门板类似,四周围以木框,可以开合。每十块盐板垒为一幢,为了防雨其中一块反面覆盖。另外,为防被大风吹起碰坏每幢盐板还要用绳索捆扎。板晒仍然是摊灰淋卤或刮土淋卤制得的卤水作为原料卤,但由于改煎为晒,既节省了燃料,又适应了天气,减少了因降雨所造成的晒盐损失。基于此,板晒法在江浙沿海得以全面推广。

4. 直接晒海水为盐

现代海盐生产采用"天日法"制盐,即把海水直接晒制成盐,而何时开始晒海水制盐,尚未有定论。台湾学者田秋野、周维亮引述近人郑尊法所著的《盐》一书中的说法:

> 认为天日法传系一千年以前意大利西西里岛人所发明,由清朝初期之天主教传教士传至我国,因清圣祖之奖励与提倡,试行于辽宁、长芦各地,盐产激增,于是沿海各区,相率改用此法。

实则不然,在明中期,我国已开始晒海水制盐。明代医药学家李时珍在《本草纲目》中说:

> 海丰、深州(均属长芦盐区)者,亦引海水入池晒成。

明代科学家宋应星在《天工开物》中谈到海盐时说:

> 其海丰、深州,引海水入池晒成者,凝结之时,扫食不加人力。

明代学者章潢在他的《图书编》中,作了更为详细的记载:

> 长芦海丰等场,产盐出自海水滩晒而成。彼处有大口河一道,其源出于海,分为五派,列于海丰、深州海盈二场之间,河身通东南而远去。先有福建一人来传此水可以晒盐。令灶户高淳等于河边挑修一池,隔为大、中、小三段,次第浇水于段内晒之,决辰则水干,

盐结如冰。其后本场灶户高登、高贯等，深州海盈场灶户姬彰等共五十六家，见此法比刮土淋煎简便，各于沿河一带择方便滩地，亦挑修为池，照前晒盐。有古三五亩者或十余亩者，多至数十亩者，共古官地一十二顷八十亩。或一亩作一池，或三四亩作一池，共立滩池四百二十七处。所晒盐斤，或上纳丁盐入官，或卖与商人添包，虽人力造作之工，实天地自然之利。但遇阴雨，其盐不结。每年或收三五分或收六七分不常。

以上史料就是滩晒法的证据，即将海水引入盐田，直接晒制成盐。其详细技法：一是修建晒盐池于海边并分阶梯层，而后引海水自上而下流入，逐层晒之；二是当流入最后一层盐池时，卤水浓度已提到较高水平了，再暴晒一日即可成盐。大约在 16 世纪初长芦盐区率先采用这一办法，随后，两淮、两广、辽宁、山东、福建等盐区仿效之，最后推广到浙江盐区。最终滩晒法成为我国沿海产盐区普遍推广的海盐生产工艺。

综上所述，古代中国海盐生产技术虽然历经四个发展阶段，但由于地区间自然条件各异，所以各产盐区生产技术的水平也参差不齐，而最后都相继采用成本低、操作方便的滩晒法。由煮盐向晒盐逐步转变的过程也反映了古代中国海盐生产技术的发展趋势。

二、井盐生产技术史

中国开采井盐有二千二百多年历史，大体可以分为三个发展阶段：从战国末至北宋中期的大口浅井，到北宋中期至清代中期的卓筒井或小口深井，最后是清代后期开始的盐井及天然气井（采盐时兼采天然气和石油）。

1. 大口浅井阶段

战国末期，先民利用古代采矿时凿井的现成技术在四川等地开凿盐井，即井盐出现。晋代史家常璩的《华阳国志》卷三《蜀志》称：

周灭后，秦孝文王以李冰为蜀守。冰能知天文、地理，……识齐水脉,穿广都盐井诸陂池,蜀于是盛有养生之饶焉。

再据《史记·秦本纪》记载,秦惠王遣兵灭古蜀国,至昭襄王即位后,为将蜀地建成重要基地,并治理岷江水患,称任命李冰为蜀郡郡守。李冰在任期间领导当地群众,兴修大型水利工程都江堰,灌田万顷促进农业发展,又在广都(今四川双流)凿井取盐,因而"蜀于是盛有养生之饶"。但两本书中均未谈及所凿盐井深度,仅从当时技术发展水平以及后世盐井对比来判断,秦时盐井应是大口径的浅井。

在战国末期井盐开采技术的基础上,汉代制盐技术得到进一步发展,产盐区得以扩大,产盐量也随之提高。西汉时文学家杨雄在《蜀王本纪》中写道:

> 宣帝地节中,始穿盐井数十所。

也就是说,在汉宣帝地节年间新开凿了数十口盐井。东汉史家班固《前汉书》卷九十一《货殖列传》载:

> 成帝、哀帝时,成都人罗裒财至钜万,用平陵人石氏资本往来于巴、蜀经商,数年内积金千多万,擅盐井之利,期年所得自倍,遂殖其货。

就古代盐井深度而言,据《太平广记》卷三九九记载:

> 陵州盐井,后汉仙者沛国张道陵之所开凿,周回四丈,深五百四十尺,置灶煮盐,一分入官,二分入百姓家,因利所以聚人,因人所以成邑。

另据《元和郡县图志》载,四川仁寿县陵井"纵广三十丈,深八十三丈",是一口大井。再据《旧唐书·地理志》载:

於州(今四川富顺)界有富世盐井,深二百五十尺。

富世盐井的井身用柏木加固,井侧设大绞车系牛皮囊入井汲盐水。

2. 卓筒井或小口深井

经宋初制盐人几十年的努力,一种新的钻井工艺即在四川这个井盐生产中心问世的卓筒井工艺或小口深井钻井工艺应时而生,中国井盐史进入第二个发展阶段。

《东坡志林》卷四记载了卓筒井用水鞲法,北宋仁宗庆历年间此卓筒井技术始于成都府路南部的井研县。在皇祐至熙宁不到三十年间,此技术已为很多人所知,从者甚众,并迅速扩散到周围的翕州、梓州等地。古籍记载各家井主开出一千多口井,拥有佣工 20 至 50 人。此井是用铁制圆刃钻头开小口径(20—30cm)盐井,深度在 100 至 300 米,已经到了白垩纪和侏罗纪时期的卤水层,从而能得到高浓度的卤水。与大口径盐井相比而言,小口径盐井由于直径小,容不得人在井下开凿作业,因而采用全新的作业模式,即以冲击力强度大,能穿透坚硬的岩石层的冲击式铁制圆刃钻头来钻井,因此可以钻至足够深度。北宋时期发明的这种新式钻井工具和钻井技术,是深井钻探重要法宝,具有深远的意义。潘吉星在《中国深井钻探技术的起源、发展和西传》一文中这样描述:

小口井钻出之后,无法用古代传统方式固井,因此卓筒井研制者引入一种新法:以一丈毛竹筒去掉中节,再将七八个中空竹筒两端以榫卯相接,接缝处以麻绳拴紧,再以灰、漆固之。最后将长竹筒送入井下,竹径与井径相当。实际上这是套管,可防止井塌,又可避免井壁周围淡水渗入。钻好井后,以比井径稍小的竹筒为汲卤筒,去其中节,筒底开口,安放与筒径相当的熟牛皮皮钱,构成单向阀门。入井后,卤水冲开皮钱进入筒内,水柱又靠其自身压力将阀门关闭。将汲卤筒提升至井外,以人力顶开阀门,卤水泄入卤槽中,以备煮盐。每次可提出卤水数斗。

据《射洪县志》记载：

> 万历年间成都附近的射洪县内盐井浅者五六十丈，深者百丈。

另据《四川盐法志》记载，清雍正八年四川井盐扩至四十州县，有6116口井，产盐九千二百多万斤。至乾隆二十三年又增二千眼井。嘉庆末年盐井深度达百数丈至三四百丈。已钻至三迭系地层的黑卤。道光十三年钻出的自贡燊海井，至今还保存完好，其深1001.42米，125米以上井径为11.4厘米，以下至井底为10.7厘米，日产天然气8500立方米，是古代中国深井钻探技术的活生生的体现，也是宋代卓筒井的直系后代。

下面来详细介绍一下中国古代绳式深井钻探技术，将以《盐井图说》文字说明为纲，辅以《自流井记》和《自流井说》等相关记载，向读者娓娓道来。

（1）确定开凿位置。《盐井图说》称：

> 凡匠氏相井地，多于两河夹岸，山形险急，得沙势处。

意思是盐井开凿位置的选择低山区择其曲折凸起处。《自流井记》更载不同地层钻井取样特征，钻井时须审地中之岩，钻头初下时见红岩，其次为瓦灰岩，次黄姜岩，见石油。其次见草白岩，次黄砂岩，见草皮火（薄的天然气层）。见竹砂岩、次绿豆岩，见黑水（浓盐水层）。钻井时不一定见所有岩，但必得有黄姜岩和绿豆岩。黄姜岩是侏罗纪时期的油气层，黄水是侏罗纪的盐水，绿豆岩为三迭纪地层，黑水则是三迭系地层的浓盐水。当钻井时有黄姜岩、绿豆岩出现时，说明开凿已经大功告成。

（2）开井口、立石圈：由于井上部的土质松软，中空长竹筒作为护井套筒很难承受拉力和挤压力，用久了容易开裂。明代对此做了改进，其法为：首先选好井位，平整土地，挖掘井口，然后再在其中放入外方内圆的石圈，圆径38公分左右，周边约60公分，厚0.3—0.6米，共放30

个,石圈周围以土及碎石填实,即为开井口、立石圈。从而使井壁上部能承受更大挤压力而不至于塌陷。

(3) 钻大口井、排除井内杂物:明清时期,为了在井最上部加石圈和中部加固井套筒,所以需要先钻出大口井腔(旧称"大窍"),以大型钻具("鱼尾锉")钻探。而为了能使大型钻具作业,就需要在井上安设用井架("楼架")来支撑的足踏碓架或牛拉绞盘及其传动系统(旧称"花滚")来驱动钻具。以绞车收放或踏板起落之势引动钻头冲击岩层。其中足踏碓架法适合在开始钻井时启用,其原理据《自流井说》记载,人踩在碓架踏板上跳来跳去,带动钻头下冲及上升,另一人在井口不断旋转钻头方向,保持钻孔垂直不弯,此法操作简便。但是随着井的深度增加,需要更大的引动力,这就更需要用到绞车和滑轮系统了。原理是以绞车为动力时,要在井旁立两根高大木柱,二者间有一横木装有绞盘(旧称"木滚子"),上面缠着篾绳。绳一端系着钻具,另一端与立式滑轮(旧称"地滚")相连,通过此滑轮再连向鼓状的立式绞盘,以牛拉使之旋转,将钻具提升。再将牛卸下,使鼓形绞盘反方向转动,钻具因重力作用降下冲击井内岩层。但不论是踏碓还是绞车来驱动钻头,每钻进1—2尺都应取下钻具,换上底部有单向阀门(旧称"皮钱")的中空一丈长的竹筒送入井中,汲取井中的石屑和泥水,这道工序旧称"扇泥",再行钻进。如此重复操作,直到见红岩层为止。

(4) 钻小口径井:木质套筒入井后,便需要换用小的铁制钻头钻小口径深井(旧称"小窍")。钻头上有长柄,重80—140斤,长1.2丈,刃部如银键,旧称"银锭锉"。钻头高6—9寸,前后椭圆,左右中削。钻具上仍装振击器("转槽子"),由绞盘驱动,钻法与钻大口井腔相同。因岩层坚硬,据《自流井记》记载:

或四五年至十数年不等,才能钻通。

(5) 吸取盐水:开凿成功标志是钻到遇到有色的盐水(旧称为"卤")为止。后续是用吸卤筒将盐水吸取出来。吸卤筒是中空长竹筒,底部有牛皮圆片为单向阀门。其法为先将吸卤筒放入井下,而后井内盐水顶开阀门进入筒中,靠自身重将阀门关闭,再将其提至井上时,以铁钩顶开阀门,倒入槽中。其工作原理与前述清理井内碎石及泥水的竹筒相同。《盐井图说》对提升吸卤筒的装置做了简介,在井上支起高几丈的井架("楼架"),上安一定滑轮("天滚"),地上再放一滑轮("地滚")。井的另一处有带草棚的立式绞盘("大盘车"),以牛拉动。在地上滑轮与绞盘之间还装有枢轴的导轮("车床")用以改变力的方向。以上各部件间皆以篾绳相连。

(6) 井下事故处理:钻井过程中时有井下事故发生,自北宋至明清发展了一整套处理事故的工具和方法。其法为在处理事故前,先由有经验的师傅以带有倒钩的探测杆,放入井下,已探明事故原因、坠入何物及在井中位置,再采取对应措施。据《盐井图说》记载:

> 如钻井时钻探工具及篾绳偶尔中折入井,可用铁制的五爪将其取出,它如手的五指伸直再合拢那样,下分五股,各大如指且有倒钩,专取滑而难钳之物,而如井中被游动的泥沙塞满,使钻探受阻,则以下端有细齿的铁杆将沾在一起的泥沙冲松,再用竹筒(旧称"刮筒")将泥沙从井中取出。

刮筒与吸卤筒不同是,它不需要去掉中节,而是在每节端部凿出方口,放入井中吸出泥沙。到了清代,钻井、打捞工具已达七十种,处理井下事故的工具也有几十种了。

三、池盐生产技术史

位处晋西南的解池是一个古老的池盐产地,又称河东盐池。从远古到北魏数千年间,先民对河东盐(解盐)的获取,一直是自然捞采。因其为直接开采而不加工,所以卤水中不宜食用的杂质很多,使其在食盐中保留很多苦涩之味。因此在《周礼·天官·盐人》记载,周朝人将河东池盐称之为苦盐。自南北朝时期以后,历经北魏、西魏、北周和隋代、唐代先民们的不断地探索和实验,他们逐渐找到了制盐规律和生产要领，从而发明创造了解盐的生产技术——"垦畦浇晒"法。这种解池盐场的晒制食盐技术，是生产实践而逐步成型的，是由原来的"天日映成"，自然捞采解池"搜生盐"逐渐走向人工制造食盐的新阶段。

据《水经注》记载：

> 池西又一池，谓之女盐泽，东西二十五里，南北二十里，在猗氏故城南。……土人乡俗，引水沃麻，分灌川野，畦水耗竭，土自成盐，即所谓咸鹾也。

可见，在北魏时期，河东盐池就已经有了晒盐的畦地，人们已经开始进行提高食盐成分，降低盐中苦味的试验，这就是所谓"垦畦沃水种之"的制盐新技术的雏形，即将含盐分较高的卤水，开沟引入特制的畦地，配入淡水，进行晒制。北魏时期的此种晒盐之法，由于缺乏引导，是先民的一种无责任、无义务的自发的探索，其活动范围必然有限，仅仅是在"女盐泽"（小池）的部分方位进行，效果并不显著，因而也未能在解池推广。"治畦浇晒"法经过了长期的摸索和实践，到唐朝时，已经趋于成熟。晒制已经成为解池的人工制盐的一道重要程序。据《柳宗元集》卷一十五记载：

> 但其所至，则见沟塍畦畹之交错轮囷，若稼若圃，敞分匀匀，涣分鳞鳞，逦迤纷属，不知其垠。俄然，决源酾流，交灌互澍，若枝若股，委屈延布，脉写膏浸，集湿滑汩，弥高掩卑，漫垅冒块，块块没没，远近混会，抵值堤防，……无声无形，漂结迅诡，回眸一瞬，积雪百里。

从柳宗元的生动细腻的风雅之作来看，说明了唐代解池大面积浇晒食盐的生产场面，浩浩无垠，气势宏大。盐场犹如农民植禾种菜，整畦浇水即"若稼若圃"。若枝若股、匀匀、鳞鳞，可谓是规制井然，程序严谨，颇为条理。并且，以洫输水，以埂围水，沟塍组合，交灌互澍，脉络相通，致晒盐气氛浑然一体。因其交错溉畦，相连相接，众畦会聚，成盐大

片即"积雷百里,甚为壮观"。另据《盐池灵庆碑》记载,唐贞元九年,名士崔敖的一篇颂词也谈到解池盐田:

> 五夫为塍,塍有渠。十井为沟,沟有路。皋之为畦,醎之为门。

这篇颂词是对解池盐田上人工制盐的方式及其劳动内容的层次结构的描述,唐朝的解池盐田面积是划分为整齐的地块,以井(900 亩,合今 280.8 亩)为计算单位的,一井分为 9 块盐田,每块百亩(合今 31.2 亩),十井为一沟,沟为 9000 亩,即有 90 块盐田,沟田上留有供劳动者行走的道路。每一户(夫)分占一块盐田,每 5 块盐田为一塍,塍与塍之间要用土埂隔开。各塍盐田上皆有输水的渠道。田中设畦,并随时启闭水,以输引卤水,进行浇晒。此时的盐场既有通道,又有水渠,整齐划一,劳动力分布均匀,晒制秩序合理,具有一定的生产规模。唐人张守节在注释《史记》时,也向人们介绍了"畦盐"的一些简单常识:

> 盐民作畦,若种韭一畦。天雨下,池中咸淡得均,即畎池中水,上畦中深一尺许坑,日曝之,五六则成。盐若白矾石,大小若双陆及棋,则呼为畦盐。

综上所述,垦畦浇晒的池盐生产工艺,在唐朝逐渐走向成熟。垦畦浇晒技术是河东盐池发展技术史上的一次变革,是先民在长期的生活和生产实践中,逐渐认识自然和改造自然的结果,也引领了生产力的提高,为池盐经济的发展奠定了技术的基础。

本章梳理了中国历朝历代的盐政史、盐官史、盐技史、盐产史。盐政在每个朝代都有不同的变化,先出现的制度可能又在之后再次出现,盐政的历史呈现出螺旋上升的形态。而盐官的设置,随着制度的变迁也在发生着变化,总是要与新的制度相适应。产盐的技术随着人们生产实践的不断积累,呈现出阶梯式进步的形态,盐产的历史向我们展现的是一幅盐民热烈的劳动图景。古代与盐相关的制度和技术随着时间不断地改变和完善,古代中国人之所以如此重视盐,其实是有着深远思考。"若作和羹,尔惟盐梅",将人才对国家的重要性以盐对食物的重要性来比喻,这其中蕴含着两重意思:第一,盐作为调味品对于食物的调和来说非常重要;第二,人才对于国家的发展非常重要。在古人眼中,盐和人才这两个看上去毫无关系的事物似乎有着相通之处。

相信读者难免会想到这样的问题:那么盐的作用就只在人的日常生活中显现吗? 为什么历朝历代都把盐的地位放得如此之高? 盐作为人们生活中必不可少的消耗品,不光在生活领域发挥作用,维持正常的生命活动,在政治之中也发挥着十分重要的作用。荀子说过"民可载舟,亦可覆舟。"盐价的暴涨往往伴随着此起彼伏的农民起义,也由此旧的王朝要经历一次地震,摧毁了其立足之本,最终当朝的肉食者被推翻。因此盐价不仅关乎民生,其实也关乎国家的发展。如果仅仅从历史的角度来看待盐,终究只是过去发生过的事件,就失去了历史的意义。因此不光要从历史经验的角度来考量盐政史,还要将其以政治和经济的视角认真审视一番,才能化经验为远见。

第三章　经济贸易中的盐味

　　盐的生产、流通、消费和分配是盐业经济的四个阶段。盐业的分配其实就是盐业利润的分配,食盐专卖制度是中国古代极为重要的盐业利润调控手段。历朝历代都对食盐买卖实行不同程度的垄断,食盐成为中国历史上垄断时间最久的商品,中国也成为实行食盐专卖制度最久的国家。中国历史上生产的食盐主要有海盐、井盐、池盐、岩盐等,其生产不仅受到盐卤多寡、河流改道、自然灾害等自然因素影响,同时还受到政治局势、人口分布、生产技术等社会因素的影响。从整体而言,食盐生产经历了一个从无到有、从少到多的过程,其发展变化也反映了人类文明的变迁进步。在食盐专卖的大背景下,食盐流通管制虽有变化,但总体而言都是在朝廷直接或间接的管控下进行的。同时,无论是食盐的生产,还是食盐的流通,都在一定程度上促进了当地经济的发展,因此历史上很多名城都是食盐产地或流通中转地。在中国古代,朝廷通过食盐专卖制度控制生产和流通,目的是增加财政收入、维护阶级统治。新中国实行食盐专营制度,目的是提高食盐质量,解决食盐需求困难,盐业政策也发生了根本性变化,盐业生产质量逐步提升,品种日益繁多,货源不断充盈。

第一节　盐税

　　盐业专卖在中国持续的时间比货币的时间还要久远。自春秋时期齐国管仲创立食盐专卖,历朝历代都不同程度地存在盐业垄断。现行的食盐专营制度,也是我国承袭盐业专卖制度的结果。

盐业专卖就是由国家对食盐买卖进行垄断,生产、运输、销售等环节由朝廷把控。中国盐业专卖制度在开始时间、持续时间、历史影响和制度的苛刻程度上都超过了世界上其他国家。

一、思想渊源

1. 中央集权思想在经济领域的影响

作为中国古代著名的军事家、经济学家,管仲深刻地认识到国家富裕对抵御外敌的重要意义,他认为民间财力的多寡应该在国家的控制之下,所以要把山海资源收归国有,对其生产、运输、贸易等全部进行严格控制。

2. 食盐专卖好于其他税种

齐国向来重视工商业的发展,管仲认为工商业经济增长是国家经济收入增加的重要来源,他强调"善为政者,田畴垦而国邑实"和"实圹虚,垦田畴,修墙屋,则国家富"。同时管仲又认为应当减轻税赋,主张"薄税敛,毋苟于民,待以忠爱,而民可使亲"①。在经与房产税、人头税、树木税等税种相比较之后,他认为自然资源是国有资源,食盐作为自然资源施行专卖并征税最好。在《管子·海王》中有如下记载:

> 桓公问于管子曰:"吾欲藉于台雉何如?"管子对曰:"此毁成也。""吾欲藉于树木?"管子对曰:"此伐生也。""吾欲藉于六畜?"管子对曰:"此杀生也。""吾欲藉于人,何如?"管子对曰:"此隐情也。"桓公曰:"然则吾何以为国?"管子对曰:"唯官山海为可耳。"《管子·国蓄》中记载如下:夫以室庑籍,谓之毁成。以六畜籍,谓之止生。以田亩籍,谓之禁耕。以正人籍,谓之离情。以正户籍,谓之养赢。五者不可毕用,故王者偏行而不尽也;故天子籍于币,诸侯

---

① 《管子·五辅》.

籍于食。①

由此可见，在管仲看来征收房产税、人头税等都不利于经济发展或者自然资源保护，只有把自然资源归为国有，并对自然资源的开发和利用实施专管并征税，才是国家掌控财政经济的最佳做法。

3. 寓税于价便于防止逃税

《管子·地数》中就有"恶食无盐，则肿"的描述。按照人口配备食盐，将税收包含于价格之中，这样逃税的难度就变得非常大，甚至不可能逃税。所以食盐税，就成为一个非常好的税种。管仲对食盐征税也有着独到的措施，在《管子·海王》中就有详细的记载：

> 桓公曰："何谓官山海？"管子对曰："海王之国，谨正盐策。"桓公曰："何谓正盐策？"管子对曰："十口之家十人食盐，百口之家百人食盐。终月，大男食盐五升少半，大女食盐三升少半，吾子食盐二升少半，此其大历也。盐百升而釜。令盐之重升加分强，釜五十也；升加一强，釜百也；升加二强，釜二百也。钟二千，十钟二万，百钟二十万，千钟二百万。万乘之国，人数开口千万也，禺策之，商日二百万，十日二千万，一月六千万。万乘之国，正九百万也。月人三十钱之籍，为钱三千万。今吾非籍之诸君吾子，而有二国之籍者六千万。使君施令曰：吾将籍于诸君吾子，则必嚣号。今夫给之盐策，则百倍归于上，人无以避此者，数也。"②

可见，严格按照户口簿人口配给食盐并征税，这样每个人都没法逃税，对国家财政收入而言也有充分的保障，并且按此做法比较便于操作，实乃事半功倍之举。

4. 奠定国家财政基础的迫切要求

管仲认为，齐国只有充分利用自己的资源，充分发挥本国的优势，

---

① 司马琪主编：《十家论管》，上海人民出版社，2008.
② 张银河：《中国盐文化史》，大象出版社，2009.

依靠强大的经济实力,才能称霸天下。他认为,楚国能够利用汝水、汉水里的铜铸货币,燕国辽东能够煮海水产盐,齐国则应该充分利用海盐资源丰富的优势,这样国家的财政才能源源不断地得到补充,国家才能不断强大富强。详见《管子·轻重甲》:

> 管子曰:"阴王之国有三,而齐与在焉",桓公曰:"若此言可得闻乎?"管子对曰:"楚有汝汉之黄金,而齐有渠展之盐,燕有辽东之煮,此阴王之国也,且楚之有黄金,中齐有菹石也,苟有操之不工,用之不善,天下倪而是耳,使夷吾得居楚之黄金,吾能令农毋耕而食,女毋织而衣。今齐有渠展之盐,请君伐菹薪,煮沸火为盐,正而积之。"桓公曰:"诺。"十月始正,至于正月,成盐三万六千锺。召管子而问曰:"安用此盐而可?"管子对曰:"孟春既至,农事且起,大夫无得缮冢墓,理宫室,立台榭,筑墙垣,北海之众,无得聚庸而煮盐,若此,则盐必坐长而十倍。"桓公曰:"善,行事奈何?"管子对曰:"请以令粜之梁赵宋卫濮阳,彼尽馈食之国也,无盐则肿,守圉之国,用盐独甚。"桓公曰:"诺。"乃以令使粜之,得成金万一千馀斤,桓公召管子而问曰:"安用金而可?"管子对曰:"请以令使贺献出,正籍者必以金,金坐长而百倍。铉金之重以衡,万物尽归于君。故此所谓用,若挩于河海,若输之给马,此阴王之业。"

5. 本国经济强大和牵制他国的有力手段

管仲认为,食盐加价的效果非常明显。每升盐涨价半个钱,则一釜盐就可以涨价五十个钱,每升盐涨价一个钱,则一釜盐就可涨价一百钱;每升盐涨价十个钱,则一釜盐竟然可以涨价一千个钱。[1] 在泲水(今济水)入海处砍柴用于生产食盐,有着得天独厚的自然条件。不生产食盐的国家,士兵往往也多,对盐的消耗量也会比较多,对齐国的依赖也会比较强,这样虽然运输路途比较遥远,但是可以高价销售从而获得丰厚的利润,从而国家的收入也会相当丰厚。详见《管子·地数》:

---

[1] 廖品龙:"中国盐业专卖溯源",《盐业史研究》,1988(4):9.

桓公问于管子曰："吾欲守国财而毋税于天下,而外因天下,可乎?"管子对曰："可。夫水激而流渠,令疾而物重。先王理其号令之徐疾,内守国财而外因天下矣。"桓公问于管子曰："其行事奈何?"管子对曰："夫昔者武王有巨桥之粟贵籴之数。"桓公曰："为之奈何?"管子对曰："武王立重泉之戍,令曰:'民自有百鼓之粟者不行。'民举所最粟以避重泉之戍,而国谷二什倍,巨桥之粟亦二什倍。武王以巨桥之粟二什倍而市缯帛,军五岁毋籍衣于民。以巨桥之粟二什倍而衡黄金百万,终身无籍于民。准衡之数也。"桓公问于管子曰："今亦可以行此乎?"管子对曰："可。夫楚有汝汉之金,齐有渠展之盐,燕有辽东之煮。此三者亦可以当武王之数。十口之家,十人咶盐,百口之家,百人咶盐。凡食盐之数,一月丈夫五升少半,妇人三升少半,婴儿二升少半。盐之重,升加分耗而釜五十,升加一耗而釜百,升加十耗而釜千。君伐菹薪煮沸水为盐,正而积之三万钟,至阳春请籍于时。"桓公曰："何谓籍于时?"管子曰:"阳春农事方作,令民毋得筑垣墙,毋得缮冢墓;丈夫毋得治宫室,毋得立台榭;北海之众毋得聚庸而煮盐。然盐之贾必四什倍。君以四什之贾,修河、济之流,南输梁、赵、宋、卫、濮阳。恶食无盐则肿,守围之本,其用盐独重。君伐菹薪煮沸水以籍于天下,然则天下不减矣。"

综上所述,管仲利用垄断食盐这一自然资源,不仅把财政大权归集到中央,同时还增加了国家的财政收入,为国家奠定了坚实的经济基础。同时,对人类生活必需品食盐实行专卖制度,也成为管仲在经济领域一大创举。

二、具体举措

根据《管子》等有关史料记载,盐业专卖的具体内容及措施是:民产、官收;官运;官卖。盐的生产以政府生产为主、民间生产为辅。政府生产的食盐主要是以政府的身份运输、销售到其他国家,通过抬高盐价和垄断销售,获取高额利润,期间还利用汇率和物价涨跌等规律,获取额外的利润。同时以低价收购邻国的食盐,然后高价转卖出去。民间生产的食盐主要在国内销售,按照人口出售并征税,采用含税价的方法,收取了大量税金,以此供给国家财政收入。

1. 食盐的生产采取政府生产和民间生产两种方式,在政府生产期间禁止民间生产

在春秋时期以前,甚至齐桓公以前的 400 多年间,食盐的生产都是民间自由生产,并且不予征税。《管子·轻重丁》中有如下记载:

> 北方之萌者,衍处负海,煮沸水为盐,梁济取鱼之萌也。薪食。其称贷之家多者千万,少者六七百万。其出之,中伯二十也。受息之萌九百余家。

但《管子》书中对民制情况语焉不详,而对官自煮盐颇有记载。《管子·轻重甲》:

> 管子对曰:"……今齐有渠展之盐,请君伐菹薪,煮沸水为盐,征而积之。"桓公曰:"诺。"十月始正,至于正月,成盐三万六千钟。召管子而问曰:"安用此盐而可?"管子对曰:"孟春既至,农事且起,大夫无得缮冢墓,理宫室,立台榭,筑墙垣。北海之众无得聚庸而煮盐。若此,则盐必坐长十倍。"桓公曰:"善。行事奈何?"管子对曰:"请以令集之梁、赵、宋、卫、濮阳。彼尽馈食之国也,无盐则肿,守围之国用盐独甚。"桓公曰:"诺,"乃以令使粜之,得成金万一千余斤。"管子对曰:"……今齐有渠展之盐,请君伐菹薪,煮泺水为盐,正而积之。"桓公曰:"诺"。十月始正,至于正月,成盐三万六千钟。召管子而问曰:安用此盐而可?管子对曰:孟春既至,农事起,大夫无得缮冢墓,理宫室,立台榭,筑墙垣;北海之众,无得聚庸而煮盐;若此则盐必坐长而十倍。桓公曰:"善"!

《管子·地数》:君伐范菹薪,煮泺水为盐,正而积之三万钟,至

阳春,请籍于时。桓公曰:何谓籍于时? 管子曰:阳春农事方作,令民毋得薪筑垣墙,毋得缮冢墓;丈夫毋得治宫室,毋得立台榭;北海之众,毋得聚庸而煮盐;然(则)盐之贾必四什倍。"

上述可知官煮盐的时间是从十月到正月,共四个月,这是冬季枯草多,燃料足的时节,因人为地造成盐的供需紧张,所以官煮时及官煮后借口春季已到,正值农忙,先从大夫起不得使用劳力去修缮宫室台榭;民间不得去筑墙修墓;煮盐因为使用劳力更多,更被禁止,北海之民,不得聚众煮盐。由于官煮排挤、禁止了民制,就造成人为地限制产量,造成对盐的垄断,使供需矛盾突出,因此盐价坐涨四到十倍,这就是管仲想使别人不知道其中的机窍而用的计谋。①

2. 盐的国外运销是官销和转手买卖

管仲的官销主要是为了运销到不产盐的邻国,发展国外销售,垄断销售。详见《管子·轻重甲》:

桓公曰:"寡人欲藉于室屋。"管子对曰:"不可,是毁成也。""欲藉于万民。"管子曰:"不可,是隐情也。""欲藉于六畜。"管子对曰:"不可,是杀生也。""欲藉于树木。"管子对曰:"不可,是伐生也。""然则寡人安藉而可?"管子对曰:"君请藉于鬼神。"桓公忽然作色曰:"万民、室屋、六畜、树木且不可得藉;鬼神乃可得而藉夫?"管子对曰:"厌宜乘势,事之利得也;计议因权,事之囷大也。王者乘势,圣人乘幼,与物皆宜。"桓公曰:"行事奈何?"管子对曰:"昔尧之五吏五官无所食,君请立五厉之祭,祭尧之五吏,春献兰,秋敛落;原鱼以为脯,鲍以为肴。若此,则泽鱼之正,伯倍异日,则无屋粟邦布之藉。此之谓设之以祈祥,推之以礼义也。然则自足,何求于民也?"

管仲认为,房屋税对房屋建设不利,人口税对人口增长不利,牲畜

---

① 廖品龙:"中国盐业专卖溯源",《盐业史研究》,1988(4):9.

税对养殖业不利,树木税对养护森林不利,只有审时度势万物才能各得其所。另据《管子·轻重甲》记载:

> 管子曰:"阴王之国有三,而齐与在焉。"桓公曰:"此若言可得闻乎?"管子对曰:"楚有汝、汉之黄金,而齐有渠展之盐,燕有辽东之煮,此阴王之国也。且楚之有黄金,中齐有菑石也。苟有操之不工,用之不善,天下倪而是耳。使夷吾得居楚之黄金,吾能令农毋耕而食,女毋织而衣。今齐有渠展之盐,请君伐菹薪,煮沸火水为盐,正而积之。"桓公曰:"诺。"十月始正,至于正月,成盐三万六千钟。召管子而问曰:"安用此盐而可?"管子对曰:"孟春既至,农事且起。大夫无得缮冢墓,理宫室,立台榭,筑墙垣。北海之众无得聚庸而煮盐。若此,则盐必坐长而十倍。"桓公曰:"善。行事奈何?"管子对曰:"请以令粜之梁、赵、宋、卫、濮阳,彼尽馈食之也。国无盐则肿,守圉之国,用盐独甚。"桓公曰:"诺。"乃以令使粜之,得成金万一千余斤。桓公召管子而问曰:"安用金而可?"管子对曰:"请以令使贺献、出正籍者必以金,金坐长而百倍。运金之重以衡万物,尽归于君。故此所谓用若挹于河海,若输之给马。此阴王之业。"

管仲认为,楚国汝河、汉水有黄金资源,齐国渠展有食盐资源,燕国辽东也有食盐资源,这都是丰富的自然资源。这些自然资源如果经营不当、使用不好,也不能够给国家带来太多的经济利益。现在齐国渠展生产食盐,如果生产食盐并囤积起来,并规定在每年初春农耕开始沿海不能大规模地生产食盐,盐价就会大幅上涨,然后再卖到梁、赵、宋卫等不生产食盐的地方。齐国借此赚取了大量黄金,随后又规定进朝献贡必须使用黄金,随后黄金价格又大幅上涨,借机收购各种物资,于是各种财富就都集中于朝廷了。这样,才是正确的资源经营之道。

由此可见,管仲在垄断食盐经营和食盐价格迅猛上涨后,对不产食盐又靠齐国供盐的国家从货源、市场、价格三个方面进行垄断、独占,同时利用人缺盐易患肿病和这些国家兵多、食盐需求量大等特点,追逐商业中的高额利润。然后由朝廷出资修建航道,派出官员进行买卖,实行由官府运输和销售,获得大量的货币,市面流通的货币又因此减少。管仲又充分利用货币流通数量与物价成反比的经济规律,将大量的铜币囤积于朝廷,造成民间流通的货币减少,这时又发令凡进朝献贡、交税必须使用铜币,因此货币价值又大幅上涨,这时再用高昂的铜币价值去操纵物价、粮价,为朝廷赚取高额利润。

除此之外,管仲还让盐官低价从邻国(如燕国)购入食盐然后高价专卖。在《管子·海王》就有记载:

桓公曰:"然则国无山海不王乎?"管子曰:"因人之山海假之。名有海之国雠盐于吾国,釜十五,吾受而官出之以百。我未与其本事也,受人之事,以重相推。此人用之数也。

桓公问,如果没有自然资源的国家难道就不能成就霸业了吗?管仲回答说,可以借用其他国家的自然资源,把其他国家的食盐收购过来,然后再以翻倍的价格卖出去,这样虽然自己不生产食盐,但可以收购别人的然后加价卖出,这样就可以赚取利润。

3. 盐的国内运销是计口卖盐寓税于价

官府生产食盐时禁止民间生产,只有在每年十月至次年春月期间,民间才可以生产食盐。朝廷生产食盐主要是通过官运官销到其他国家,民间生产食盐主要在国内销售。管仲在向齐桓公陈述了征房产税、人头税等都不好之后,随即提出"海王之国,谨正盐策。"即严格按人口配卖食盐的办法。见《管子·海王》:

桓公曰:"何谓官山海?"管子对曰:"海王之国,谨正盐策。"桓公曰:"何谓正盐策?"管子对曰:"十口之家十人食盐,百口之家百人食盐。终月,大男食盐五升少半,大女食盐三升少半,吾子食盐二升少半,此其大历也。盐百升而釜。令盐之重升加分强,釜五十也;升加一强,釜百也;升加二强,釜二百也。钟二千,十钟二万,百钟二十万,千钟二百万。万乘之国,人数开口千万也,禹策之,商日

二百万,十日二千万,一月六千万。万乘之国,正九百万也。月人
三十钱之籍,为钱三千万。今吾非籍之诸君吾子,而有二国之籍者
六千万。使君施令曰:吾将籍于诸君吾子,则必嚣号。今夫给之盐
策,则百倍归于上,人无以避此者,数也。"

管仲认为,靠盐业资源成就霸业的国家,要注重征税于盐,即通过
盐的买卖征收税赋。他认为,每个人都要吃盐,把盐税包含在盐价中,
通过调整盐价来增加税收,效果明显且不易引起全国百姓的反对和
不满。

三、历史影响

作为中国古代著名的经济学家,管仲是中国经济史上的一个特殊
人物。[①] 早在春秋时期,还没有施政者像他这样具有经济头脑,他创立
的盐业专卖制度在历史上影响深远。盐业专卖制度的出发点就是通过
垄断买卖为朝廷搜集财富。管仲自家道中落后,开始从事当时认为卑
微的商业活动,在被齐桓公委任为相后,把从商悟出的"生意经"用到了
国家经济事业上来。他通过盐业垄断经营,推行官产、官运、官销,将自
然资源收归朝廷所有,给朝廷带来了巨大的财税收入。在以后的朝代,
盐业经济得以发展后,商人从盐业经营中获得了大量财富,势力也到了
足以影响朝廷经济利益的地步,当朝廷财力不足的时候,就通过"排富
商大贾""重本抑末"对商人进行打压限制,将财富向朝廷集中,就是对
管仲垄断集中思想的沿袭。

如果朝廷不对盐业发展进行限制,任由其自由发展,其必然会对封
建主义的统治造成威胁。实践证明,盐业经营确实给朝廷带来了巨额
财富收入,并成为朝廷税收的重要来源。在历史上,除个别朝代、个别
帝王对盐业无管制外,大都越管越严,愈烦愈苛,法制累变,但万变不离
其宗。可见盐业经营活动只能在朝廷限定的范围内开展,带有浓厚的

---

① 廖品龙:"中国盐业专卖溯源",《盐业史研究》,1988(4):9.

封建性质,这也是管仲垄断思想沿袭的体现。

盐业生产本属于手工业,盐业销售本属于商业,盐业税收才属于财政,但在历代中都没有实行归口管理,一直由财政部门管理,实行盐业专管。为加强盐业专管而设立的各级盐官和管理机构,历经演变,最终形成了一套体系完整的官制。盐业官制不同于其他产业的官制体系,源自管仲设置的盐官,也是对其专业官制的继承。

四、盐业专卖制度的历史沿革

盐业专卖制度从春秋战国开始一直延续到新中国成立,是中国历史上垄断时间最长的商品。盐业专卖制度,就是统治阶级垄断或者限制生产和销售,从中搜集巨额财富,增加财政收入的做法。对此封建社会的一些士大夫将其称为"利出一孔",认为只是看到了利益但却没看到利益是如何产生的。

齐桓公在东周庄王十二年(公元 685 年)继位,经鲍叔牙推荐任用管仲辅佐朝政。管仲上任后进行了一系列改革,他充分发挥齐国食盐资源丰富的优势,开创性地建立了盐业专卖制度。

秦朝至汉朝初期,国家对食盐的制造和贩卖没有特殊限制,国家和私人都可以制造和贩卖。西汉汉武帝时期,国家由于长期战争导致财政紧张,而此时商人却因炼铁和制盐等积累了大量财富。为了增加财政收入,同时限制因炼铁和制盐而发展起来的商人,确保统治阶级的地位,汉武帝建立了食盐必须施行官卖的制度。至汉昭帝时期,国家还就食盐等专卖问题展开辩论,并编著成《盐铁论》,辩论之后部分地方暂时废除了食盐专卖制度。至汉光帝时期,食盐专卖又改为征税。至三国两晋时期,食盐专卖制度再度恢复。隋到唐前期,废除了盐的专卖制度,安史之乱后,盐专卖再度恢复。

在五代时期,盐业专卖制度最为严酷,私人贩卖食盐一斤一两就要受到正法。

唐朝对私自贩卖食盐者要杀头,同时对相关官员施行连坐制度。到唐朝中期,食盐专卖制度的管理相对比较宽松,至乾元元年(公元

758年)又变更为全部施行国家专营。到宝应元年,刘晏对盐业专卖施行改革,将食盐改为由民间生产,国家统一收购后进行批发专卖。刘晏的这一做法大大增加了国家的财政收入,有时盐业税收收入占国家财政收入的50%以上。

宋朝开始,盐业专卖制度开始松动,私卖食盐杀头的标准也上调至3斤或10斤,商人和国家可以合作和竞争的关系相处。基于此关系,食盐商人依靠政府对食盐的垄断,比其他行业的商人更容易获利。当时,虽然对贩卖食盐处罚十分严酷,但是贩卖私盐的现象却屡禁不止。明朝洪武时期,国家在北方设立九边进行防御,为了解决九边的补给问题,国家允许山西商人通过向边关运送粮草获取食盐等同于官卖的食盐贩卖资格,此后山西商人又获得了河东、两淮的食盐贩卖盐引。

在明朝,国家建立盐引制度,商人只有获得盐引才能贩卖食盐。商人凭借盐引领取食盐,然后销售到指定的区域。

抗战时期,中华民国政府曾实行食盐专卖。

中华人民共和国至今实行盐业专卖。政府对此的解释为平衡盐价和保证加碘质量。

五、盐制论列

纵观中国历史,食盐销售制度可以归纳为三种:专卖制度、征税制度和无税制度。

无税制度即对食盐不予征收专税,食盐可以和其他普通商品一样在市场上流通。主要在隋唐前,执行时间也非常短暂,总共不到140年的时间。三种盐业制度可以归纳为两种思想。无税制认为,食盐是日常生活用品,应当任凭百姓按需自取,征收食盐税就是在征收人头税,应该尽量避免。征税制虽然同意对盐场征税,但对生产、贸易不加干涉,完全由市场调节。这两种思想都主张允许私人经营食盐,是一种对经济放任的思想。[①] 免税制和轻税制虽然程度不一样,但实质上对盐

[①] 吴慧:《翰苑探史:中国经济史论集萃二十五题》,中国经济出版社,2010.

业专营都持有宽容的态度。专卖制度则恰恰相反,是朝廷对经济干预在食盐上的具体体现,是维护国家统一和中央集权的工具。通过国家对盐业经营的干预来实行经济调节,进而分配社会财富,防止因为私人财富过于集中而影响朝廷统治,具有"制有余,调不足"的作用,这种做法有一定的历史进步性,有利于防止贫富分化。此外,食盐的生产比较简单、容易,并且需求比较稳定,由朝廷统一确定额度,有利于避免生产过剩,防止产销脱节。在不同地区之间确定配额,可以保持不同区域之间食盐流向稳定,对保障不产盐地区的食盐供应具有积极作用。因此,朝廷通过盐业专卖对经济进行干预也并不是完全没有道理。

1. 不同条件下、不同专卖方式的利弊得失

食盐专卖制度,在历代都是褒贬不一:主张经济干预的一派极力宣扬专卖的好处;主张经济放任的一派则极力宣扬专卖的弊端。从辩证的角度,一分为二地评价食盐专卖制度才是客观公正的,全面肯定或者全面否定都是不可取的。

在不同的历史背景下,食盐专卖制度的应用得到的结果也不尽相同。本来,食盐专卖制度只是朝廷的调节工具,可以为不同的政权、不同的政策(指基本国策以及与之相连的财政政策)服务,在客观上到底是利多还是弊多,与实施背景(政权性质、经济基础等)密切相关。① 一般而言,新兴或进步阶层掌握政权时,掌权者在"取之于民"方面都会比较节制,而且能够较多地考虑"用之于民",用于国家的公共事业,如国家安全、兴修水利、贩济灾荒等。同时,专卖制度集权于中央,吏治比较整肃,能够比较有效地惩治贪污,从总体上讲此时食盐专卖就会利大于弊。比如管仲、商鞅、桑弘羊、刘晏等人推行的食盐专卖。① 反之,如果腐朽势力掌握政权,掌权者昏聩腐朽、贪得无厌,掌权者往往会以商品专卖抬高价格,加重百姓负担,却不肯做公共事业。此时,专卖制度的积极作用就会消失,单纯变成掌权者的敛财工具。比如王莽推行的食盐专卖。

2. 就场专卖与就场征税的比较

专卖制度有许多缺点,尤其是专商世袭专岸永占,流弊更多,所以

---

① 吴慧:《中国古代商业》,中国国际广播出版社,2010.

从明清直至近代有许多人起而主张索性废除专卖制而改行全放开的就场征税制,经济放任主义的思想还在不时回升。①

主张改行就场征税制的人中,最推重刘晏,因为刘晏实行的就是就场征税,而非专卖制。其实刘晏与完全的经济放任主义者决非同道,他所实行的是大管、小放的就场专卖制,而不是全放开的就场征税制,只是后人不悉,遂有将其与就场征税制并为一谈者耳。从性质上说,这两种制度有着深刻的区别。前者是官收商运,食盐专卖;后者是官不收盐,单纯征税,不属于专卖的范围之内。像东汉、南朝之所为始可称就场征税制,刘晏对商人就场领盐后,"纵其所之",不问其去向,只是说明当时还未形成划区供应的引界制(至五代后唐划区供应制才告确立,宋代更趋严密),并非真正的自由贸易,不能以此与就场征税相混。② 就场征税原是一种自由贸易制(又称"生产课税法"),仅于制造场所设官监督,按其产额收取盐税,余皆勿问,虽很简便,但其弊很多:场地广泛,生产分散,漫无稽查,收税困难(如由盐户纳税,赤贫之人无力垫付,如由商人纳税,偷漏之事无法堵截;如山场官收税,侵欺之数无由核实),结果是国家税收不到多少,徒然肥了商人;而商人好利,又往往抬价掺杂,趋易避难,使人民只能吃贵盐,僻远之处和乡村更常吃不到盐。③刘晏的就场专卖,再加常平盐,就避免了就场征税的这些缺点,两者界限是不容混淆的。主刘晏之法,而名之曰就场征税,甚至说就场征税始于刘晏,实难免李戴张冠之消也。

就场专卖与就场征税孰优孰劣,几十年间经过争论,到近时研究盐政史者田斌在《中国盐税与故政》中作了比较分析,得出具有倾向性的意见。按原文概括,其言之大意是:就场专卖制于引地既破之后(对纲法而言),仍由国家指定运输路线,就场征税制则不然,一税之后任其所之。运销区域不由国家全部规划,则贪近畏远、好逸恶劳的运商必群趋于最近最便之一途,边远之区势必相率食淡食贵。只有由国家来全部支配运输供应区域,划地行盐,才能使地无远近都得平价的盐吃;就场

---

① 吴慧:《翰苑探史:中国经济史论集萃二十五题》,中国经济出版社,2010.
② 李明明:《中国盐法史》,文津出版社,1997.
③ 吴慧:《中国古代六大经济改革家》,上海人民出版社,1984.

征税,运商无定人,运盐无定额,于是产额无从限制,销额不能预计,或此拙而彼赢,或骤增而忽减,供求不相应,于国家税入、民众健康、亭户生计影响较大。就场专卖虽取消引商(纲法之专商),但是有定商,受国家支配,可专责成,如此,上述就场征税之弊即可避免;食盐的供给可人为地加以限制,而其需用量却有定量,成本又极低廉,尽收场盐所需的资本不多。因此,这一商品最适于垄断。就场征税,贸易自由,必有少数富贾巨商垄断操纵,是固未必造福于民生,裨益于国计。不像就场专卖之商人须经政府特许,受政府之严厉干涉,不致有若何之把持,而对国家的财政收入却有所帮助;征税制不能平均盐价,此低彼昂,近场食贱,僻区食贵,负担极不平均。① 商人居奇抬价,更会加重人民的负担。在言征税制者以为取放任胜义,自由竞争,盐价可不待强而自落。殊不知近代商业趋势,已由自由竞争,进而采取所谓企业同盟政策。垄断组织形成,国家将何以制止? 就场专卖,若似国营企业,不独可以伸缩税额,抑且可以平均盐价。因为在专卖制之下,盐价悉由国家规定。运商小贩,自非甘冒刑律暗抬市价者,固不敢独有所更易;征税制命盐户将盐交仓,以俟场商买盐付价,始能收回成本。① 盐户贫困,朝盐夕米,非漏私何以为生? 结果是私盐反日甚。特别是场地散漫之区,漏私漏税更是严重。就场专卖,由国家于产盐地设局收买,盐户可及时取回盐价,场价合理就可减少场私。对于成本过高的废场,国家可调整生产,逐渐予以裁并,实行人为淘汰。②

场征税衡诸我国盐情极不适合;场专卖系一种"变相之官有营业",较前者为易实行,固不俟烦言而解。"场专卖为整理盐务之长策"。看来,官不收盐,场私大漏,不问所之,天下皆私盐的征税制,实在太放任自流了。人们还是趋重于专卖,经过来回折腾,反复比较,觉得还是以国家管理为主、商人补充为辅的就场专卖为好。刘晏的盐法(就场专卖加常平盐)及其经济思想,直至近代还在发生着深远的影响。

① 吴慧:《中国食盐专卖的历史考察》,盐业史研究,1990.
② 李明明:《中国盐法史》,文津出版社,1997.

第二节　盐场

　　食盐生产是我国非常重要的传统手工业,古代生产的食盐有海盐、池盐、井盐、土盐和石盐等。食盐的生产除了必须有盐卤这一原材料外,还受到自然条件、生产技术、人口分布、社会政局等因素的影响。从整体上讲,海盐主要分布在沿海,池盐主要分布在长江北部和西部,井盐主要分布在西南部,土盐主要分布在黄河中下游,石盐主要分布在西北地区。食盐产地、产量、盐种的变迁,也在一定程度上反映了社会政治、经济、文明的发展变迁。

一、中国古代食盐生产情况

1. 先秦时期

　　根据现有文献资料来看,早在先秦时期我国已开始生产海盐、池盐、井盐、石盐等四种食盐,海盐主要在青州、幽州、吴国、越国、闽越等地,池盐主要在安邑盐池、凉州青盐池,井盐产地有巫载国、巴国、蜀国,石盐产地有凉州盐山。先秦时期食盐产地的分布为秦汉以后食盐产地的发展奠定了基础。

2. 秦汉时期食盐产地

　　秦朝自公元前221年统一全国,到公元前206年灭亡,仅仅存在了15年。有关这一时期的食盐产地,史籍上没有记载,具体情况目前无从得知。公元前206年,刘邦受封为汉王。公元前202年,楚汉战争结束,刘邦称帝,正式建立了西汉王朝。公元220年,汉献帝禅位,东汉王朝灭亡。这个时期大致为统一时期,社会经济得到了很大的发展,盐业生产也不例外,食盐产地方面表现尤为突出。[①]

　　与先秦时期相比,秦汉时期食盐产地数量有了较大幅度的增长,之

[①] 吉成名:《中国古代食盐产地分布和变迁研究》,中国书籍出版社,2013.

所以出现这种局面,主要有以下原因:

第一,秦汉时期基本上是国家统一时期,社会秩序比较稳定,人民致力于发展经济文化,盐业生产得到了很大的发展,出现了一大批盐商。在这些盐商的影响之下,从事盐业生产的人越来越多,推动了盐业生产的发展,促进了食盐产地的开发。

第二,汉武帝为了增加财政收入,招募百姓煮盐,实行食盐专卖,在重要产地设置盐官管理,食盐生产和专卖。这种政策极大地刺激了盐业生产,促进了食盐产地的开发。汉武帝以后对全国的盐业生产实行了有效管理,盐业生产由无序走向有序,产地数量不断增加。[①]

3. 魏晋南北朝食盐产地

魏晋南北朝时期是中国历史上长期分裂割据的时期。公元 220 年,汉献帝禅位,曹丕称帝,建立魏国,出现了分裂割据的局面。公元 589 年,隋朝灭陈,统一全国分裂割据的时间长达 360 多年。[①] 在长达 360 多年的时间里,食盐产地发展速度是比较缓慢的。其中变化较大的是井盐产地明显增加。出现这种局面,主要有以下原因:

第一,分裂割据状况严重影响了盐业生产。魏晋南北朝时期,北方出现了十几个王朝,南方也出现了六个王朝,政治局势动荡不安,各个王朝在发展经济方面很难有所作为,社会生产遭到了很大的破坏,盐业生产也不例外,有时处于停顿状态。海盐产地和池盐产地不但没有增加,反而有所减少,其原因就在于此。

第二,西南地区相对安定的社会秩序有利于盐业生产的发展。这个时期北方经常发生战争,西南地区比较偏远,战争较少,社会秩序相对比较安定,有利于发展生产。刘备建立蜀国以后,西南地区经济、文化发展较快,对井盐生产也加强了管理,设置了专门的机构。史载:"初,先主定益州,置盐府校尉,较盐铁之利。"[②]王连"迁盐府校尉,较盐铁之利,利人甚多,有裨国用。"井盐生产得到了发展,产地增加较多。

第三,西域地区社会发展促进了食盐资源的开发。在中原地区汉

---

① 吉成名:"论魏晋南北朝食盐产地",《盐业史研究》,2012.
② 吉成名:《中国古代食盐产地分布和变迁研究》,中国书籍出版社,2013.

族先进文化的影响下,这个时期西域地区社会发展速度明显加快,经济、文化得到一定的发展,盐业生产也不例外。西域地区的盐种主要是池盐和石盐。由于生产得到很大的发展,这个地区池盐产地增加较为明显,而且出现了好几处石盐产地。

总之,这个时期食盐产地的发展主要是在西部地区。这种局面的形成与这个时期西部地区社会发展密切相关。[①]

4. 唐代食盐产地

唐朝建立于公元618年,907年灭亡,存在时间289年。国家统一,经济、文化高度繁荣,盐业生产也得到了很大的发展,对国家财政收入具有重要的影响。在各种食盐中,产量从高到低依次是海盐、池盐、井盐。唐代食盐产地发展较快,主要有以下三个原因:

第一,统一的局面。唐朝建立于618年,624年基本统一,全国政治局面长期比较稳定,社会秩序长期比较安定。唐朝政府采取了一系列恢复和发展生产的措施,初期盐税较轻,减轻了人民的负担。这些条件和措施对于发展盐业生产是十分有利的。

第二,唐代后期所进行的改革。安史之乱爆发以后,唐朝政府的财政状况急剧恶化。为了筹措经费,唐朝政府进行了改革,调整了盐业政策,实行榷盐制。政府将盐户生产出来的盐低价收购,高价卖出,从中牟取暴利,食盐零售价格暴涨十倍以上。这种政策极大地刺激了盐业生产,促使食盐产地迅速增加。

第三,经济重心南移。安史之乱以前经济重心位于黄河中下游地区,安史之乱爆发以后,黄河中下游地区长期战乱,社会生产遭到极大的破坏,而南方社会秩序比较安定,所以北方人口大量南迁,经济重心开始南移,南方经济迅速发展起来,盐业生产也得到了很大的发展,涌现出了很多新的海盐产地。[②]

由于政治局面长期比较稳定,唐朝政府采取了许多发展盐业生产的措施,特别是唐代后期所进行的改革和安史之乱以后经济重心南移,

---

① 吉成名:"论魏晋南北朝食盐产地",《盐业史研究》,2012.
② 吉成名:"唐代海盐产地研究",《盐业史研究》,2007.

大大地推动了盐业生产的发展,所以唐代食盐产地巨增,生产规模扩大,产量大大提高。[①]

5. 五代十国食盐产地

公元 907 年,朱温废唐哀帝自立,此后相继出现后唐、后晋、后汉、后周。历史上把以上五个朝代称为五代,存在时间仅有 53 年。这是中国历史上又一个分裂割据时期,战乱频繁,人口减少,社会经济遭到严重破坏,盐业生产也不例外,许多盐池、盐井被迫废弃,食盐产地明显减少。盐业生产遭到严重破坏与这个时期的政治军事形势密切相关。这一时期国家之间为了争权夺利,经常互相厮杀,致使人口锐减,社会经济遭到巨大破坏,盐业生产也未能幸免。各个政权没有也不可能将主要精力放在发展经济方面,盐业生产没有得到应有的重视,老百姓为了躲避战乱,纷纷背井离乡,不能一如既往地进行盐业生产。原有的食盐场地大大减少,新的食盐场地也很少开辟,从而形成了食盐产地锐减的局面。[②]

6. 宋代食盐产地

宋朝公元 960 年建立,1279 年灭亡,历时 319 年。在这期间,国家领域发生了较大的变化。食盐产地可分为北宋和南宋两个时期。

北宋时期,由于政治局面稳定、朝廷重视盐业生产、盐民生产积极性高等原因,食盐生产得到了较大发展,不仅五代十国的产地基本都得以保留,还开辟了一些新的产地。如,登州四场、沧州三务都是这一时期新增的产地。同时,由于资源枯竭或洪水破坏,有些产地也被迫停产或废弃。如,解州大池就因受洪水影响被迫停产。此外,由于食盐生产能力的发展,堆积越来越多,为了消除积压,朝廷下令临时关停了一些盐场。

南宋时期,由于宋金战争朝廷丢失了大片北方土地,导致食盐产区快速缩小、产地也减少很多,特别是池盐和土盐产地所剩无几,井盐在食盐中的比例显著提高。此时,海盐和井盐成为主要食盐。在公元

---

① 吉成名:"论唐代池盐产地",《株洲工学院学报》,2005.
② 吉成名:《中国古代食盐产地分布和变迁研究》,中国书籍出版社,2013.

1131年至1162年间,东南沿海海盐和四川井盐都有明显增加。

7. 辽代食盐产地

辽朝公元916年建立,1125年灭亡,历时209年。这一时期食盐生产主要是海盐和池盐,也是北方海盐和池盐开发的重要时期。辽朝建国后,随着版图不断东扩,海盐产地逐渐延伸到渤海湾附近。由于辽国湖泊甚多,而且不少都是盐湖,在这一时期逐渐被开发为盐池。

8. 西夏食盐产地

西夏公元1038年建立,1227年灭亡,历时189年。西夏前期与北宋、辽并立,后期与南宋、金并立。西夏朝廷对食盐生产较为重视,以生产池盐为主,并且食盐管理较为有效。

9. 金代食盐产地

金代公元1115年建立,1234年灭亡,历时119年。金代领域包括辽和宋朝秦岭淮河以北的区域。金代生产的食盐有海盐、池盐、土盐和井盐,其中以海盐为主。

10. 元代食盐产地

元代公元1271年建立,1368年灭亡,历时97年。元代食盐生产管理日趋规范,生产的食盐主要有海盐、池盐、井盐和土盐。与宋代和金代相比,江苏和浙江的海盐生产得到了较大发展,朝廷对海盐和四川井盐生产管理较为规范。

11. 明代食盐产地

明代公元1368年建立,1644年灭亡,历时276年。明代由于社会秩序稳定、经济得到发展和朝廷管理有效,食盐生产得到了较好的发展,海盐规模达到宋元时期水平,池盐和井盐规模达到唐宋时期水平,土盐和石盐规模超过元代水平。食盐的经济影响从大到小依次是海盐、池盐、井盐、土盐、石盐。

12. 清代石盐产地

清代公元1636年建立,1912年灭亡,历时276年。清代政局稳定、经济发展,盐业管理和盐法日趋完善,盐业生产得到较大发展。生产的食盐主要有海盐、池盐、井盐、土盐、石盐等,西北、西南、东北和东南地区的食盐产量有所增加,东南沿海和大陆东部有所减少,总体食盐的产量和产地都是增加的。

二、中国主要盐场

1. 长芦盐场

长芦盐场是我国四大海盐盐场之一,也是我国海盐产量最大的盐场,位于河北省和天津市境内,沿渤海湾西岸,南起海兴县,北至秦皇岛市山海关区。[①] 长芦盐场产量约占全国海盐总产量的四分之一,由长芦汉沽盐场、长芦海晶集团、长芦大清河盐场、长芦南堡盐场等组成。其中,长芦汉沽盐场历史最为悠久,前身为设立于后唐同光三年(925年)的芦台场,芦台场所烧造的盐砖,为明清两代皇室唯一御贡盐砖,并首个成为中华老字号品牌。

2. 辽东湾盐场

辽东湾盐场下有营口、金州、锦州、复州湾和旅顺 5 个盐场。1988年原盐产量已达 200 万余吨,产值达 2.8 亿元。

3. 莱州湾盐场

该区是山东省海盐的主要产地,包括烟台、潍坊、东营、惠民的 17个盐场,盐田总面积约 400 平方公里,1988 年海盐生产量为 293.9 万吨。[②] 莱州湾盐区从技术装备水平、产品质量以及企业经济效益来看,在国内各盐区中处于先进地位,主要盐场综合机械化水平达到 60％以上,单位面积产量高达 73 吨/公顷,列北方各海盐区单产之首。

4. 两淮盐场

两淮盐场,又称苏北盐场,因淮河横贯江苏盐场而得名。它主要分布在江苏省长江以北的黄海沿岸,跨越连云港、盐城、淮阴、南通 4 市的13 个县、区,占地 653 平方公里。由于在淮河故道入海口的南北,故名两淮盐场。其中在淮河以北的叫淮北盐场,在淮河以南的称淮南盐场。实际上苏北盐场包括大小 19 个盐场,每年生产原盐近 300 万吨,是我

---

① 王特:《长芦盐运视野下的聚落与建筑研究》,华中科技大学,2020.
② 中国自然资源丛书编撰委员会:《中国自然资源丛书　海洋卷》,中国环境科学出版社,1995.

国四大盐场之一。①

江苏省海岸线自长江北口至与山东省交界处的绣针河,海岸线长达954公里。自古以来,江苏省就盛产海盐,在《史记》中就有"东楚有海盐之饶。"的记载。从汉唐开始,历代皇朝都是执行发展盐业的政策,盐业成为非常重要的经济支柱。由于黄河夺淮和苏北海岸线东迁,淮南盐场逐渐衰退,淮北盐场日趋增强,至今已成为我国四大海盐生产基地之一。

三、中国古代食盐生产变迁规律

1. 基本规律

按照产地分布基本是:大陆东部和东南沿海主要生产海盐,长江北和西部主要生产池盐,西南地区主要生产井盐,黄河中下游主要生产土盐,西北地区主要生产石盐。按照产量从高到底依次是海盐、池盐和井盐、土盐、石盐。受自然和社会因素影响,食盐生产先后经历了从无到有、从少到多的过程。人们对食盐的认识有一个漫长的过程,生产工具对食盐生产的影响较大,所以食盐产地出现的时间比较晚。在旧石器时代,人们是不可能从事盐业生产的。② 进入新石器时代以后,陶器出现了,人们才有可能用陶器煮盐。从文献资料、文物考古资料和社会调查材料来看,新石器时代晚期已经有了盐业。夏、商、周时期,海盐产地以莱州湾为代表,池盐产地以安邑盐池为代表,井盐产地以三峡地区为代表。秦汉时期,盐业生产得到了很大的发展,食盐产地分布的基本格局已经形成。魏晋南北朝时期,食盐产地缓慢增加。唐宋时期,食盐产地得到了很大的发展。五代十国和元代的盐业生产遭到严重破坏,食盐产地急剧减少。明代食盐产地得到恢复和发展,清代食盐产地得到进一步发展,海盐、盐池、盐井、土盐和石盐产地都有较大幅度的增长。

---

① 林崇德,刘清泗主编,中国小学教学百科全书总编辑委员会地理卷编辑委员会编:《中国小学教学百科全书 地理卷》,沈阳出版社,1993.
② 吉成名:《中国古代食盐产地分布和变迁研究》,中国书籍出版社,2013.

2. 影响因素

从生产变化规律来看,自然因素和社会因素都对食盐的生产有着很大的影响。

食盐取自自然资源,受海岸线变迁、湖泊缩涨、河流改道、卤水资源多寡、洪涝灾害等影响较大。海盐生产受取水是否方便影响很大,所以盐场也随着海岸线的迁移而变迁。如,江苏盐城、南通一带的盐场就随着海岸线的东移不断迁移。池盐生产受湖泊涨缩影响很大,如,北宋的巨鹿泽到清代时就已消失。河流改道给海盐和土盐的生产带来了很大影响。如,黄河改道从淮河入海,大量泥沙堆积使海岸线东移,迫使盐场随之东移。卤水资源的多寡对井盐和池盐生产至关重要,往往决定着一个产地的规模、存续时间。如,解池因面积大、卤水多,成为生产规模最大、产量最高、开发时间最长的池盐产地。自然灾害对食盐生产影响也很大,尤其对海盐的生产更是如此。如海啸、台风往往可以直接将整个盐场摧毁。食盐生产的变化,有时主要受一种自然因素影响,有时又同时受多种自然因素的影响。如,明代松江府海盐产地变化就是海岸线东移、河道变迁共同作用的结果。

食盐的生产不仅受自然资源影响,同时更大程度上受政治、战争、人口、技术等社会因素的影响。稳定的政治局面和持续的经济发展,食盐生产才能得以持续开展。战争不仅影响了正常的食盐生产秩序,同时领域的变迁也给食盐生产带来了重大影响。如,宋朝在宋金战争中丢失了大片的北方土地,池盐和土盐几乎全部丢失,海盐也失掉一部分。在古代,食盐的生产几乎全部靠人力,食盐主要供人食用,食盐的生产与人口密切相关、紧密相连,如在汉、唐、宋、清产地数量都有较大幅度增长,都受当时人口较大幅度增长影响。食盐生产需要一定的技术,尤其是井盐的凿井和采卤技术要求更高,技术水平的高低对食盐的生产也有很大影响。

3. 启示

人必须持续补充盐才能维持正常的新陈代谢,正是因为这一点朝廷的食盐专卖才得以推行。古代朝廷推行食盐专卖是为了牟取暴利、增加财政收入,食盐政策的变革都是从维护统治阶级的利益角度出发的,绝不是从利于老百姓的角度出发的。新中国成立后,国家的盐业政策发生了根本性变化,出发点也改为保证人民群众生活用盐、解决人民群众吃盐问题。随着新中国的经济发展,社会上食盐质量不断提高,品种日益繁多,货源也逐渐充盈。

第三节　盐路

　　每个人都离不开盐,而食盐的生产必须有盐卤,盐卤资源虽然广泛分布但又相对集中,食盐的运输就成为必然。在食盐专卖的大背景下,虽然不同盐种、不同产地的食盐运输体制、方式和包装不尽相同,但其运输对途经地、中转站的经济都产生了积极的影响。在古代著名的盐运古道上,也产生了很多著名的城市。在历史上,食盐的水路运输也曾发生过几次严重的灾难事故,留下了惨痛的教训。

一、历史上著名的盐运古道

1. 长芦海盐运输

　　长芦盐场的海盐主要销往北京、天津、河北、河南四省市,销售范围十分广泛。

　　明清时期,长芦海盐运销主要有五个步骤:支领盐引、入场配盐、称掣盐斤、运载销卖、缴销残引。"盐引"由朝廷颁发,贯穿于食盐运输和销售的整个过程。盐商只有获得盐引,才有资格运输和销售食盐。盐商必须凭盐引才可前往规定的盐场领取食盐,并经盐场官员检验信息一致后才能运出。盐商将领出的食盐存储在陀地后,须接受盐官查验后在掣盐厅进行称掣。称掣后,盐商还需在盐政衙门办理一系列手续后,经巡盐御史放行后按规定路程运往各地,并经销售地逐一核查无误后才能分销、发卖。盐商销售完后,还需经缴销残引后才算完成整个运销过程。

　　长芦海盐主要产自河北省及天津市的沿海海岸,运输以河运为主,陆运为辅。① 长芦海盐除盐场周边的引地外,基本都需经天津盐陀地运往各地。运输路线主要有四条水运再辅以陆路车运组成,四条水路分别是北河运道、淀河运道、西河运道、御河运道(即南河运道)。

2. 两淮海盐运输

两淮盐场的海盐主要销往江苏、安徽、江西、湖南、湖北、河南等地,销售范围主要分布在长江及淮河流域。

清代,两淮海盐的运输可划分为两段,第一段是由盐场到掣验所,主要依托两淮的河道运输;第二段是由掣验所到销售口岸,主要依托于长江及淮河流域水路运输并辅以陆运。

从两淮盐场至最后销售地,两淮海盐共有五条运线,分别为淮皖古盐道、淮赣古盐道、淮鄂古盐道、淮湘古盐道和淮豫古盐道。

淮皖古盐道自江宁府(今南京)出发,途径芜湖、宣城、黄山、池州、铜陵、安庆、合肥、桐城、六安、滁州、阜阳、亳州等地,由长江线、淮河线两横和青弋江、涡河线、颍河线、搏河线四纵组成。

淮赣古盐道以鄱阳湖为中心,沿赣江、抚河、信江、饶河、修水五条河道发散分布,可以分为西南、东南、北路三条线路。西南线主要覆盖了赣江及其四大支流流域;东南线由蓼洲头北上再分为两路,一路沿顺抚河经临川区直至南丰县、广昌县,一路东进直至景德、桃树镇等地;北路线自蓼洲头北上至吴城镇,入鄱阳湖,至都昌,接九江。

淮鄂古盐道由长江及蕲水、浠水、巴水、举水、府河、沮河、汉水等支流组成,自汉口向东、西、南、北四路发散。东路线沿长江东下,沿线支流众多、水系发达、人口稠密、经济繁荣;西路线沿汉江进入汉江平原各地;南路线主要依托长江,以宜昌为界,上段水流湍急运能不稳定,下段水流平缓运力充足;北路线主要依托汉水、府河和滠水,在湖北东北三条河流共同组成两淮海盐的运输体系。②

淮湘古盐道主要由澧水、沅江、资水、湘江组成,其中又是以沅江、资水和湘水为主形成三条纵向的运输线路。沅江线沿途少数民族居

---

① 王特:"长芦盐运视野下的聚落与建筑研究",《华中科技大学》,2020.
② 张晓莉:"淮盐运输沿线上的聚落与建筑研究",《华中科技大学》,2018.

多,是贵州进入长江流域的必经之路,沿途多会馆、古镇;资水线主要销往安化、新化、宝庆和武冈,沿途弯曲、狭长,运线并未向两侧延伸;湘江线沿途支流众多、河道顺畅,运线沿支流向两侧扩散。

淮豫古盐道主要依托淮河,经洪泽湖过安徽后分两路,一路上洪河,经新蔡县至杨埠陆运抵汝宁府至周家口陆运经上蔡、西平、遂平、确山四县;一路沿淮河继续西进运销商城、光州(固始)、光山、罗由和信阳等地。由于淮河在河南境内水流较小、水运不畅,因此两淮海盐在河南境内主要依托陆运。在河南,除了两淮海盐外,还有长芦海盐、山东海盐、池盐等销售。

3. 四川井盐运输

川盐运输以水路运输为主、陆路运输为辅,向东、南两个方向辐射。向东主要通过长江、清江、酉水和汉江运至重庆、湖南和湖北地区。向南共有三个分支,第一支通过乌江、綦江、赤水、永宁河运至贵州,第二支通过金沙江、南广河水道以及蜀道运至云南,第三支由渝东盐场主要通过陆路经湖北运至湖南,沿途经长江、清江、酉水、汉江在东西方向延伸。

① 川鄂古盐道

川鄂边境地势"深邃歧杂,人烟稀少,被清朝统治阶级称之为'非独官鲜视莅,即谈之者少矣'的所谓深奥之区"。清朝中叶以来,不少游民进入这一带谋生,其中相当一部分从事贩卖"私盐"生意,他们从四川贩运盐巴到湖北进行交易。由于神农架"山高皇帝远",统治阶级力量较为薄弱,又与川东盐业基地大宁厂毗邻,于是盐商多往返于此,逐渐形成一条沟通川东鄂西的商道,这就是川鄂古盐道。

神农架古盐道的主要通道有两条:一是从保康县的马桥镇沿南河水路而上,进入神农架的阳日镇,再从山路经松柏、宋洛、徐家庄、黑水河、板仓,最后穿过大九湖到四川大宁厂;二是从房县上龛到神农架官封,经塔坪、红举、板仓进入大九湖。①

② 川湘古盐道

川湘古盐道主要分布在湘西的武陵山区,主要是从恩施、铜仁、酉

---

① 薛晋玉,周学森:《神农架揽胜》,黄山书社,1999.

阳 3 个方向进入桑植、永顺、张家界等地,进而覆盖湘西全境。①

经恩施的盐进入湘西主要有两条路,一是经建始、恩施、宣恩、来凤进入龙山、桑植、永顺;二是经恩施的建始花坪、景阳双土地、石灰窑、鹤峰,进入桑植,再到张家界等地。酉阳方向的盐,经湖北咸丰、来凤到龙山;或经里耶、洗车河到龙山,再经桑植、张家界、石门到澧县,到澧县后部分盐又经常德进入洞庭湖流域。铜仁方向的盐,主要是从涪岸经乌江运至铜仁后,转运入湘西的里耶、凤凰及洪江等地,再转运至沅水,由沅水进入洞庭湖流域。②

③ 川黔古盐道

在历史上,贵州不生产食盐。贵州所需食盐从四川、两淮、广东和云南运入,其中四川所占比例最大。四川的食盐进入贵州,主要集中在永岸、仁岸、綦岸、涪岸四大盐岸。

仁岸盐道,以四川省泸州市合江县城为起点,以贵州省仁怀市茅台镇为终点,主要线路是合江—赤水—元厚—土城—二郎滩—马桑坪—茅台。

永岸盐道,经永宁河至泸州叙永县,再由叙永运往贵州,此运程主要分为两条路:一是雪山关到瓢儿井再到大方、织金、普定、安顺、永宁、镇宁;二是叙永到赤水后再运至毕节、大方、黔西、威宁、水城、兴义及盘县。

綦岸盐道,自重庆江津所属之江口起运,溯綦江上运至贵州遵义桐梓县属的松坎起岸。

涪岸盐道,以重庆涪陵为起点,溯乌江经彭水至酉阳的龚滩,由龚滩经贵州沿河、思南进入黔境腹地。

④ 川滇古盐道

云南本产盐,但滇东北的昭通、曲靖地区距云南的盐产地道路险远,严重缺盐,历史上主要依靠自贡富荣盐场和乐山犍为盐场的食盐接济。

---

① 赵逵:《中国记忆·文化线路研究丛书·川盐古道:文化线路视野中的聚落与建筑》,东南大学出版社,2008.
② 自贡市盐业历史博物馆编:《川盐文化圈研究:川盐古道与区域发展学术研讨会论文集》,文物出版社,2016.

川盐入滇的路线主要有 3 条：一是乌撒入蜀旧路线，即叙永—毕节—威宁—宣威，再从宣威至沾益、富源等地；二是沿着"五尺道"路线，即宜宾—珙县—高县—筠连—盐津—豆沙关—大关—昭通—鲁甸—曲靖；三是"闰盐古道"，以四川盐源为中心，经西昌、攀枝花、木里到达云南宁蒗、永胜、华坪、丽江。

4. 南方丝绸之路上的运输贸易

南方丝绸之路所经的四川、云南和西藏，在三叠纪时期的地质运动中沉积了大量的盐，使得这一带盐卤资源非常丰富，食盐产地也非常多。在四川境内位于双流、仁寿境内的广都盐井，邛崃县境内的临邛、蒲江盐井，位于乐山等地的南安盐井，长宁县境内的淯井等近 10 处有名的盐井。在云南境内，山区拥有众多有名的盐泉，云龙县有比苏县盐泉，安宁县有安宁盐泉，元谋县有青蛉盐泉，大姚县有姚州白盐井，牟定县定远县黑盐井。

食盐作为人类生活的必需品，食盐产地往往成为人类的聚集地。同时，人类对食盐的需求又是有限且相对固定的。在盐井、盐泉开采后，聚集地的人往往不能全部消费掉，剩余的食盐需要在市场上进行交换，因此食盐的运输也就随之发展起来。在南方丝绸之路上，食盐贸易是非常重要的贸易活动。串联于南方丝绸之路上的盐源、盐津等等都是盐产地且命名与盐业生产有关。

5. 内蒙古额吉诺尔盐湖及其盐运输

额吉诺尔盐湖位于内蒙古北部，占地约 26 平方公里，盐的存储量多达数千万吨，年产量 7 至 8 万吨，销售地区远达东北三省、河北省、山西省等地区。

从清朝开始，就已经有关于额吉诺尔盐业开采的记录。在清朝乾隆年间，朝廷禁止汉族盐商外运蒙盐，清朝咸丰皇帝又规定禁止私捞散盐。每年清明，经过喇嘛诵经、祭拜敖包等仪式后，在朝廷的严格管控下，才能开始捞盐、运盐。

每年的 4 月至 9 月，是蒙盐的车运时间，多通过牛车运输，每辆车可装载 300 至 400 斤不等，每人可驾 4 至 7 辆车不等。每年的 10 月至次年 4 月，是蒙盐的驼运时间，每峰骆驼可驼 250 至 300 斤不等，每人可驾驮 4 至 8 峰不等。

1947 年前后，额吉诺尔盐湖的原盐主要在三个河口销售。西口交通便利，主要销往锡盟五部十旗和巴林左旗（林东）、巴林右旗（大板）、阿鲁科尔沁旗（天山）。北口主要卖给锡盟北部牧区各旗和蒙古人民共和国。东口主要运往东北三省，应对当时国民党对东北解放区的海盐封锁，解决被封锁区军民食盐的问题。

现在额吉诺尔盐场试制成功并投入使用的大中型机械有：破茬机、打拢机、堆垛机、卸盐机、收盐机、装车机，使起盐、收盐、运盐、卸盐、堆垛等各个环节实现了机械化。

二、历史上著名的盐运灾难事故

在两淮盐运史上，屡次发生灾难性的事故，盐船被水沉溺，被火焚毁，给运盐船户、盐商都带来了巨大的生命、财产损失，也给封建政府的财政收入带来一定的影响。在清代，至少有如下几次大的灾难事故：乾隆三十五年（1770 年）仪征发生大火焚烧盐船，共烧毁盐船一百三十艘，烧死、溺死一千四百人；乾隆三十六年（1771 年），仪征"沙漫洲火焚盐艘客舟，伤人无算"；道光二十九年（1849 年），湖北武昌塘角发生大火，烧毁盐船四百余艘。这些空前巨大的灾难性事故，从一个侧面反映出两淮盐运史上运盐船户悲惨而又苦难的生活，淮商在运销食盐过程中所遭受的困难与厄运。①

在长江上航行的船户，要经受风浪、浅滩的困厄，生活极其苦难。康熙《扬州府志》卷三十一刊载了一首《运夫谣送督运部使之扬州》诗：

> "运船户，来何暮，江上旱风多春涛，不可渡。运船户，来何暮，里河有插，外有滩，断篙折缆愁转般。"

这虽然描述的是运粮船户，但运盐船户的处境也属同样。另据《两

---

① 朱宗宙："两淮盐运史上几次灾难事故"，《盐业史研究》，1997(03)：23—27.

淮盐法志》记载:

> 淮南则溯长江,讥洞庭,涉都阳,历二千余里风涛之险,而淮北则涉黄河,过洪泽,经七十二道山河而后抵寿州、正阳,至于庐、凤、汝、毫陆地口岸,又有骡驼车载,升高涉险之艰。

其间的艰难险阻,非其它盐区所可比拟。乾隆三十二年(1767年),两淮盐政普福在一份奏疏中也说:"淮南行销湖广、江西、安徽引盐,俱由仪征溯江而上,江西则由湖口县入鄱阳湖至省,湖广则由江直达汉口,其间波涛浩渺,兼多石矶暗滩,盐船重载,一遇暴风,急溜趋避不及,以致搁浅撞破复溺,淹消诚所不免。"盐船常遇暴风险滩而沉没。如遇上大火,大批盐船被火爆炸焚毁。运盐船户遭此际遇,身家性命、财产毁于一旦。

下面我们介绍一下乾隆、道光年间仪征、武昌两次灾难事故。

1. 仪征焚烧盐船事故

清朝时期的汪中,是一位著名的史学家、文学家和哲学家,27 岁时作《哀盐船文》,对扬州仪征运输食盐失火时的惨状场面作了形象描述:

> 乾隆三十五年十二月乙卯,仪征盐船火,坏船百有三十,焚及溺死者千有四百。是时盐纲皆直达,东自泰州,西极于汉阳,转运半天下焉,惟仪征缩其口。列樯蔽空,束江而立。望之隐若城廓。一夕并命,郁为枯腊,烈烈厄运,可不悲邪!
>
> 于时玄冥告成,万物休息。穷阴涸凝,寒威凛栗。黑眚拔来,阳光西匿。群饱方嬉,歌号宴食。死气交缠,视面惟墨。夜漏始下,惊飙勃发。万窍怒号,地脉荡决。大声发于空廓,而水波山立。
>
> 于斯时也,有火作焉。摩木自生,星星如血,炎光一灼,百舫尽赤。青烟映映,爆若沃雪。蒸云气以为霞,炙阴崖而焦熬。始连楫以下碇,乃焚如以俱没。跳踯火中,明见毛发。痛謈田田,狂呼气竭。转侧张皇,生涂未绝。俟阳焰之腾高,鼓腥风而一吷。洎埃雾之重开,遂声销而形灭。齐千命于一瞬,指人世以长诀。发冤气之

焘蒿,合游氛而障日。行当午而迷方,扬沙砾之嫖疾。衣缯败絮,墨查炭屑,浮江而下,至于海不绝。

亦有没者善游,操舟若神。死丧之威,从井有仁。旋入雷渊,并为波臣。又或择音无门,投身急濑,知蹈水之必濡,犹入险而思济。挟惊浪以雷奔,势若隮而终坠。逃灼烂之须史,乃同归乎死地。积哀怨于灵台,乘精爽而为厉。出寒流以决辰,目睊睊而犹视。知天属之来抚,愍流血以盈眦。诉强死之悲心,口不言而以意。若其焚剥支离,漫漶莫别。圜者如圈,破者如块。积埃填窍,擫指失节。嗟狸首之残形,聚谁何而同穴!收然灰之一抔,辨焚余之白骨。呜呼,哀哉!

且夫众生乘化,是云天常。妻孥环之,气绝寝床。以死卫上,用登明堂。离而不惩,祀为国殇。兹也无名,又非其命,天乎何辜,罹此冤横!游魂不归,居人心绝。麦饭壶浆,临江呜咽。日堕天昏,凄凄鬼语。守哭迭遭,心期冥遇。惟血嗣之相依,尚腾哀而属路。或举族之沉波,终狐祥而无主。悲夫!丛冢有坎,秦厉有祀。强饮强食,冯其气类。尚群游之乐,而无为妖祟!人逢其凶也邪?天降其酷也邪?夫何为而至于此极哉![①]

公元 1771 年 1 月 28 日,扬州仪征盐船发生火灾。当时正值寒冬,黄昏时突然狂风大作,火光冲天,大批盐船被引燃,让盐船上劳作了一天的百姓措手不及,一千四百人被烧死或者溺水而死,三十艘盐船被烧毁。起火的原因今已无法查证,但大批盐船集聚在拥挤的江面上,一条船失火引发船上的盐爆炸,进而引发大批盐船失火爆炸的场面至今仍让人不敢想象。在这种场面,人很难逃生,即使跳江也会被寒冷江水冻死。

扬州仪征,曾被称为扬子、真州,是运河进入长江的入口,是盐运的要道,两淮地区生产的食盐和江南生产的粮食都在这里集散。在清代,淮南和淮北产的食盐,都有一部分要经过这里运到销售地。据史料记载:

---

① 袁世硕:《中国古代文学作品选简编》,人民文学出版社,2004.

淮南二十场纲食盐船,自厂出场入运盐河,或由射阳湖,或仇湖、孙庄、淤溪俱抵泰坝,过坝经谢家铺、襄河,过湾头闸,至北桥掣验所,验引呈纲,直抵仪征天池泊候,示期开所秤掣,入垣解捆,装江舶泊集,候示期临江大掣,然后开江分销各地。[①]

光绪《两淮盐法志》卷六十五也记载说:

凡淮南二十场盐艘抵江广者,胥由上河出湾头闸,入漕盐运河,以达仪河,出大江。

其中"仪河"就是指仪征的运河。在这以前,运输食盐和粮食的船是分开行驶的。运输粮食的船,从进入三岔河再往南从瓜洲进入长江。运输食盐的船,进入三岔河再往南从仪征进入长江。

2. 武昌塘角盐船火焚事故

在乾隆年间仪征大火焚烧盐船灾难事故以后,道光年间,在武昌又发生了一场大火,烧毁盐船四百余艘,烧毙、溺死人数无数。这场大火发生在道光二十九年(1849 年)十一月十九日二更后,武昌府塘角地方,货船失火,延烧盐船,自尾四、五帮烧起,一直烧至头帮,风狂火烈,直到第二天天明仍未熄灭。当时在岸未售盐船共计六百几十号,一场大火共烧毁四百余号,其余盐船逃避于附近数十里范围内,七零八落,事故后清点,仅存二百余号,约计三分之一。大火烧死、溺死人员无法清点。这场大火还烧毁其它油、米货船。被烧毁盐船均为输过岸费之商船,合计毁去盐二十六万余引,钱粮盐本为本银五百余万两。当时扬州盐商资本银不及一千万两,众扬州盐商"闻之魂魄俱丧,同声一哭",群商纷纷请退。这一场大灾难,无疑给极端疲弊的淮南盐业雪上加霜,要求改革淮南盐法的呼声,再一次形成一股强大的外在动力。在此情况下,两江总督陆建瀛接受了护理运使童濂的建议,仿照陶澍在淮北推

---

① 朱宗宙:"两淮盐运史上几次灾难事故",《盐业史研究》,1997(03):23—27.

行的票盐法,在淮南地区改革纲法,推行票法。原本关于在淮南推行票法的建议,受到了很大的阻力,督抚大臣牛鉴、璧昌、吴文镕等人都极力反对。此场大火,客观上促进了在淮南推行票法。陆建瀛檄调曾担任过监掣同知权运使的台湾道姚莹来具体负责此事。①

汉口为湖北省咽喉之地,"云、贵、四川、湖南、广西、陕西、河南、江西之货,皆于此焉转输",此处"商贾毕集,帆樯满江",成为南方一大都会。在长江等河流内,帆樯林立,粮船、盐船等各种运货船只,一条紧挨一条。乾隆五十三年(1788年),毕沅任湖广总督。在他任内,一次大火吞食了粮船一百余船,客商船三四千艘,火烧两天没有熄灭,造成了一次大灾难。"湖广一省行销淮盐十分之七",淮南盐大部分要通过汉口,然后再发往湖南、湖北行销。大批盐船聚集在汉口镇,一当有事,极易发生大灾难。道光二十九年(1849年)盐船被火焚毁的灾难,就是如此发生的。

第四节　盐埠

食盐是百姓生存的必需品,社会意义及其重大,盐税是古代朝廷财政的重要来源,一直由朝廷控制。作为超出一般商品的生活必需品,食盐的生产和运输不仅形成了自身的文化体系,还促进了产地和运输沿线聚落的发展与繁荣,并对聚落建筑风格及文化传播起到了积极作用。历史的著名的盐场及其运输沿线串联起的聚落和建筑,成为古代文化的重要实物载体,同时又见证了古盐道上的文化历史。

一、盐产场地上的城镇聚落

1. 扬州

坐落于长江和运河交汇处的扬州,其地理位置得天独厚。水运为城市的发展提供了便利运输条件,也加速了海盐业的运输及发展,因此

① 朱宗宙:"两淮盐运史上几次灾难事故",《盐业史研究》,1997(03):23—27.

扬州城市的发展也得益于盐业。

自中唐以来,国家赋税中心南移,淮南盐业迅速崛起,扬州作为当时淮盐的集散地,其盐税在国家岁入中占据着重要的地位,可谓是雄富冠天下。

元代,盐政改制,淮盐由商人买引,自行赴场支取盐斤,运到扬州东关等候勘合通放。一些商人为求方便,凭买土地,起造仓房,支运淮盐贮存于仓内,待通放临期,船载到真州(今仪征市)发卖。

明弘治年间,开中之法遭破坏,原西北盐商、边商商屯撤业,回迁内地。扬州由于地理位置优越,因此成为富商首选之地,纷纷在城外运河沿岸购地建宅,因而形成了早期扬州的盐商群落。嘉靖年间,扬州地处东南沿海商业发达的中心,人口众多,商贸频繁。但就在同期,日本国内许多武士、失意政客和浪人因战争而流亡海上,勾结海盗,组织武装,不时侵扰中国沿海,扬州就时常受到倭寇的骚扰。扬州原有旧城面积较小,年久失修,一旦遭遇倭寇袭击,城内就无法防御,百姓苦不堪言。嘉靖三十一年,吴桂芳出任扬州府知府,上任伊始,一方面组织军民抵御倭寇;另一方面又考虑在原有城池之外加筑外城,使之能长治久安。嘉靖三十四年,向朝廷上书,建议增筑外城(即后来的新城)。故有"扬有二城,自桂芳始。"

随后不久,石茂华受命出任扬州府知府。一上任,石茂华便采取三条措施加强抗倭:一是充实军备,挑选身强体壮的士卒,强化训练,明确职责,日夜巡逻;二是抚慰百姓,晓之以理,动之以情;三是加筑新城,在旧城外环河增筑新城。新城,位于宋大城东南隅,它的东南与南面以运河为城壕,北面挖壕与旧城壕及运河相通,墙为砖砌。新旧两城连为一体,全城呈长方形。到了万历二十年,知府吴秀组织人手疏浚河道,集中清除西北城壕里沉积的泥沙,用石块修砌堤岸,将城内河道与新城北部的护城河相连接。吴秀勘查工地现场后,与相关官员商议,挑选了一个靠近水道且又交通便利的地方,开辟城门,起初把这个城门命名为新城镇淮门。后在城内靠近此城门的地方修建粮仓,凡是运粮都从此门进出,于是改称广储门。广储门外,堆积着开浚城壕而隆起的厚土,从城内远远地望去好像一座座山岭,吴秀命人在厚土之上广种梅花,到了开花时节,如梦如幻,梅花岭的雅称也由此得来。平倭之后,新城也飞速发展,盐商麇集骈至。万历一朝,盐商多达百家,资本总额超过三千万两,自此"扬州富甲天下"驰名远传。明末,江淮动乱,随后"扬州十日屠城",使城市遭到破坏,不少盐商受到深重打击。

清康熙、雍正、乾隆时期,随着经济发展,社会逐渐稳定,"以盐为业"的扬州城市经济得以恢复。雍正十年,因人口众多,分江都县之西北建甘泉县。乾嘉年间,城中商民杂处,多达数十万家。康熙、乾隆二帝南巡扬州,尤以乾隆六次驻跸邗上,对于扬州新旧两城的快速发展,产生了巨大的影响。不少名胜古迹,都得以形成及改造于这一时段,例如由盐运吏、盐商出钱改造修建的著名的"瘦西湖""小秦淮"等。自康熙中叶后,因便利的盐运使得淮盐销量非常大,盐商因获利颇丰,闻风而来的盐商相继卜居广陵。自此河下一带,华屋连苑,成为富商麇居区。大盐商江眷、徐赞候、黄盛和鲍志道等均定居于此。

盐务的繁盛也促进扬州城市经济。新城商业市肆稠密,相当繁华。盐商们还捐输巨资平展道路、架设桥梁,促进了扬州城市建设和发展。扬州盐业也促进了当地的园林事业。由于盐商生活侈富,拥资千万,他们有钱财和精力去建造园林,使"扬州园林之胜,甲于天下"[1]。此外,扬州的盐商在因盐获利之后,将财富转化为科举及第。一些盐商家族人才辈出,世代簪缨,成为提倡风雅的带头人。于是,广陵成了全国的文化中心之一,扬州此时成为人杰地灵之地。

2. 盐城

盐城,也是一座以产海盐而著称的城市。所以盐城的城市的兴起、变迁也与盐业的兴衰密不可分。

盐城为古泻湖演变的湖沼地,周代以前世称"淮夷地"。其地紧邻黄海,自古就有"海盐之饶"美誉。战国时期,随着海盐生产,城镇已有一定的规模。秦朝时,盐城大兴煮盐、铸铁。

元鼎五年,武帝刘彻在平闽越之战中灭东越闽越,随即徙其民以充江淮。人口的导入,使盐城的盐业快速发展。刘彻在此地设置有专司

---

① 彭镇华:《扬州园林古迹综录》,广陵书社,2016.

管理盐政的盐铁官署。元狩六年,又"因盐署县",设盐渎县①。又因盐城一带的盐产可观,政府为方便运送,"故凿盐渎以运"。根据出土的文物可以判断,汉代的盐城已经是殷实富达之地,盐商灶民集聚,盐场处处皆是。

及至晋代,据《盐城史志》记载:"为民生利,乃城海上,环城皆盐场",意思是因环城皆盐场而改称"盐城",自此得名。足以可见盐城当时海盐场之密集,盐业之发达。

南北朝时,盐城已经成为重要的海盐产地。有盐亭二百一十三个。

及至唐时,随着盐业技术的发展,劳动人民开沟引潮,铺设亭场,熬煮海盐,大大提升了生产效率,使得盐城全县岁煮盐四十五万石,并置盐丞监以管盐课。安史之乱后,第五琦、刘晏先后变更盐法,盐城在此时也随着政令刺激了当地盐业的发展。盐城已成为当时淮南盐业生产的中心,所以当时有着"天下有盐之县一百五,淮南海陵盐城县二"的说法。唐大历年间,淮南黜陟使李承修筑了从南到北的通泰盐城一线的"常丰堰",堤坝的修筑避免了盐业生产者受海水倒灌之苦,保障了盐业的发展。

宋代天禧五年,范仲淹调任泰州西溪盐仓监,负责监督淮盐贮运及转销。西溪濒临黄海之滨,李承修筑的常丰堰因年久失修,多处溃决,海潮倒灌、卤水充斥,淹没良田、毁坏盐灶,人民苦难深重。于是范仲淹上书江淮漕运张纶,痛陈海堤利害,建议沿海筑堤,重修捍海堰。天圣三年,张纶奏明朝廷,仁宗调范仲淹为兴化县令,全面负责修堰工程。范仲淹以李承的常丰堰为基础,修筑了北起阜宁,南至海门,绵延数百里的海堤。据《续修盐城县志》记载:

> 先是范堤一带高地为海中之州,长百六十里,州上有盐亭百二十三,岁煮盐四十五万担,农子盐课,两受其利。

足以见得盐城在盐业生产中的中心地位。后人仰其德,尊为"范公

---

① 盐城市地方志编委委员会:《盐城市志》,江苏科技出版社.

堤"。天圣五年,朝廷为盐运便利,开挖南北水上动脉的串场河,盐城之地日趋繁荣。南宋绍兴乾道年间,盐城始造土城。

元末明初的统一战争中,朱元璋击败了张士诚,迁徙了张士诚的势力范围。杭州、松江、苏州、嘉兴、湖州等地民众赴盐城从事盐业生产。随着人口的增加,盐业得以迅速发展,也带动了其他产业,例如商业、运输业、手工业。到了洪武二十四年,盐城居民达 8,913 户,共 61,800人。明永乐十六年,盐城改土城为筑砖城,并增筑月城。明宣宗时期,盐城境内所辖伍佑场和新兴场,年产盐约 65 万斤,居全国前列。嘉靖四十一年,居民增至 18,000 户,达 99,320 人。万历七年,增开南门,门上大楼高二丈五尺,广五丈,坚壮雄伟,庄严华丽,称为杨楼。明朝后期,黄河泛滥,夺淮入海,湖淮溃决,淡水冲灌,使得受自然条件限制较大的盐业迅速萎靡。

清朝中期,因地理变迁,盐城距海已远达一百四十余里。昔日盐城之场灶,盐产日绌,悉为耕地。盐城四周的盐场不复存在,盐城之海盐凋落。

总之,盐城在古代是一座盐业为主的城市,从唐末到宋中叶,捍海堰、范公堤的修建和串场河的开凿,使得盐城成为淮南著名的盐产中心,不但增加了国家财政收入,而且也使城市建设得以快速发展。但随着盐城地理环境的变化,海盐生产逐渐式微,迄至近代,盐城逐渐成为一个公路交通枢纽和沿海航运为主的城市。

3. 运城

运城因"盐运之城"得名,素有"五千年文明看运城"的说法,是中华文明的重要发祥地之一。唐尧建国、舜都蒲坂、禹都安邑以及夏的都城均在运城。山西运城的建城和发展,与运城盐池(即解池、河东盐池)的生产、运销、管理紧密相连。据《河东盐法备览》卷二记载:

> 地效灵,天挺秀,爰有育宝之区;前创始,后增修,斯有凤城之建。运治非盐池不立,盐池非运治莫统也。

我国第一部地理学专著《山海经》最早记载了运城盐池这一名词。

在《山海经·北山经》中记有：

> 又南三百里,曰景山,南望盐贩之泽。

盐贩之泽,据晋河东人郭璞解释,即为运城盐池。运城盐池的池盐生产至迟在西周时就有了。《周礼·盐人》称：

> 祭祀,共其苦盐、散盐；宾客,共其形盐、散盐；王之膳羞,共饴盐,后及世子亦如之。

又据《史记·货殖列传》载：

> 猗顿用盐起……与王者埒富。

意思是在陶朱公启发下,原是鲁国穷困潦倒的穷士的猗顿,迁居运城盐池附近,以在运城贩运食盐牟利,后成为"与王者持富"的巨商。富饶的运城盐池早在春秋战国时期就为中原先民提供大量食盐,并逐渐成为国家财政收入和商贾发财致富的来源。

《史记·秦本纪》记载："秦昭襄王十一年,齐、韩、魏、赵、宋、中山五国共攻秦,至盐氏而还。"来看,原本是小村镇的运城,在春秋战国时名为盐氏。

汉代设置盐官于28个郡,河东居其首,河东盐官称为河东均输长,驻节运城,当时名为司盐城,汉武帝称之为股肱之地。而当时的司盐城仅是个小村镇。

自李唐始,垦畦浇晒法的出现,提高了河东池盐的产量和品质。

北宋至道三年,运城盐池"鬻钱七十二万八千余贯"。而其他的盐产区,如两浙、淮南等路,仅鬻钱一百六十三万三千余贯,可见运城的盐业地位。

元太宗时,盐运使姚行简建议将运司设于潞村。据《河东盐法备览》卷二记载,至元末,运使那海德俊再迁圣惠镇,筑凤凰城以资保障,而运治始立,名曰运城。

运城因此而得名。运城的建立与发展是国家盐务发展的需要,而并非和其他城市一样因行政区划使然。建城以后驻节于此的多是盐务官署,而地方行政并不在此设立衙门,所以运城享有"盐务专城"的美誉。

运城位于盐池中部的北面,濒临中禁门。运城南至平陆县一百里,东至安邑县(今夏县西北)十五里,北至猗氏县六十里,西至解州(今运城西南解州)四十里。据《河东盐法备览》记载:

城周九里一十兰步,广袤各四之一,高二十四尺。旧制为门者五,与今稍异。

明朝天顺二年,运使马显改作四门,东曰放晓,西曰留晖,南曰聚宝,北曰迎渠。

清代把运城城内分为九坊,贤良坊、甘泉坊、厚德坊、和睦坊、货殖坊、荣恩坊、宝泉坊、永丰坊、里仁坊。清代城内还建有运阜仓、运储仓,以储备粮食。设有养济所,以育孤贫。设有习艺所,以使罪责较轻的人学习技艺。此外,还设有粥厂、义仓、同善义仓、公桑园、牛痘局、育婴堂等。历经明、清两朝多次修缮,使运城城市趋于成熟。

正如李华《古代盐业与城镇》一文总结时指出:

运城建城以后,由于地处交通要道,秦、晋、豫三省的商贾长期云集于此经营潞盐运销。潞盐的兴盛又带来其他行业的活跃,使运城逐步成为河东的经济中心。随着经济的繁荣和发展,运城的文化教育事业也随之兴起,孔庙和各种祠堂相继修建,河东书院、正学书院、宏运书院先后建立。特别是为教育盐丁子弟而设立的运学,开创了盐务界办专学的历史先河。运城自元代建城以来,经过 600 余年发展,逐渐成为河东地区的经济、政治、文化中心和军事重镇。

4. 自贡

自贡,因盐设镇、因盐设市,其发展与井盐业有着密不可分的联系,是我国典型的一座盐业城市。

早在东汉时,古代盐民就在开凿了自贡地区第一个大口盐井"富世盐井",其位置在四川盆地南部、沱江下游。及至南北朝时期,又开凿了第二个大口盐井"大公井"。其开凿技术和水井的开凿技术一般不二,均凭人力辅以锸、凿、锄等铁制工具挖掘,并将岩石运出井外,这样逐步加深,直至盐卤出现,而后采卤制盐。

李华《古代盐业与城镇》一文中指出:

> 随着盐业生产的发展,在盐井的周围,人烟逐渐稠密起来,越来越多的人前来经商贩运,带来了市场的繁荣和经济区域的形成,因利所以聚人,因人所以成邑。

北周武帝时,以富世盐井为中心设富世县,并在大公井所在地设公井镇。

随着生产工艺的改进,到了隋唐时期自贡井盐业得以迅速发展。富义、荣州年征盐课达 2258 贯,从而超过了蜀中最大的陵井课额,跻身于蜀中盐生产、纳税大户。

宋初,公井、富世两监盐井数与盐产量约占巴蜀地区总量的 10%。此后,随着盐业的进一步发展,另外一种开采工艺的"卓筒井"也应运而生。卓筒井的问世,开创了机械钻井的先河,提高了井盐的生产力。

明正德年间,在富顺县西荣溪水畔又发现了新的卤源,即自流井。有自流井的地区盐卤、天然气等资源异常丰富。及至天启年间,已形成一个井灶星罗棋布、天车鳞次栉比的新盐区。

清朝初期,由于推行鼓励移民入蜀、减免井盐课税等宽松的盐政等主观因素,加之自贡地区的运道便利、成本低、盐卤浓等客观条件,吸引大批广东、贵州、陕西、山西、福建等省的盐商和灶户。随之而来的是先进的技术与资金,他们或经营盐业运销,或从事井盐生产,或投资井灶,或开设票号钱庄,此时盐业生产迅速发展。到乾隆二十三年,共有井424 眼,年产盐达 1800 余公斤,成为全川三大产场之一。①

清嘉庆、道光时期,自贡盐井开凿技术有空前发展。新开凿的盐井越来越深,以至于能开采三叠系雷口坡组地层的黑卤。道光十五年,中国也是世界上第一口超过千米的深井,燊海井凿成功,其深度达 1001.42 米。井深的增加,随之而来的是大量的高浓度盐卤产量。道光时,富荣两地年产盐达 6000 万公斤。

咸丰三年,太平天国扼长江中下游之水道,故淮盐不得上运,清廷令川盐济楚。自此以后自贡盐场大开井灶,钻凿深井,产量剧增,随之口增月旺,步入鼎盛时期。到了光绪初年,自贡的盐场拥有盐井、天然气井1729 眼,煎锅 5900 口,年产食盐近 20 万吨,占全川产额 50% 以上。

二、盐运线路上的聚落与建筑

1. 长芦海盐运线上的聚落与建筑

长芦盐场自春秋时期就有记载,是我国四大海盐盐场之一。长芦盐场的海盐运输以水路为主、陆路为辅,在京、津、冀、豫等地区沿着水系蔓延,在运销线路的水陆节点上逐渐形成了一些与长芦盐业兴衰密切联系的聚落,同时也出现了因长芦海盐而建的建筑。现存的因长芦海盐而建的建筑主要有盐业署衙建筑、盐业庙宇建筑、盐业会馆建筑和盐官、盐商的宅居建筑等。② 丰富的盐业资源聚集了大量的海盐生产者和销售者,随着人口的不断聚集,天津逐渐发展成为一座盐业重心城市。在明清时代,长芦盐场由沧州北移至天津,使天津的海盐业迅速发展,也使天津成为长芦海盐的产、管、运、销的中心,各种盐业管理机构也开始常驻天津。除天津外,在长芦海盐运线上的一些古镇随着海盐

---

① [清]丁宝桢著,曾凡英、李树民、孙释伟注:《四川盐法志》,西南交通大学出版社,2019.
② 王特:"长芦盐运视野下的聚落与建筑研究",《华中科技大学》,2020.

运线的贯通也快速发展起来,成为当时的商业城镇和水陆交通枢纽。如北河河道上的西沽、淀河河道上的胜芳古镇、西河河道上的广府古城、御河河道上的大名古城。

在盐产地和运输线路上的聚落又各有特点。产地的聚落具有以下特点:大都分布在盐滩、盐灶周边;聚落绕盐场呈环状分布;附近往往分布着祈求盐业兴旺的庙宇。运输路线的聚落具有以下特点:分布于河流交汇之处,如古天津城位于南运河与海河交汇处、西沽位于北运河与子牙河交汇处、保定府位于沙河与府河交汇处;分布于水运和陆运转运之处,如大名府古城位于御河河道水运和陆运转运节点、广府古城位于西河河道水运和陆运转运节点、胜芳古镇位于淀河河道水运和陆运转运节点。

长芦海盐的运输和销售,还对沿线的建筑有着深远影响。由于使用功能和人员的不同,这些因盐而建的建筑又各有特点。目前,管理盐政的衙署类建筑、祈求盐业顺利的庙宇类建筑、为方便盐商工作及聚集所建的会馆类建筑以及盐商私人宅居尚有大量遗存,盐商报效朝廷所建的皇家建筑、盐业捐献的书院、慈善类建筑、盐商的私家园林大都已消失。

衙署类建筑根据盐官等级而建,等级较高则形制规整,由一系列建筑围合而成,有明显的轴线,强调突出权力核心性。在布局上,办公建筑均位于中间主轴线上,辅助性功能建筑位于两侧轴线上,院落等则布局随意、不受轴线约束。主轴线功能布局多为"前衙后邸",大堂、二堂为治事之所,二堂后为内宅,为官员日常办公及其家眷生活的院落。等级较高的盐业署衙建筑还设有辕门旗杆、祠堂、敬事堂等建筑。除挚盐厅以及最低等级的盐课司场署外,长芦盐各署衙建筑还辟一院落造园。

庙宇类建筑主要有保佑盐产丰收、盐运顺利、盐商团结三大类型,主要分布在盐产区和盐业重心处,在盐运线路上则较少。如今,长芦盐场庙宇类建筑已经很少遗存。

会所类建筑主要分布在天津,在长芦海盐运输线路上也有分布。这些会馆主要用于商人客居、联络感情、协调关系、议定生意所用。除此之外,还有按地域区分的盐商及其他商人共同所属的同乡会馆。长芦盐业会馆类建筑大都是在北方建筑基础上融合了商人籍贯的建筑风格。

宅居类建筑主要分布在盐业中心和运输线路的最后环节,主要分布在天津和太行八陉附近。

2. 两淮海盐运线上的聚落与建筑

两淮盐场自春秋战国时期就有记载,位于江苏中部和北部沿海,因位于淮河南北两侧又被称为淮北盐场和淮南盐场。两淮海盐销售范围十分广泛,覆盖我国中东部的六个省份,对其运销线路上的经济发展、文化交流、技术传播都有很大影响,也对聚落与建筑产生了深远影响。

两淮海盐运输线路上的群落和城镇大都是因产盐而生、因运盐而盛。因产盐而生的古镇主要集中在东部沿海,大都是随着海岸线动迁在原来产盐的基础上发展为集生产、贸易和运输为一体的城镇,如东台的安丰镇、如东的栟茶镇以及连云港的板浦镇等。因运盐而盛的古镇主要位于两淮海盐运输沿线上,这些古镇聚落大都在两淮海盐运输线路形成之前已初步形成,随着运输线路的贯通而逐渐发展壮大,如仪征的十二圩、江汉平原的程集、湖北的龙港等。

两淮盐场的古镇最初分布在江苏东部沿海,后随着海岸线的不断东迁,这些古镇的功能进一步细分,分化成生产区、管理区、生活区和仓储区等区域。两淮海盐运输线路上的古镇大都分布在河流交叉口和水运陆运的转换节点上,形态上又具有四面环水和以码头为中心的特征。如,江苏盐城安丰古镇、江苏扬州、湖北汉口。

盐商宅居由盐商出资而建,深受两淮海盐经济和文化影响,同时因两淮海盐的盐商中徽商居多,这些建筑又受徽州文化影响较深。由于兼具居住和处理盐务的功能,大都具有靠近水运、靠近衙署、靠近商业中心的特点。因受徽州文化的影响,两淮海盐线上的盐商宅居大都由形态规整的天井院落组合而成,四周围有高墙,形成较为封闭的空间。这些宅居大都平面整体布局规整、轴线明显。如,扬州卢氏盐商老宅、扬州廖氏盐商老宅。

控盐建筑在两淮海盐线路上重要城镇都有建造,在选址、布局、用材、结构上都受官式建筑影响,与盐商宅居有着明显区别。这些建筑大都紧邻主要盐运河流,位于古镇商业中心,邻近盐场。在平面布局上,一般为多栋建筑组成的建筑群,因级别不同而有单轴和多条轴线并联的不同。主要办公空间一般位于主轴线上,辅助用房一般位于两侧。在建筑风格上,这些建筑受北方文化影响较大,受徽州文化影响较小,平面采用庭院式而非天井式。如,盐城盐政衙门、安丰盐课司、汉口督销淮盐局、湖南洪江古城淮盐缉私局。

销盐建筑在两淮海盐线路上主要有三类,分别是盐商会馆、盐神庙、盐业店铺。盐业商人会馆和盐宗庙一般选址于盐业城镇中心繁华地带,主入口一般体量高大、建造精美,以随墙式门牌楼为主,但又各不相同。如,扬州岭肖盐商会馆。

3. 川盐运线上的聚落与建筑

四川盐藏十分丰富,主要有岩盐和卤盐两种形式,主要销往长江中上游地区的鄂、渝、湘、黔交汇地区,其运输以水路运输为主体,陆路运输为辅助。水路运输主要依托长江,在四川周边主要依靠长江支流,在湖北主要依靠清江、郁江、酉水,在湖南主要是酉水经沅江进入洞庭湖流域。这些江河与巴蜀境内连接各运盐口岸的陆运盐道一起构成一个大的川盐运输网络。①

四川盐业从古人在本能驱使下到盐泉处吸食盐泉开始,经历了本能吸食期、自食起步期、交换过渡期、产业成熟期四个阶段。人类因盐而聚众、聚众而成邑,经过这四个漫长的历史阶段,逐步在盐产地及盐运道路节点上发展出众多"因盐而兴"的古代商业城镇。② 川盐古道上古镇大都沿着盐道分布,在重要节点上规模也较大,有些甚至发展成现代城市。川盐古道上的古镇,主要都是因为生产和运输食盐而生。

因生产食盐而建的古镇,目前存留较多的主要集中在四川自贡和渝东长江沿线,如现在仍保存有大量遗迹的自贡富顺盐场、巫山大宁盐泉、朐忍(云阳)卤泉、万县长滩盐泉、忠县涂井溪盐泉、黔江郁山盐泉以及鄂西清江流域的盐泉。运盐之利有时远大于产盐之利,于是在盐运

---

① 自贡市盐业历史博物馆:《川盐文化圈研究:川盐古道与区域发展学术研讨会论文集》,文物出版社,2016.
② 赵逵:《川盐古道文化线路视野中的聚落与建筑》,2008.

路上,水岸码头处逐渐形成一个个盐运集镇。一部分人专门从事盐业贸易,彻底脱离了农业生产,正是由于盐业引发的贸易,使川盐古道上的城镇逐渐发展起来。

产盐古镇一般围绕产地聚集,往往会在与生活区的结合部形成商业,进而发展成商业街市。盐产地对周边辐射影响力的增强,许多重要的产盐城镇都会发展成地区或州、县的行政中心。运盐古镇主要分布在重要的产盐地周围或盐运河道向陆地转运的运输节点上。运盐古镇一般沿河岸展开,也有垂直于河岸呈梯状逐层展开。

盐业建筑的分布总是在一个特定的区域中心呈点状集中,因此总是以建筑群体的方式出现,其中盐业会馆是盐业建筑最典型的形式。盐业古镇在城市布局、建筑主体分布上都深受盐业生产和运输的影响,而这些特点也会对盐业建筑自身的形式产生一些影响。如,围绕城镇中心辐射布置,顺着盐运河道串联布置,沿中心街道毗邻布置。

川盐古道上传统民居,在川、鄂、湘、黔交汇山区多以木构吊脚楼为主,也有低海拔地区的土砖房和高海拔地区的石砌建筑。这些民居,大都具有以下特点:种类繁多、数量集中的封火墙;沿街立面上独特的大挑檐形式;天井在传统民居中的大量运用。

川盐古道上盐业会馆有商人会馆和工人会馆两种。

本章梳理了中国历史上盐业专卖制度的主要变迁、特点,概述了历史上主要的盐场,阐述了不同盐场的运输线路,进而总结了盐产和运输线路上的聚落和建筑特色。盐业专卖制度在每个朝代都有不同的变化,尽管每个朝代对食盐经营的垄断程度和方式可能不同,但朝廷垄断经营的主基调一直没变,这使食盐成为中国历史上垄断经营历史最长的商品。在历史上,食盐产地的分布主要受制于原材料这一自然资源,食盐运输的线路主要依靠水运,随着食盐的生产和运输,在运输沿线上也涌现了一批因盐而建、因盐而兴的盐埠,这些城镇的建筑又各具特色。

第四章　海洋文化中的盐脉

　　根据前面章节的信息，我们不难发现：盐的生产、流通和应用在人类文明发展过程中起着举足轻重的作用。在人类历史中，海洋与盐业发展密不可分。不仅海盐是海洋对人类的慷慨馈赠，哪怕生产于内陆的池盐、井盐、矿盐也通过海上丝绸之路惠泽四方。所以，无论大范畴的盐文化还是小范畴的海盐文化都闪烁着海洋文化的光辉。盐影响着人类的语言文字，渗透进日常的风俗文化，乃至催生了因盐而成就的王侯将相。这些可谓人类文明的盐脉，也是海洋文化的盐脉。

　　下面让我们一起来了解海洋盐脉中神奇的盐字传说、与时俱进的盐解、丰富多彩的"盐"语、五花八门的盐俗、灿烂隽永的文学创作以及为合理盐资源利用而奋斗抗争的古圣先贤。

第一节　盐与文字

　　伴随中华文明的兴起，盐文明应运而生。炎黄时代，已有仓颉造"盐"字的神奇传说。这个传说的两个版本一则源于池盐，一则源于海盐，反映了海洋文化中的盐脉从上古时期就已经开始为中华文明注入活力。随着人们对盐的理解和应用，盐给我们的文字和语言烙下了深深的印记。这些印记包括"盐"字创造的传说、盐字含义的演变乃至与盐有关的专有名词、地名、成语和歇后语。

一、盐字的传说

张银河著《中国盐文化史》记载：关于仓颉造"盐"字，有两种不同的传说。

第一种与池盐有关。五千多年前，为争夺河东盐池，黄帝与蚩尤演绎了一场大战。蚩尤战败后，黄帝将其关押起来。但是，蚩尤不想屈服，他拼命地挣扎，愤怒地吼叫。黄帝怕蚩尤逃跑，便将其斩首。蚩尤被处死后，先是从脖子里喷出一股白雾，过后又涌出大量的鲜血。黄帝怕蚩尤复活，又将他的手脚抛掷于荒郊野岭之中。后来，蚩尤的鲜血染红了整个树林，并浸透在泥土里。据说卤水的发红就是因为染了蚩尤的鲜血。为了保护得来不易的盐资源，黄帝专门选派公正为民的大臣去监管盐池。

在盐池，看到无论是富人还是穷人都排着队领取盐的情景，仓颉体会到盐对于各个家庭的重要，他决心一定要把这个"盐"字造出来。经过一连串的思考，仓颉将"鹽"字认真地写了出来，并呈给黄帝。这个字由臣、人、卤、皿四个部分组成。左上方的"臣"是指盐是由公正为民的大臣掌管之意；右上方的"人"字表示盐必须每个人都能够吃到；右边的"卤"字表示盐是由卤水制成的；最下面"皿"表示人们要把盐放到器皿中珍藏起来。黄帝对仓颉造的这个字非常满意。

第二种与海盐有关。相传，炎帝拿出五彩缤纷的海盐献给黄帝作调味之用。黄帝发现海盐调出来的味道比自己之前吃的盐调出来的味道更加鲜美。通过调查得知，是宿沙氏用器皿取海水蒸煮而获得的海盐。后来，黄帝命仓颉造"盐"字。仓颉根据炎帝大臣宿沙氏煮盐的经过，便造出了"鹽"字。由"臣、人、卤、皿"四个部分组成了盐字。其中"臣"表示宿沙氏是炎帝的大臣，"人"和"卤"代表制造海盐过程中需要有人一直在旁边观察监视卤水煎煮的过程，"皿"字则说明煮盐过程中所使用的器具之意。

从仓颉创造"盐"字的两种传说来看,远古时期,池盐和海盐就是中华民族食用盐的两种来源。从古代"盐"字的写法上,可以看出中国人在造字方面博大精深的文化底蕴。

二、古人盐解

《禹贡》记载:"海岱惟青州,厥贡盐、絺。"这大概是中国有关盐的最早文献。《禹贡》历代以来被认为是地志方面的经典性著作。明代邱仲深根据《禹贡》提供的信息,得出结论:"考盐名,始于禹,然以为贡,非为利也。"

虽然中国有仓颉造盐字的远古传说以及《禹贡》这种最早与盐有关的文献记载,但是目前学者在甲骨文和金文中还没有查到有关"盐"字的记录。当然,甲骨文和金文中没发现"盐"字,并不是说盐字的产生晚于商代,毕竟我们还不能完全解读所有出土的甲骨文。不过,在西周末和东周初的金文中,发现了另外一个与"盐"有密切关系的字,这个字就是"卤"。在金文中,"卤"与"西"代表同一个意思。当时的统治中心位于今天的河南中东部和山东境内,河东及关陇地区都被认为是"西方",也就是现在的山西西南部和陕西关中地区。以"西"为"卤",指的是国都西方出产自然盐,即未经加工的池盐。

《中国科学技术史》第五卷中英国人李约瑟对"卤"字有另一种理解。他认为这个字正是反映了自然蒸发咸水的盐池而形成的"鸟瞰图",并由图画文字演变而来,才形成了象形文字,比如:"月"字就像一弯月亮的形状,"山"字就是山的形状,"卤"字就是古人把卤水引入到盐池的形象画面。

汉代许慎著《说文解字》对"盐"字作出过较全面的解释。《说文解字》第十二章中记载:"盐,咸也,从卤监(咸)声。"清代段玉裁的《说文解字注》中解释说:"盐,卤也。天生曰卤,人生曰盐。"可见,"盐"和"卤"实际上是指同一种物质。

李时珍《本草纲目》第十一卷金石部中也提到盐:

"盐字,象器中煎卤之形。《礼记》:盐,曰咸醢。《尔雅》云:天生曰卤,人生曰盐。许慎《说文》云:盐,咸也。东方谓之斥,西方谓之卤,河东谓之咸。黄帝之臣宿沙氏,初煮海水为盐。《本经》大盐,即今解池颗盐也。《别录》重出食盐,今并为一。方士呼盐为海砂。《别录》曰:食盐,咸,温,无毒。多食伤肺,喜咳。"

不难看出,古人最早认为"卤"和"盐"是同一种物质的两种叫法,自然形成的称作"卤",经过人为加工之后便叫作"盐"。文字的演化同时反映了人们获取咸味物质技法上的改进。

三、今人盐解

《新华字典》第 12 版中对盐的定义为:"(1)食盐,味咸,化学成分是氯化钠,有海盐、池盐、井盐、岩盐等种类。(2)盐类,化学上指酸类中的氢离子被金属离子(包括铵离子)置换而成的化合物。"[1]

《现代汉语词典》中对盐的解释是:"由金属离子(包括铵离子)和酸根离子组成的化合物。常温时一般为晶体,绝大多数是强电解质,在水溶液中和熔融状态下都能电离。"[2]

《现代汉语模范字典》中盐的定义是:"盐,部首皿,上下结构,笔画数为 10。(1)读 yán,食盐,一种有咸味的调味品,白色晶体,主要成分是氯化钠。(2)化学上指由金属阳离子和酸根阴离子结合而成的化合物。常温时一般为晶体,在熔融状态或水溶液中能被电离,如硝酸钠、硫酸铵等。"[3]

《汉语大字典》中是这样解释盐:"盐,读 yán。(1)无机化合物,一种有咸味的无色或白色结晶体,成分是氯化钠,用来制造染料、玻璃、肥

---

① 中国社会科学院语言研究所:《新华字典》第 12 版,商务印书馆,2020.
② 中国社会科学院语言研究所词典编辑室:《现代汉语词典》第 7 版,商务印书馆,2016.
③ 许嘉璐:《现代汉语模范字典》,中国社会科学出版社,2000.

皂等,亦是重要的调味剂和防腐剂(有海盐、池盐、井盐、岩盐等种类)。(2)盐酸(氯化氢)的水溶液,是一种基本的化学原料,多用于工业和医药。(3)化学上称酸类与碱类中和而成的化合物:酸式盐,碱式盐。"①。

《字源》中盐的解释为:"读 yán,喻纽、谈部;以纽、盐韵,余廉切。读 yàn,喻纽、谈部;以纽、艳韵,以瞻切。形声字,从卤,监声。《说文》:'盐,鹹也。'本义指食盐。《尚书·说命下》:'若作和羹,尔惟盐梅。'食盐,有海盐、池盐、井盐等。《管子·海王》:'十口之家,十人食盐。'还可作姓。读 yàn 时,指用盐腌。《礼记·内则》:'布牛肉焉,屑桂与姜,以洒诸上而盐之。现代楷书改换了原字上边的部件,鹽简化成盐。"②

《古汉语常用字典》中盐的定义:"(1)盐,读 yán,食盐的通称。(2)盐,读 yàn,用盐腌。北魏贾思勰《齐民要术·炙法》:'看咸淡多少,盐之,适口取足。'(3)盐,通"艳",羡慕。《礼记·郊特牲》:'而流示之禽,而盐诸利,以观其不犯命也。'"③

《古代汉语小字典》中盐的定义:"(1)盐,读 yán,食盐。《战国策·楚策四》:'夫骥之齿至矣,服盐车而上太行。'《管子·海王》:'十口之家,十人食盐。'(2)盐,读 yàn,用盐腌渍食物。《礼记·内则》:'屑桂与姜,以洒诸上而盐之,干而食之。'《齐民要术·炙法》:'除骨取肉,盐之。'"

综合现代各大字典中对盐的解释,我们可以从字音、字形以及字意三个方面对盐进行总结。盐从字音上来说可以分为两种,一种读 yán,另一种读 yàn。从字形上来说,盐字为上下结构,部首为"皿",共有 10 画。从字意上来说,盐有四种意思:第一种,读 yán,为一种具有咸味的白色晶体的调味品,其主要成分是氯化钠;第二种,也读 yán,指化学科学引入中国后,把金属离子和酸根离子所组成的化合物命名为"盐";第三种,读 yàn 时,主要是指用盐腌制食物;第四种,通"艳"字,译为羡慕。

① 徐中舒:《汉语大字典》,四川辞书出版社,1995.
② 傅东华:《字源》,艺文印书馆,1985.
③ 王力:《古汉语常用字典》第5版,商务印书馆,2016.

四、盐语

人类生活离不开盐，日常交流自然少不了盐语。盐语，既有与盐有关的专有词汇，也有古文凝练而成的成语以及灵动活泼的歇后语等。

1. 与盐有关的专有词汇

盐丁，古代盐户中承担盐役的丁壮，称"灶丁"。《宋史·食货志四》载有："其鬻盐之地曰亭场，民曰亭户，或谓之灶户，户有盐丁。"

盐土，含水溶性盐类较多的低产土壤。表面有盐霜或盐结皮，pH值一般不超过 8.5。盐土中常见的水溶性盐类有钠、钾、钙、镁的氯化物、硫酸盐、碳酸盐和碳酸氢盐等。[①] 根据成土过程及土壤形态特点，可分为草甸盐土、滨海盐土、沼泽盐土、洪积盐土、残余盐土、碱化盐土6 个亚类。中国盐土不仅地区之间的差别较大，且同一地区积盐状况也有很大不同。[②]

盐屯，古代军民制盐的场所。《新唐书·食货志四》："幽州、大同横野军有盐屯，每屯有丁，有兵，岁得盐二千八百斛，下者千五百斛。"

盐户，以制盐为业的人户。《魏书·崔游传》："转河东太守，郡有盐户，常供州郡为兵。"唐刘恂《岭表录异》卷中："贞元中，有盐户犯禁，逃于罗浮山。"《宋史·食货志下四》："产盐固藉於盐户，鬻盐实赖於盐商。"

盐引，宋代以后历代政府发给盐商的食盐运销许可凭证，源于盐钞法。宋庆历八年，兵部员外郎范祥变通盐法，由折中法的交实物改为交钱买盐钞，商人凭盐钞购盐运销，官则用所得之钱收购粮草。[③]

纲盐，明代实行"纲盐制"，持有盐引的商人按地区分为 10 个纲，每纲盐引为 20 万引，每引折盐 300 斤[④]。未入纲者，无权经营盐业。

票盐，清代实行"票盐制"，票盐制的利害之处并不是取消了盐引和

① 刘焕军：《松嫩平原土壤定量遥感研究与实践》，中国农业出版社，2010.
② 张俊民，蔡凤歧，何同康：《中国土壤地理》，江苏科学技术出版社，1990.
③ 何盛明：《财经大辞典下》，中国财政经济出版社，1990.
④ 陈锴竑，姜龙，卢桂平：《扬州历史文化大辞典上》，广陵书社，2017.

引商对盐引的垄断,而是取消了行盐地界,即"引岸"(也称"赴岸")限制。据《清史稿·食货志》记载:"招贩行票,在局纳课,买盐领票,直运赴岸,较商运简捷。不论资本多寡,皆可量力运行,去来自便。"票盐制虽然保留了各种盐引的手续,如"行盐"等等旧规,但盐票可以"越界竞争","官督商销",该政策实行以后,盐价"暴跌","楚西各岸,盐价骤贱,民众为之欢声雷动。"显见的效果是"打压盐价",作为"庄家"的大户盐商纷纷"崩盘"。

解盐,山西解池出产的盐。宋司马光《涑水记闻》卷十五:"旧制河南、河北、曹濮以西、秦凤以东,皆食解盐。"明李时珍《本草纲目·石三·食盐》(集解)引苏颂曰:"大盐生河东池泽,粗于末盐,即今解盐也。"

盐池,咸水淤积的池。现今即盐池县。位于宁夏回族自治区东部,为银南地区辖县,著名宁夏滩羊集中产区,历史上中国农耕民族与游牧民族的交界地带,县府驻花马池镇。

盐法,是指国家对食盐征税和专卖权禁的各种制度。我们的祖先很早以前就知道食用盐了,但是国家对盐的生产和销售加以管理,则自春秋始。当时东方的齐国濒临大海,有丰富的盐铁资源。公元前 7 世纪前期,管仲相齐桓公,"兴盐铁之利",由国家统一管理食盐的生产和销售,开中国盐法之始。中国盐法,代有变迁,由简而繁,由疏而密,日趋完备。唐玄宗开元以前为食盐征税和专卖制度建立时期,开元以后为食盐专卖制度日益完密的时期。[①]

盐课,即盐税。是指以从事生产、经营和进口的盐为课税对象所征收的一种税。

盐厘,旧时对盐所征的厘金。清咸丰三年设此税收,大都属于盐的附加税性质。1914 年并入盐的正税。《清史稿·食货志四》:

> 陕西花马池盐课,向由布政使收纳。及同治十二年,宗棠为陕甘总督,因西陲用兵,改课为厘,在定边设局抽收,名曰花定盐厘,

---

① 吴慧:《中国盐法史》,社会科学文献出版社,2013.

於是陝西盐利归於甘省。

盐票，是客户实际存盐数量、质量的有效物权等量凭证。它作为一种现货仓单交易是加快工业盐流通、优化资源配置的新型交易模式。

盐商，特许的具有垄断食盐运销经营特权的食盐专卖商人。他们借此特权而攫取巨额的商业垄断利润。①

盐官，中国秦汉时主管盐政的官署。战国时期，秦国于商鞅变法后设置盐官，管理食盐专营一事。后世不论何种盐政均或多或少设置盐官。

盐钞法，宋代政府规定盐商凭钞运销食盐的制度。由政府发行盐钞，令商人付现，按钱领券。发券多少，视盐场产量而定。券中标明盐量及价格，商人持券到产地进行交付验收，领盐运销。《续资治通鉴·宋徽宗政和元年》："〔张商英〕於是大革弊事，改京（蔡京）所铸当十大钱为当三以平泉货，复转般仓以罢直达，行盐钞法以通商旅。"

盐漠，又称盐沼泥漠、盐碱地、盐水浸渍的泥漠。分布于荒漠的低洼部分，盐分易于吸收水分引起膨胀，所以长期处于潮湿状态。干涸时可形成龟裂地。仅能生长少数盐生植物，是荒漠中土壤最贫瘠的地区。②

盐运使，指的是官名。始于元代，明清沿之，其全名为"都转盐运使司盐运使"，简称"运司"。设于产盐各省区、掌盐务。

盐铁使，是唐代中期以后特置，以管理食盐专卖为主，兼掌银铜铁锡的矿冶，多特派大臣充任或由淮南节度使兼任，常驻扬州。诸道盐铁使常兼诸道转运使，通称盐铁转运使。③ 唐代最著名的盐铁使为刘晏，盐铁之利在刘晏为盐铁使时，一度成为国家的主要财政收入。盐铁使在当时是握有财权的重要官职。

盐井，又称盐矿，是食盐的生产源头之一，一般多指内陆地区的盐

① 中国大百科全书总编辑委员会：《中国大百科全书中国历史3》，中国大百科全书出版社，1998.
② 地质矿产部地质辞典办公室：《地质大辞典1普通地质构造地质分册上》，地质出版社，2005.
③ 王美涵：《税收大辞典》，辽宁出版社，1991.

矿,号称"川东门户"的万县(今重庆万州)、湖北省潜江县、四川省的自贡,这些地区的岩盐储量都十分丰富。

盐牙,是指从事食盐买卖的牙人,出自《元典章·户部八·盐课》:"江陵路将犯人童文彬并盐牙杨必庆等三名枷禁听候外,乞咨河南行省就便归结。"

2. 与盐有关的地名

中国与盐有关的县市级地名有十几处,比如:(1)海盐县,浙江省嘉兴市;(2)盐都县,江苏省盐城市;(3)盐城市,江苏省盐城市;(4)盐湖区,山西省运城市;(5)盐山县,河北省沧州市;(6)盐池县,宁夏回族自治区吴忠市;(7)盐井县,西藏自治区昌都地区;(8)盐津县,云南省昭通地区;(9)盐源县,四川省凉山彝族自治州;(10)盐边县,四川省攀枝花市;(11)盐亭县,四川省绵阳市;(12)盐田区,广东省深圳市。

中国与盐有关的街道村镇更多,这里仅以天津和上海浦东为例,来看盐对地名的影响。

天津市河北区盐关厅大街,北起金家窑大街,南至狮子林大街,此处原为清代水师营故址,1900年改为盐官厅,盐船在此泊岸验税。后来,附近逐渐形成街道,名为"盐官厅大街",后演变为"盐关厅大街",并由此又派生出"盐关厅胡同""盐关厅东胡同"和"盐关厅西胡同"。河北区天纬路中段还有"盐讯胡同",就是清代军队专门稽查盐运的驻防之地。

天津市区还有几条以"盐店"命名的街巷。"盐店街"位于红桥区西沽公园南侧,始建于1673年,因该地原有一盐店而得名。南开区西门内大街南侧有"盐店胡同",始建于清光绪年间,因巷口东侧有"瑞昌号盐店"而得名。河北区狮子林大街中段南侧有"小盐店""小盐店胡同"和"小盐店北胡同"三个里巷名,因清光绪初年附近有一个官办盐店,习称"小盐店"而得名。

至于天津四郊带"盐"字的地名更为多见,例如北辰区天穆镇北运河东岸有"阎街",明初为官盐集散地,俗称"盐街",后盐市废,有阎姓最早来此定居,故名"阎街"。宜兴埠宫后街有"盐巡胡同",建于清光绪末年,因当年有盐巡长官居此,故名。塘沽区"盐河里",因系塘沽盐场职工宿舍,且临近海河,故名。另外塘沽区还有"盐业里""塘盐公路"等,汉沽区有"小盐河""盐王店"等。

盐业生产曾是上海浦东历史上辉煌灿烂的一幅画卷。它曾引发人口的迁移,浦东的诸多地名、密布的河道无不与它有着千丝万缕的联系。它在相当长一段时期内是浦东地区最重要的经济生产活动,并带动与盐业生产相关的航运、商业等事业的发展,对浦东的历史产生了广泛而深刻的影响。时至今日,一些与盐业生产有关的机构早已消失,但还有部分盐业生产的机构及所属团、灶、路等名称转化为历史地名保存并延续下来,并成为浦东乡镇建置和建制村及自然村的名称,比如:新场、航头、大团、六灶、下沙、三灶、盐仓……。这些地名都是盐业生产在浦东所留下的痕迹。

3. 与盐有关的成语

骥服盐车:意思是指才华遭到抑制,处境困厄。比喻人才使用不当,埋没人才。

撮盐入火:意思是盐一放在火里就爆裂,比喻性情急躁。出自元代王实甫《西厢记》。

撮盐入水:意思是形容立刻消灭干净。也形容大而化之,什么都不在乎。

骏骨牵盐:意思是才华遭到抑制。出自西汉刘向《战国策·楚策四》。

添盐着醋:意思是比喻叙述事情或转述别人的话,为了夸大,添上原来没有的内容。出自沈从文《王谢子弟》。

煎盐叠雪:意思是像洁白的细盐和层层叠起的白雪,多用以形容奔腾翻滚的浪花。

调剂盐梅:比喻协调、平衡不同的力量和因素,多指宰相职责。后也指调解家庭矛盾。

私盐私醋:意思是比喻不敢公开见人的事情。出自《金瓶梅词话》。

骐骥困盐车:出自唐代胡曾《咏史诗·虞坂》,指才华遭到抑制,处境困厄,用于人处于困境时,可作宾语、定语。

水中着盐:喻不着痕迹。清代薛雪《一瓢诗话》:"作诗用事,要如释语：水中著盐，饮水乃知。"清代施补华《岘佣说诗》："刘长卿《过贾谊宅》诗上联'芳草独寻人去后，寒林空见日斜时'，疑为空写，不知'人去'句即用《鹏赋》'主人将去'，'日斜'句即用'庚子日斜'。可悟运典之妙，水中著盐，如是如是。"

刻画无盐，唐突西子：唐代房玄龄等人合著《晋书·周顗传》："庾亮尝谓顗曰：诸人咸以君方乐广。顗曰：何乃刻画无盐，唐突西施也。"亦见南朝宋刘义庆《世说新语·轻诋》："无盐，齐国丑妇；西施，越国美女。谓以丑比美，比拟不伦不类。"

朝齑暮盐：早餐吃腌菜，晚餐则以盐下饭。形容生活穷苦。出自唐代韩愈《送穷文》。

盐香风色：比喻观望情势。

柴米油盐：意思是指一日三餐的生活必需品，出自元代兰楚芳《粉蝶儿·恩情》。

无盐不解淡：比喻不下本钱就办不成事，出自清代吴趼人《糊涂世界》第三卷。

峻阪盐车：阪，通"坂"，山坡。指衰老的骏马拉着满载食盐的重车，艰难地走上陡坡。比喻能人老迈，难负重任。含贬义。

米盐凌杂：凌杂，错杂零乱；米盐，形容细碎。意指零乱琐碎。

盐梅之寄：比喻可托付重任。出自《尚书·说命下》。

菌盐自守：意思是坚持过清贫淡泊的生活。出自明代冯梦龙《警世通言》。

水火相济，盐梅相成：烹饪赖水火而成，调味兼盐梅而用。喻人之才性虽各异，而可以和衷共济。

面市盐车：形容遍地大雪。

4. 与盐有关的歇后语

盐堆里的花生——闲人（咸仁）

盐缸里出蛆——稀奇

盐堆里爬出来的人——闲（咸）话不少

盐碱地的身苗——稀稀拉拉

盐碱地的庄稼——死不死，活不活

盐堆上安喇叭——闲（咸）话不少

盐店起火——烧包

盐店里卖气球——闲（咸）极生非

盐店里冒烟——生闲（咸）气

盐井不出卤水——出言（盐）不逊

咸菜缸里的秤砣——一言（盐）难尽（进）

把盐当成味精用——搞错了

吃饭没有盐——操淡心

盐场的伙计——爱管闲事

豆腐干煎腊肉——有言（盐）在先

卖盐的喝开水——没味道

冻豆腐不放盐——冷淡

黄花鱼下挂面——不用盐

喝盐开水聊天——尽讲闲话

吃豆腐乳——不须言（盐）

爆炒鹅卵石——不进油盐

口渴喝盐汤——徒劳无益

八宝饭上调把盐——又添一位（味）

盐店的老板转行——不管（咸）闲事

第二节　盐与习俗

　　盐文化不仅影响了我们的语言和文字，还深入我们衣食住行各方面。因此我们生活的方方面面无不流淌着来自远古的盐脉。从古至今，因盐而生的风俗有传承、有变化、也有更新，无不反映盐与生活息息相关。古今中外，因盐而生的风土人情虽有各种差异，无不反映盐在人类文明中的珍贵和神圣。

一、中国盐俗

1. 夏商周秦

(1)食用

① 最初人们对盐的需求,大多通过食动物满足,后来随着人类的进化,人类的食物从生食骨肉变为五谷杂粮,因此需要探寻新的盐的来源。《礼记·礼运》载:"未有火化,食草木之实,鸟兽之肉,饮其血,茹其毛。"随着人类的进化,火的发现,农业文明的发展,由生食野兽进而以五谷为主要食物,肌体内所需要盐分就要另辟蹊径,即对盐资源的寻求和开发。

② 与此同时,在当时对于调味之事都有习俗,也有官员掌管。根据《周礼·天官冢宰·盐人》记载:

> 盐人掌盐之政令,以共百事之盐。祭祀,共其苦盐、散盐;宾客共其形盐、散盐;王之膳羞,共饴盐。凡齐事,鬻盐以待戒令。

由此可以看出,有专人掌管"调味"之事。

③ 盐的造型多样化。《周礼·天官冢宰·笾人》记载:"筑盐为虎形者形盐,以共宾客:如鸟卵者卵盐,以为八君燕食之用"。从此中可以看出盐多种多样的造型样式。①

(2)祭祀

夏商周秦的人们将珍贵的盐用于祭祀,祈求农业风调雨顺。夏商时期祭祀神明多用珍贵的牛羊猪等牲畜,但是当时经济生产力低下,盐可谓是极其珍贵,因此把珍贵的盐作为贡品祭祀给神灵,祈求保证来年丰收,可能性很大。并且用鲜活的牲畜祭祀神灵,本身牲畜体内血液内就有着盐分,这也可以是用盐祭祀的一种佐证。

到了周代,在对神灵的祭祀中已有关于食盐的记载。《周礼》中的

---

① 张银河:《中国盐文化史》,大象出版社,2009.

"祭祀,共其苦盐、散盐。"即是例证。

（3）作贡习俗：

州与国、国与国之间用盐作为贡礼,以体现尊敬,尊崇之意。《尚书·禹贡》载:"海岱惟青州,土白坟,海滨广斥。厥田惟上下,厥贡中上。厥贡盐绨,海物惟错。"孔颖达《尚书正义》曰:"九州之土,物产各异,任其土地所有,以定贡赋之差。"江永周《周礼凝义》曰:"禹贡青州贡盐,即今之山东盐,其地在齐。"

有关食盐作贡礼的情况,还有其他记载。《左传·僖公三十年》载:

> 冬,王使周公阅来聘,飨有昌歜、白黑、形盐。辞曰:"国君文足昭也,武可畏也;则有备物之飨,以象其德。荐五味,羞嘉谷,盐虎形,以献其功。吾何以堪之?"

这段话的意思是:僖公三十年冬天,周天子派遣周公阅来鲁国聘问,宴请他的食物有昌蒲范、白米糕、黑黍和虎形块盐。周公阅推辞说:"国家的君主,文治足以显扬四方,武功可以使人畏惧,就备有特殊物品宴请,以象征他的德行;进五味的嘉肴,献美好的粮食,有虎形的盐,以象征他的功业。我怎么当得起这个?"在这里盐作为一种贡品,表示出的是一国君主对另一国君的尊崇。

综上,随着食盐生产的扩大,夏商周时期衍生出了食用,祭祀,作贡等方面的习俗。

2. 汉魏六朝

汉魏六朝的盐俗相比于夏商周拥有更多的功效和乐趣,盐俗的种类也更加丰富。

（1）腌制

用盐腌制的习俗历史已久,但由于汉代文字的普及发展,对用盐腌制才有了更多确切的记述依据。在汉代,用盐腌制的盐菜是百姓饮食生活的重要组成部分,贫苦人民也多用此进行调味。《史记·货殖列传》记载,在当时交通发达的大都市,每年在市场上交易的众多物品、食品中销售盐豉上千垣。《后汉书》记载"后昼夜号泣,终三年不食盐菜,憔悴毁容,亲人不识之"。由此可以看出盐菜在百姓生活中的重要性。

《群书治要》谈到汉代一般官员每月经济收支的基本状况时记载:

> 夫百里长吏,荷诸侯之任,而食监门之禄。请举一隅,以率其余:一月之禄,得粟二十斛,钱二千。长吏虽欲崇约,犹当有从者一人,假令无奴,当复取客,客庸一月千刍,膏肉垣五百,薪炭盐菜又五百,二人食粟六斛,其余财足给马,岂能供冬夏衣被、四时祠祀、宾客斗酒之费乎? 况复迎父母、致妻子哉?

《晋书·皇甫谧传》记载皇甫谧回忆与城阳太守梁柳的交往时曾经说:"柳为布衣时过吾,吾送迎不出门,食不过盐菜,贫者不以酒肉为礼。"[①]

除了腌制肉食以外,汉代人也腌制五谷、果蔬。北魏贾思勰《齐民要术》卷十中记载:

> 《食经》藏杨梅法:"择佳貌者一石,以盐一升淹之。盐入肉中,仍出,曝令干矫。取杭皮二斤,煮取汁渍之,不加蜜渍。梅色如初,美好,可堪数岁。"
>
> 《南方草物状》曰:"益智,子如笔毫,长七八分。二月花色。仍连着实。五六月熟。味辛,杂五味中,芬芳。亦可盐曝。"
>
> 《南方草物状》曰:"桶子,大如鸡卵。三月花色,仍连着实。八九月熟,采取,盐酸泯之,其味酸酢;以蜜藏,洋叶甜美。出交趾。"
>
> 《异物志》曰:"余甘,大小如弹丸,视之理如定陶瓜。初入口,苦涩;咽之,口中乃更甜美足味;盐蒸之,尤美,可多食。"
>
> 《广志》曰:"蜀子,蔓生,依树。子似桑棋,长数寸,色黑,辛如姜。以盐淹之,下气、消谷。生南安。"
>
> 《南方草物状》曰:"夫编树,野生。三月花色,仍连着实。五六月成子,及握。煮投下鱼、鸡、鸭羹中。亦中盐藏。"

---

① 张银河:《中国盐文化史》,大象出版社,2009.

《南方记》曰："前树,野生。二月花色,连着实,如手指,长三寸。五六月熟。以汤滴之,削去核食。以槽、盐藏之,味辛可食。出交趾。

《南方记》曰："伊树,子如桃实,长寸余。二月花色,连着实。五月熟,色黄。盐藏,味酸似白梅。出九真。

这些腌制五谷果蔬的方法,很多至今也仍在沿用,可谓是具有厚重历史底蕴的盐俗。

（2）作酱

汉代当时的许多制酱方法都离不开盐作为主要原料,具体的制酱方法,在北魏贾思勰《齐民要术》中有许多记载,如:

作肉酱法:

牛、羊、獐、鹿、兔肉皆得作。取良杀新肉,去脂,细锉。晒曲令燥,熟捣。大率肉一斗,曲末五升,白盐两升半,黄蒸一升,盘上和令均调,内瓮子中。泥封,日曝。寒月作之。宜埋之于黍穰积中。二七日开看,酱出无曲气,便熟矣。买新杀雄煮之,令极烂,肉销尽,去骨取汁,待冷解酱。

作鱼酱法:

去鳞,净洗,拭令干,如脍法披破缕切之,去骨。大率成鱼一斗,用黄衣三升,白盐二升,干姜一升,橘皮一合。和令调均,内瓮子中,泥密封,日曝。熟以好酒解之。

又鱼酱法:

成脍鱼一斗,以曲五升,清酒二升,盐三升,橘皮二叶,合和于瓶内封。一日可食。味甚美。

作麦酱法:

小麦一石,渍一宿,炊,卧之,令生黄衣。以水一石六斗,盐三升,煮作卤,澄取八斗,着瓮中,炊小麦投之,搅令调均,覆着日中,十日可食。

除此之外,将食盐用于制作酱的习俗也已历史悠久,例如《周礼·天官·内饔》说:"百羞酱物珍物。"《论语·乡党》说:"不得酱不食。"汉崔寔《四民月令》说:"取鲷鱼作酱。"《释名·释饮食》说:"鲊,滓也。以盐米酿鱼为菹,熟而食之也。"《礼记·内则》说:"濡鱼,卵酱实蓼。"这里说的是一种鱼子酱。枚乘《七发》中也提到"勺药之酱"。从这些记载中我们可以看出用盐制酱这一民俗由来已久。

(3)作豉

豉,是汉代人民生活中最常用的调味品。《史记·淮南衡山列传》记载,淮南王刘长因罪而废,丞相张仓等上书建议迁居于蜀地:"臣请处蜀郡严道邛邮,遣其子母从居,县为筑盖家室,皆禀食给薪菜盐豉炊食器席蓐。"很显然,"盐豉"与"薪菜""炊食器度蓐"同样,都是最基本的生活必需品。而将"盐豉"并称,也是因为豉的主要原料就是盐。

豉的制作方法也十分简单,如《齐民要术》卷八记载"作麦豉法":

七月八月中作之,余月则不佳。师治小麦,细磨为面,以水拌而蒸之,气馏好熟,乃下,拌之令冷,手按令碎,布置覆盖,婉、黄法。七日衣足,亦勿簸扬,以盐汤周遍洒润之。更蒸,气馏极熟,乃下,掉去热气,及暖内瓮中,盆盖,囊粪中煨之。二七日,色黑,气香,味美,便熟。持作小饼,如神曲形,绳穿为贯,屋里悬之。纸袋盛笼,以防青蝇、尘垢之污。用时,全饼着汤中煮之。色足漉出。削去皮粕,还举。一饼得数遍煮用。热、香、美,乃胜豆豉。打破,汤浸研用亦得;然汁浊,不如全煮清也。①

同时汉代盐豉消费也十分火热,《汉书·食货志》载:"豉樊少翁、王

① 张银河:《中国盐文化史》,大象出版社,2009.

孙大卿,为天下高訾。"意思是说,樊少翁及王孙大卿依靠卖"豉",由此成为当时的巨富。由此可以间接看出,汉时盐豉的消费量相当可观。

（4）贡礼

盐作为贡礼,在夏商周时代已可考,汉代仍然延续着这一习俗。张衡在《西京赋》中有"颂赐获卤（盐）"的记述,说明盐在当时已是皇家慰藉下属的恩赐之物。《魏书·李孝伯传》记载,北魏太平真君一年（450年）,太武帝大举南征,派时任尚书的李孝伯为使节,征服人心。李孝伯特意赠宋太尉、江夏王刘义恭、安北将军刘骏"盐各九种",而且声称:"凡此诸盐,各有所宜。白盐食盐,主上自食;黑盐治腹胀满,末之六铢,以酒而服;胡盐治目痛;戎盐治诸疮;赤盐、驳盐、臭盐、马齿盐四种,并非食用。"盐作为贡礼,收买人心,终达目的。

《三国志·吴志·朱桓传》也有记载,孙吴大臣朱桓去世,家境清贫,无财入葬,孙权赐礼"盐五千斛以丧事"。①

通过上述三件事例,表明当时食盐是一种比较奇缺和昂贵的物品。

3. 隋唐五代

在中国盐文化历史发展的过程中,各个朝代均有着各种各样的盐俗。而在唐代的盐俗主要有日常食用,饲养牲畜,中药原料,祭祀神灵等四方面习俗。

（1）日常食用

盐是唐代贵族日常生活中最基本的生活资料之一。

据《唐六典》记载,唐代宫廷人员具体的食盐消费情况是:

凡亲王已下常食料各有差。每日细白米二升,粳米、粱米各一斗五升,粉一升,油五升,盐一升半,醋二升,蜜三合,粟一斗,梨七颗,苏一合,干枣一升,木横十根,炭十斤,葱、韭、豉、蒜、姜、椒之类各有差。三品以上常食料九盘,每日细米二升二合,粳米八合,面二升四合,酒一升半,羊肉四分,酱四合,醋四合,瓜三颗,盐、豉、葱、姜、葵、韭之类各有差;木植,春二分,冬三分五厘;炭,春三斤,冬五斤。四品、五品常食料七盘,每日细米二升,面二升三合,酒一升半,羊肉三分,瓜两颗,余并同三品。……六品已下、九品已上常食料五盘。每日白米二升,面一合,油三勺,小豆一合,酱三合,醋三合,豉、盐、葵、韭之类各有差;木槿,春二分,冬三分。

而针对百姓的食盐数量情况,从唐代大历末年,食盐税利收入为600万缗,占全国赋税总收入1200万缗的一半,可以看出数量极大。

（2）饲养牲畜

盐不仅是人日常生活的必需品,对于牲畜来说也必不可少。据《唐会要》记载,户部侍郎卢坦奏:臣移牒勘责,得山南西道观察使报:其果、闻两州盐,本土户人及巴南诸郡市栾,又供当军士马,尚有悬欠,若兼数州,自然阙绝。

这份材料讲到,果、阙两州井盐除供当地及巴南诸郡百姓食用之外,还要供当地驻军将士和马匹食用。在以战马作为主要军事装备的时代,马的饲养格外受重视。唐朝每年都饲养着数十万匹马,私人养马之风也很盛行。这么多马匹,食盐消费数量自然也不少。还有从事农业生产所需要的牛、驴等。毫无疑问,饲养牲畜,每年也都需要消耗大量的食盐。

（3）药用习俗

食盐具有重要的药用价值,应用非常广泛。在唐代,君王十分喜爱炼丹,因此食盐炼丹术也卷土重来。唐玄宗经常召见道士,封官赐爵,亲授法箓。据《唐大诏令集》载:

诸郡有旬古得道升仙之处,虽令醮祭,犹虑未周,宜每处度道士二人、三人,永修香火...天下灵山仙迹,并宜禁断樵采戈猎。

中唐时期,《太清石壁纪》炼丹法载:

小银一斤,盐二斤,朴硝四两,太阳玄精六两,敦煌矾石一斤。首先以锡置铛中,猛火销成水,别温水银,即令人锡中搅之,泻于地上,少时即凝白如银。即以盐二斤和锡,捣之令碎。以马尾罗重罗令尽。即以玄精末及矾石末和之。布置一依四神,唯以朴硝

末覆土.用文多武少灶夜。其霜如芙蓉生在上,甚可爱。取得霜,
更研。

同时,唐代的中医学者也有理性的方面,就是开始重视食盐的医疗
治病功能。唐代著名医学家孙思邈,编成《备急千金要方》和《备急千金
翼方》两部医学百科全书式的巨著,载方6000余,其中记有众多食盐附
方。在临床应用的各种药方中,盐不仅可以服用,而且也可以外用。如
《备急千金要方》载:

> 妊妇逆生盐摩产妇腹,并涂儿足底,仍急抓搔之";"齿龈宣露
> 每旦啮盐,热水含百遍。五日后齿即牢";"蜂蚕叮螫盐涂之";"解
> 狼毒毒盐汁饮之。

除此之外《救死三方》《传信方》等书籍中也都有介绍以盐治病的方
法,可见食盐在唐代的药用民俗已司空见惯。

(4)祭祀神灵

在唐代,官方祭祀是一种重要的政治活动,这种活动比较多,食盐
是每一次重要祭祀活动中不可缺少的祭品。通常情况下,用作祭品的
食盐是不再食用的。

据《唐六典》记载:

> 珍羞令掌供庶羞之事,丞为之贰,以实笾、豆。陆产之品曰榛、
> 栗、脯、修,水物之类曰鱼、盐、菱、芡,辨其名数,会其出入,以供祭
> 祀、朝会、宾客之礼。
> 太官令掌供膳之事;丞为之贰。凡笾之实有石盐、鱼脯、枣、
> 栗、菱、芡、白饼、黑饼、糗、饵、粉粢。[1]

由此可以看出,在唐代,食盐在祭祀中也扮演着重要的角色。

---

[1] 张银河:《中国盐文化史》,大象出版社,2009.

4. 现代的盐俗

（1）婚俗

云南少数民族地区，盐作为一种实物，常被作为传递信息的媒介，用来表达"和睦"和"友好"之意，起到以物代言的作用。在为未婚女方下定礼时，行礼日期由瞽者择定，由男方请两人，将男孩的出生年、月、日、时写于红金帖上，外备衣料、果子、喜饼、茶盐、猪羊及金器四五件，放在盒内送往女家。

同时在云南傣族年轻男女之间，"盐"还起到传递情感信息的作用。在10月"开门节"以后，随着天气渐渐凉爽和农活的松弛，夜幕降临后，姑娘们或二三个、或三五个地相约着，在某家的院子里燃起一堆火，摆上木制纺车，"呜噜呜噜"地纺起线来。她们不是因为天气冷而围着火堆纺线的，而是为了选择自己理想的对象。她们每人都有两张竹蔑凳子，一张自己坐，一张是留给情人来坐，这张凳子便藏在她们的筒裙下面。这时，三三两两的小伙子用优美的、抒情的"瑟"声和"琴"声向姑娘们求爱。这样，小伙子就逐渐靠近自己所喜爱的姑娘。要是姑娘喜欢来找她的小伙子，她就向小伙子提出风趣而寓意深刻的问题："阿哥，你今天晚饭是用南瓜下饭，还是用盐巴下饭？"如果小伙子说是："南瓜下饭"，姑娘就会高高兴兴地拿出备用的凳子请他坐在自己的身边，这就意味着他是爱她的，她也是爱他的。要是小伙子回答"用盐巴下饭"，就意味着他不是真心爱这个姑娘，而是因为有困难才来找她的，姑娘就不会把备用的凳子拿出来，同时拒绝他的追求。从"有困难才来找姑娘"当中，可见盐巴的珍贵。

贵州侗族青年"讨篮"定情后，未婚男女双方的爱情趋于成熟，准备订婚。男家要请一位熟识的老奶奶或老伯妈当"红娘"去女家说媒，征求姑娘父母的同意。媒人前去说媒所带的礼物很简单，就是用一张棕片包着两样东西：黄草纸包装的半斤盐巴和白皮纸包装的二两茶送女家。父母见媒人送来这个"棕片包"，就知道是来讨姑娘的。媒人同女家当场交换意见后，女家用收礼烧茶与否来表示同意或不同意这门亲事。女家收下"棕片包"，并且用盐、茶、糯米面、黏米面、猪油等烧成油茶，端进堂屋敬奉祖先后，招待媒人，表示说媒成功，婚事已定。如果女家不收这份"棕片礼",退还媒人,则表示女家不同意订婚,说媒告吹。侗家为什么用盐茶两样来作为说媒的信物呢?这也有个讲究。原来侗家喜欢烧油茶待客。烧油茶所需的糯米、黏米、猪油,农家自己就地生产,可以自给。但当地不产盐,也不出产茶叶,这里偏僻,交通不便,买盐巴买茶叶十分困难,因而盐巴和茶叶便成了难得的贵重礼物。另外,茶叶是香甜味,意味着要讨姑娘这门亲事又甜又香。两家结亲,甚为美好。盐巴是咸味,意味着要讨姑娘很贤(咸)惠,男家很喜欢这个姑娘。

新疆地区维吾尔族的婚礼中,新郎新娘互相争抢盐怀,无论何方率先抢到盐并将它吃掉,那他或者她今后说话就有分量。如果维吾尔人当着客人的面将盛盐的葫芦挪动地方,那事情就有点不妙了,因为这表明主人已对自己不欢迎的客人下了"逐客令"。

惠阳客家接新娘时有撒盐米的习惯,预先用器皿盛好黑芝麻等物,即在新娘的途中沿路撒放,谓祭桥神。

山西南部汾河两岸的各地婚俗中的纳彩,俗称过礼,旧时男方要给女方银元、绸缎衣服八副罗裙、鞋面、红绿手帕等,一般要凑足十件,表示"十全十美",女方也要回奉一些简单的礼物,如"莲生贵子"面人一个,石榴十个,纸包食盐一份,莲子一份。象征意义是预祝婚后连生贵子,多子多福,食盐、莲子带回男方后,要撒在公婆和姑嫂身上,表示婆媳、姑嫂之间有"缘(盐)法",全家老少有"福(蔬)气"。同时,包含有缘分的意思,希冀婆媳、妯娌关系亲密。这些赠品礼轻意重,寄托着人们对未来生活的殷切期望。

(2)祭俗

云南少数民族中,有祭天地、信鬼神的习俗。在这些活动中,盐也扮演着重要的角色。在一些居住山区的少数民族心目中,山是有灵的,山神是大山的主宰,山神的喜怒哀乐,直接关系着人畜的兴衰和命运。因此,他们每年都要举行祭祀活动,祈求山神保佑平安。云南德昂族则相信房屋有守护神,一年祭祀两次,若修盖房屋还要大祭一次。在这种祭祀活动中,离不开盐。

在云南西双版纳,傣族还有用盐祭鬼的习俗。当傣族婴儿降生后,其父母为防止孩子生病,要拿一块盐巴来和孩子过秤,然后把重量和孩子体重相同的这一块盐巴拿去祭鬼,表示用盐巴换来了孩子本人,他以后就不会生病或少生病。

在云南布朗族人的观念中,死人有鬼魂,活人有活魂。活人的魂灵附在人的身上,人在昏迷、做梦、熟睡时,灵魂会暂时离开人体。如果人碰上鬼或鬼的附着物,灵魂便有被勾去的危险。灵魂离开了身体,人就要生病、死亡。因此,一发现失魂便要举行仪式把魂叫回来,让它重新附在自己的身上。布朗人平时做了不吉利的梦,如梦见太阳落山、火烧房子等,便会认为自己的魂丢失了或是亲友中要死人,做梦的人便会惊慌不已。需赶快准备一个饭团、一块盐巴、一对蜡条、一个辣椒去佛寺中请佛爷念经赶鬼,并四处叫魂。叫魂归来,将两条带去叫魂的白线拴在手腕上,表示魂已叫回归体。盐在这里就起到了辟邪赶鬼的作用。

云南丽江纳西族的节日,以春节最为隆重。除夕之日,各家先在院内用四根木杆,扎以松柏树枝,搭成天地棚,下铺松毛。用盐和米做成"盐米筐"。除夕下午,除"盐米筐"外,再供上整个猪头、整鸡、整鱼以及四盘豆腐菜和一碗饭祭祀天地,祭毕,盛一碗喂狗(传说五谷是狗从天上带的),全家团聚吃除夕饭。

浙江省天台农村有人生了无名肿痛,就让老太婆用头发加炒热的盐或用头发在肿痛处擦来擦去,名曰"捉鬼箭",几次之后,即能痊愈。

(3)节俗

在山西运城的解池,形成了以池神为中心的一系列与池盐有关的神灵,诸如条山神、风洞神、太阳神、雨神、甘泉神、土地神、关帝神等。"池神而配以条山,风洞,次及于太阳、雨神,又次于甘泉、土地,皆有功于盐池,故并祀于池",这就形成了对池神等一系列神祇的祭祀活动,逐渐发展成地方会节。

明嘉靖年间,移居扬州的山西盐商,经营有道,发迹致富。合资修建了一座关羽侯庙,每年阴历五月十三日,山西蒲州的盐商,必定举行盛大的祭祀活动,歌舞宴席,形成会节。

四川自贡地区自唐宋时期,即有新年燃灯习俗。随着盐业经济的繁荣,自贡地区的灯会规模亦逐渐增大,彩灯也逐渐增多。特别是清中叶后,自贡被誉为中国的盐都,被称作"富庶甲于蜀中"的川省精华之地,新年节灯会亦随之成为该地区集盐文化之大成的会节。每逢元宵之夜,灯彩映照之中,游人如织,观者如潮。自贡灯会中最有特色的项目是提灯会。夜幕中的街道一时成为灯的河流,成千上万的人提灯游行,其气势之磅礴、场景之壮观,在地方灯会中可谓独树一帜。提灯的队伍分成若干方阵、方队,手中的灯既有灯笼,又有彩灯,还有被称为"亮筒子"的火把。方队的前头有专人举着标有"某某堂""某某号""某某井""某某灶"的字样的牌子或灯笼,证明这些灯笼火把都是哪家盐商、哪家井灶提供的。新中国成立后,因盐文化孕育而成的自贡灯会时断时续。改革开放以来再次获得恢复和发展,在遍布全国的年节灯会中脱颖而出,名播中外。饮誉四海的盐都自贡又获得了"南国灯城"的美称。

浙江桐乡,每年农历十二月十二日,总要举行一次为蚕儿做生日的仪式。这一天,人们用糯米粉拌和南瓜,做成形似蚕茧的黄色圆子,俗称"茧圆"。用碗盆装盛,再配以千张、豆腐干等素菜,供于灶神面前,燃烛插香,虔诚祭祀一番。接着,主人将收藏在家中的蚕种取出,撒上一些盐粒(俗称腌种),再包藏起来。待到腊月二十三日"送灶"的时候,取出蚕种将盐粒抖落,置水中稍加漂洗,挂在背阴处晾干;来年谷雨时节,便可催青孵化。据传,为蚕儿做过生日,将来蚕儿就无病少疾,结出蚕茧像茧圆一样,又大又结实。清人陈梓曾为此作《茧圆歌》一首:"黄金白金鸽卵圆,小锅炊热汤沸然。今年生日粉茧大,来岁山头十万颗。"可见此俗流传已久。民国《濮院志》有这样的记载:"腊月十二俗传为蚕生日,作粉饵祀灶,呼曰茧圆。"其实,请灶神,为蚕儿做生日,并不能清除蚕病,而在蚕种上撒些盐粒,倒是既能杀菌消毒,又可刺激蚕卵,对以后的孵化大有益处。

云南布朗山区老曼峨寨每年傣历四月和九月祭祀山神,祈求山神保佑放牧平安。祭祀中摆上盐和其他物品。渝东盐区,有为祭祀诸葛亮而兴起的踏碛节,为盐业生产方式改进而兴盛的绞篊节。

（4）茶俗

四川彝族在熬油茶时要加入食盐。其制作方法是将茶叶放入一小土砂罐内,加适量泉水,在文火上熬煮,待茶出香味后把炼熟的猪油放入铁瓢,在火上煎熟,并将熟猪油慢慢倒入茶罐中,加入适量盐巴搅拌均匀,盛进杯内即可饮用。盐巴茶是彝族群众喜爱的一种食品,其饮用方法极具民族特色。它的制作方法是:在特制的瓦罐中放入茶饼置火上烤香,然后冲上开水,在水中煨一会儿,放入一些盐巴搅匀,再倒入茶杯,以开水冲淡后饮用。在普米族中,亦有饮用盐巴的习惯。

青海土家族的油茶中,盐也是必放之物。它冬可以暖身,夏可清暑,有止渴消乏、温脾健胃、强身壮体的功用,历来是土家人招待宾客的佳品。青海农家人,一般不喝绿茶,也很少喝红茶,最喜欢喝湖南益阳、临湘的茯茶。茯茶俗称"砖茶"或"茯砖"。熬茶时,一般在茶里放一点盐,味道微咸。

福建泉州炒午时盐,到了端午节中午 12 点前后,家家主妇常取茶叶和盐少许,炒至颜色发乌为止,然后趁热包好收藏,作为家庭药茶。每逢盛暑肠胃发生毛病冲泡饮服,颇能见效。

藏族喜茶,藏谚有"宁可三日无食,不可一日无茶"之说。由于高原上的藏民以牛羊、奶酪为主食,多荤腥,少蔬菜,所含蛋白质高,不易消化,喝茶既可解渴,又能消食除腻,喝茶成为藏民生活之必需品。藏族饮茶采用熬煮方式,与汉族地区常用的冲泡法迥然不同。煮茶讲究火候,以茶汁呈深褐色,入口涩而不苦为佳。牧民喜欢喝浓一些的,农区和城镇的人则爱喝较淡一点的。平时将茶装入随身的口袋或储于家中罐内。用时先将锅内盛水,投入适量茶叶,以猛火煮开,再以文火煎熬,并放入少量的食盐。这样煮成的茶,即为清茶。盐与茶关系密切,熬茶时加盐为藏族人所重视。藏谚中有"茶无盐,水一样;人无钱,鬼一样"之说,可见茶中放盐在藏族地区的重要。藏族人常饮的有清茶、奶茶和酥油茶。在这些茶中,盐都是必加的调味品。在清茶中加入牛奶或羊奶煮沸,即成奶茶。最讲究的茶,是酥油茶。把熬好的清茶倒入专用的茶桶(藏名"酩摩")中,加入酥油、盐、鸡蛋、核桃仁等,用一底端有带孔圆盘的搅拌棒(藏名"加罗"),在桶内上下抽压,使茶油交融而成。此茶入口酥润,香味四溢,能防止嘴唇干裂,最为藏族人所喜爱。在不同的藏族地区,尽管饮茶习俗有所差异,但茶中放盐则是共同的。

(5) 其他

① 驮盐：每年冬春之交，藏北牧民都会带着数以百计的牦牛，浩浩荡荡地向更北部的草原进发。他们的目的地是北方的盐湖，在那里他们将采出一袋一袋的盐巴，然后用牦牛驮回家乡。这样的一次驮盐，来回少则一个月，多则两三个月。

② 盐信：广西、云南瑶族款待客人时，鸡、肉、盐一排排地放在碗里，客人和老人每吃完一碗饭都由妇女代为装饭。盐在瑶族食俗中有特殊的作用，当地不产盐，但又不能缺少盐。盐在瑶族中是请道公、至亲的大礼，俗称"盐信"。"盐信"者，无论有多重要的事都需丢开，按时赴约。

③ 盐蛋：湖南益阳朱砂盐蛋，是一种旅游居家两宜的方便食品。春夏两季吃盐蛋的人最多，尤其是在端午节，吃盐蛋已成为习俗。俗话说"端午吃盐蛋，脚踩石头烂"，意思是说端午节吃了盐蛋，不但能清热解毒，而且能增强腿力，可以踩烂石头。所以，港澳同胞很崇尚这种风俗，过端午节一定要选吃益阳生产的名牌朱砂盐蛋。

二、外国盐俗

1. 盐代表永恒

盐能够用来保护物质，直到近现代，用盐腌制还一直是保存食物的主要方式。这一避免腐烂和维持生命的能力，也赋予了盐一种宽泛的隐喻性，我们在潜意识中，把盐与长寿和永久联系在了一起，认为它们都具有无穷无尽的意义。生命、忠诚、友谊、契约、誓言等若以盐来封存，寓意其本质将永不改变。

面包与盐作为一种祝福及对祝福的保存，经常是联系在一起的。把盐和面包带进新家，可以追溯到中世纪时期的犹太人传统。英国人也有分发面包的传统，而把盐带进新家也有几个世纪的历史。在希腊，对陌生人的到来，先在他右手上放一撮盐以示友好。俄罗斯待客，少不了吃"面包夹盐"食品。1789年，当罗伯特·彭斯搬到埃利斯兰的新家时，他由那些排成一长队的亲戚护送着，每个人都携带了一碗盐。一年一度，德国汉堡的居民在街上带着由巧克力覆盖的面包和一个杏仁蛋白酥糖做成的盐瓶游行,象征性地表达人们的祝福。在威尔士传统中,一个盛放着面包和盐的盘子被放进棺材里,然后由一位本地的职业食罪人赶来把这盐吃掉。①

埃及人在制造木乃伊时使用盐;伊斯兰教和犹太教都用盐来封存契约,因为它是不可改变的;印度军队用盐起誓,表示他们对英国军队的忠诚;古代埃及人、希腊人和罗马人在他们的供奉祭品中,也把盐包括在内,因为即使当盐溶化成液体时,它还能够蒸发再形成立方晶体,所以他们以盐和水呼唤诸神。这被认为是基督教圣水的起源。②

对于古希伯来人以及现在犹太人来说,盐是上帝与以色列缔结盟约的永恒象征。《旧约全书·利末记》中有句话:"在你们所有的奉献中,必须包括食盐",并宣称"盐的契约永远有效"。在《旧约全书·民数记》中有这样的表述:

这是给你和你的后裔,在耶和华面前作为永远的盐约。

后来在编年史中又有这样的文字:

以色列的上帝之神将以色列天国统治永远地给予大卫,根据盐约平均地给予他和他的儿子们。

每个礼拜五的晚上,犹太人都会用安息日面包蘸盐而食。在犹太教中,面包是食物的象征,它是来自上帝的赐予,把面包浸蘸在盐里可以保存它,即保留了上帝与其子民之间的协议。

古罗马风俗中,婴儿出生后,不吸母乳先尝盐粒,父亲用口水和着细盐,放入婴儿口中,祝福他(她)健康成长。罗马天主教至今仍保留把少许盐粒吐在对方嘴中的洗礼仪式,祝愿他(她)纯洁无罪。埃塞俄比亚男女青年初次接吻中,她把盐粒吐在对方嘴中,表明两人真心

---

① [美]马克·科尔兰斯基:《万用之物盐的故事》,中信出版集团,2017.
② 刘德法:《生命的盐》,中国文史出版社,2006.

相爱。①

美国作家马克·科尔兰斯基在他的著作《盐》中写道：

丰富多彩的中世纪和文艺复兴时期，法兰西王国的皇家餐桌摆放有巨大的装饰精美的船形盐，珠宝船里盛放着盐。船形盆既是盐瓶，又是国家之船的象征。盐既象征着健康，又象征着保存之道。它所传递的信息，统治者的健康是国家稳定的标志。

法国有一个民间故事，说的是一位公主向她父亲宣称："我爱您就像爱盐一样。"父亲被她的轻慢所激怒，将女儿逐出王国。后来他被禁止摄入盐，方才真正认识到盐的价值，因此得知女儿对他敬爱的深度。盐是如此平常普通，如此易于获得，并且如此廉价，以至于有人已经忘记：从人类文明开始直到大约 100 年前，盐都是人类历史上搜寻频率最高的一种商品。

2. 盐代表神圣

盐，色白质纯，在欧洲往往被认为是一种有益健康的结晶体。古代希腊，人们用盐作祭神的贡品，以示虔诚；荷马曾经对盐的本质进行歌颂；柏拉图，也认为盐和水、火一样，都是最原始，最神圣的构成要素。

在基督教中，盐不仅与长寿和永久联系在一起，而且进一步延伸，与真理和智慧联系在一起。天主教堂不仅分发圣水，而且分发圣盐——智慧之盐。耶稣的门徒马太称那些有福气的人说："你们是世界上的盐。"圣经《马太福音》第五章第十三节，将人类的精英、社会的中坚喻为"大地的盐"。基督教的教父手册中把食盐隐喻为耶稣的仁慈和智慧。1822 年，著名诗人雪莱在意大利斯佩齐亚海湾遇难后，遗体火化时，挚友拜伦为他送别，把盐、乳香和酒撒在燃烧的火堆，以此表示自己最诚挚的悼念。

中世纪的欧洲礼仪极为重视在餐桌上触及食盐的方式：只能以刀夹而绝不能用手去触碰。在 16 世纪最为权威的犹太法典中，有关用盐礼仪的阐释提到，只用中间的两个手指触及盐才是唯一安全的方式。

① 夏建军：《古今盐文化解读》，人民军医出版社，2008.

如果某人用他的大拇指取盐,他的孩子就会死去;而用他的小指取盐,就会导致贫穷;用食指取盐,则会使他成为杀人犯。古代英国人在餐桌上放着一只很大的盛盐用具,如果有显贵嘉宾,必须坐在盐具上方;而地位低的客人则是坐在盐具下方。如果座位离盐具越远,就表示人的地位越低。

盐是神圣的,如果有人不慎打翻了盐具,就必须撮一点盐放在他的左肩上,因为左边被看成是邪恶的,魔鬼从左肩没法侵入,只有盐才有法力。正如荷兰人所说:"上帝啊,让我们凭借盐的魔力,去惩罚这些魔鬼吧。"著名的意大利画家达·芬奇在他的《最后的晚餐》画中有一只翻倒在叛徒犹大面前的盐瓶,表示叛逆者死亡的下场。

中世纪的欧洲,在建新房时,首先将盐撒在门槛中,一避邪恶,二图吉祥。在古埃及,人们把盐当作护身符,相信在战场上会安全定胜,逢凶化吉。在法国一些地区,新郎结婚必须带上盐迎新娘入门。在传统的日本戏院里,每次演出之前都要在舞台上撒盐,以保护演员不受邪恶精灵或鬼怪的伤害。在海地,人们认为打破符咒,使举止怪异者恢复正常的唯一方法就是利用盐的魔力。在非洲和加勒比海的一些地方,人们相信邪恶精灵或鬼怪会伪装成女人,它们会在夜里脱下人皮,变成火球在黑暗中行走。而消灭这些精灵鬼怪的唯一方式就是找到它们的皮,把盐撒在上面,这样它们在早晨就无法返回了。《圣经·旧约》书中有一段文字,曾经提到用盐擦拭新生儿的皮肤,可以避免鬼怪的侵扰。在古代欧洲,有些地方认为保护新生儿的做法是把盐放在新生儿的舌头上,有的认为是把他们放在盐水中浸泡。直到1408年,法国人不再采用盐水浸泡或尝盐的方式,改用洗礼方法。在荷兰,类似做法是在婴儿摇篮里放些盐。[①]

3. 盐代表财富

盐在历史上,曾经被当作通货使用。当货币贬值,物价暴涨时,它起到保值作用。唐代元稹说过:"自岭以南以金银为货币,自巴以外以盐帛为交易。"早在元代流行的云南盐币,都是官方发行,盖有君主印记

---

① 夏建军:《古今盐文化解读》,人民军医出版社,2008.

的。公元十一世纪,意大利旅行家马可·波罗来中国,他记叙当时盐做交换价值:"其所用之货币则有金条,按量补值,而无铸造之货币。小货币则用盐,每块重约半磅。"还说云南产盐:"建都产盐,居民煮盐,范以为快,作货币用。"古罗马和古希腊人最早用盐购买奴隶,如果那位奴隶劳动不努力,奴隶主就会咒骂:"他不值那么多盐。"古时的阿比西尼亚(今埃塞俄比亚),将盐块称为"阿莫勒斯",意为"王国之币"。英文薪水(Salary)一词,就源于拉丁文的买盐钱(Salariun),那是指罗马时代发给士兵买盐的钱。

古希腊历史学家希罗多德曾经描写过:"威尼斯光彩夺目的财宝,与其说来自香料的贸易,还不如说来自平凡的食盐。"在古代的中东地区,盐十分珍贵,可用来兑换黄金。在非洲的黄金海岸,古代有一段时期,一把盐可以换一个奴隶,少数地区甚至把盐看得比奴隶更重要。六世纪时,摩尔人在撒哈拉沙漠南部贩卖食盐的价格是一两黄金换一两盐。在东非,用食盐可以换到任何一种商品。中世纪的非洲内陆地在闹盐荒时,一些家庭为了一把盐,竟将自己的子女卖身为奴。死海沿岸的阿拉伯商人,用盐可以换到黄金和大理石、珠宝作奢侈品。六世纪时,在撒哈拉地区,摩尔商人常以一盎司的盐交换同等重量的黄金,威尼斯商人经常贩运到君士坦丁堡去换香料。

古时的荷兰和瑞典等国家,对触犯刑律的人,规定在一定时期不准吃盐,以作为严厉的惩罚。因为犯人不吃盐,在头几天就会食欲不振,大量出汗会虚弱,以后就会手足酸软,四肢无力,身体慢慢地虚脱而昏迷不醒,逐渐走向死亡。也是说,严惩犯人不吃盐,等于宣告他们的"死刑"。罗马帝国时期流行一条谚语:"条条大路通罗马,其中一条大路就是盐路"。古罗马人在盐矿通往罗马的路上,警卫森严,以防盐贼的掠夺。当时,盗盐是大罪,轻则坐牢,重则处死。史书记载,十八世纪偷盐入狱者达一万余人,可见食盐贵如黄金,甚至重于生命。在某个年代,日耳曼民族的哈脱和希连明都尔两个部落,为了占领和争夺一条产盐丰富的河流而挑战,互相厮杀,最后,哈脱部落全被杀掉,人头落地,血流成河。在我国,抗日战争期间,日寇封锁食盐进入解放区,有的地方竟用100市斤粮食才能换1市斤盐。①

第三节　盐与文学

　　盐是一种无孔不入的存在,不同时代的人们都能够从自身的生活中体味她的存在。奇特的生产工艺,壮观的生产场景,含辛茹苦的盐工生活,牵动着文人墨客的情思。许多文坛巨匠围绕着盐给我们留下了珍贵的文学遗产,其作品体例或诗、或词、或令、或论,既有气势磅礴的鸿篇巨制,又有娟秀清雅的短歌小调,题材之广泛,体现盐对文学创作影响深刻,为其他行业文学所鲜见。

一、与盐有关的诗歌

1. 与制盐相关的诗歌

《十二月一日三首(其二)》

杜　甫

寒轻市上山烟碧,日满楼前江雾黄。

负盐出井此溪女,打鼓发船何郡郎。

新亭举目风景切,茂陵著书消渴长。

春花不愁不烂漫,楚客唯听棹相将。

●【诗人介绍】

　　杜甫(712—770年),字子美,自号少陵野老,唐代伟大的现实主义诗人,与李白合称"李杜"。出生于河南巩县,原籍湖北襄阳。为了与另两位诗人李商隐与杜牧即"小李杜"区别,杜甫与李白又合称"大李杜",杜甫也常被称为"老杜"。

---

① 夏建军:《古今盐文化解读》,人民军医出版社,2008.

杜甫少年时代曾先后游历吴越和齐赵，其间曾赴洛阳应举不第。三十五岁以后，先在长安应试，落第；后来向皇帝献赋，向贵人投赠。但其官场不得志，目睹了唐朝上层社会的奢靡与社会危机。天宝十四载（755 年），安史之乱爆发，潼关失守，杜甫先后辗转多地。乾元二年（759 年）杜甫弃官入川，虽然躲避了战乱，生活相对安定，但仍然心系苍生，胸怀国事。杜甫创作了《登高》《春望》《北征》以及"三吏""三别"等名作。虽然杜甫是个现实主义诗人，但他也有狂放不羁的一面，从其名作《饮中八仙歌》不难看出杜甫的豪气干云。

杜甫的思想核心是仁政思想，他有"致君尧舜上，再使风俗淳"的宏伟抱负。杜甫虽然在世时名声并不显赫，但后来声名远播，对中国文学和日本文学都产生了深远的影响。杜甫共有约 1500 首诗歌被保留了下来，大多集于《杜工部集》。

大历五年（770 年）冬，杜甫病逝，享年五十九岁。杜甫在中国古典诗歌中的影响非常深远，被后人称为"诗圣"，他的诗被称为"诗史"。后世称其杜拾遗、杜工部，也称他杜少陵、杜草堂。

- **【重点句理解】**

"负盐出井此溪女"一句，意为"一位溪边的女子背着制好的盐离开盐井"，从侧面反映了当时盐业生产中女性作为重要生产力的状况，记载了当时的制盐情况。

- **【诗歌主旨】**

该诗描绘因春意萌动的具体情景，与其下一首作者拟想自己在春光明媚的日子里却难返故里、终老峡中铺垫，让该组诗联系自然紧密，表达了作者的伤春之情以及对于故土的怀念①。

《秋日夔府咏怀奉寄郑监李宾客一百韵》

杜　甫

绝塞乌蛮北，孤城白帝边。飘零仍百里，消渴已三年。

雄剑鸣开匣，群书满系船。乱离心不展，衰谢日萧然。

---

① 陶瑞芝：《杜甫杜牧诗论丛》，学林出版社，2005.

筋力妻孥问，菁华岁月迁。

峡束沧江起，岩排石树圆。

煮井为盐速，烧畲度地偏。

鸂鶒双双舞，獱猿垒垒悬。

春草何曾歇，寒花亦可怜。

唤起搔头急，扶行几屐穿。

幕府初交辟，郎官幸备员。

药饵虚狼藉，秋风洒静便。

高宴诸侯礼，佳人上客前。

南内开元曲，常时弟子传。

吊影夔州僻，回肠杜曲煎。

耿贾扶王室，萧曹拱御筵。

旧物森犹在，凶徒恶未悛。

奴仆何知礼，恩荣错与权。

哀痛丝纶切，烦苛法令蠲。

宫禁经纶密，台阶翊戴全。

侧听中兴主，长吟不世贤。

郑李光时论，文章并我先。

律比昆仑竹，音知燥湿弦。

置驿常如此，登龙盖有焉。

高视收人表，虚心味道玄。

羽翼商山起，蓬莱汉阁连。

东郡时题壁，南湖日扣舷。

每欲孤飞去，徒为百虑牵。

衾枕成芜没，池塘作弃捐。

露菊斑丰镐，秋蔬影涧瀍。

富贵空回首，喧争懒著鞭。

局促看秋燕，萧疏听晚蝉。

卜羡君平杖，偷存子敬毡。

甘子阴凉叶，茅斋八九椽。

登临多物色，陶冶赖诗篇。

拂云霾楚气，朝海蹴吴天。

有时惊叠嶂，何处觅平川。

碧萝长似带，锦石小如钱。

猎人吹戍火，野店引山泉。

两京犹薄产，四海绝随肩。

瓜时犹旅寓，萍泛苦夤缘。

开襟驱瘴疠，明目扫云烟。

哀筝伤老大，华屋艳神仙。

法歌声变转，满座涕潺湲。

即今龙厩水，莫带犬戎膻。

乘威灭蜂虿，戮力效鹰鹯。

国须行战伐，人忆止戈鋋。

胡星一彗孛，黔首遂拘挛。

业成陈始王，兆喜出于畋。

熊黑载吕望，鸿雁美周宣。

音徽一柱数，道里下牢千。

阴何尚清省，沈宋欻联翩。

风流俱善价，惬当久忘筌。

虽云隔礼数，不敢坠周旋。

马来皆汗血，鹤唳必青田。

管宁纱帽净，江令锦袍鲜。

远游凌绝境，佳句染华笺。

生涯已寥落，国步乃迍邅。

别离忧恒恒，伏腊涕涟涟。

共谁论昔事，几处有新阡。

兵戈尘漠漠，江汉月娟娟。

雕虫蒙记忆，烹鲤问沈绵。

囊虚把钗钏，米尽坼花钿。

阵图沙北岸，市暨瀼西巅。

羁绊心常折,栖迟病即痊。紫收岷岭芋,白种陆池莲。
色好梨胜颊,穰多栗过拳。救厨唯一味,求饱或三鳣。
儿去看鱼笱,人来坐马鞯。缚柴门窄窄,通竹溜涓涓。
暂抵公畦棱,村依野庙壖。缺篱将棘拒,倒石赖藤缠。
借问频朝谒,何如稳醉眠。谁云行不逮,自觉坐能坚。
雾雨银章涩,馨香粉署妍。紫鸾无近远,黄雀任翩翾。
困学违从众,明公各勉旃。声华夹宸极,早晚到星躔。
恳谏留匡鼎,诸儒引服虔。不逢输鲠直,会是正陶甄。
宵旰忧虞轸,黎元疾苦骈。云台终日画,青简为谁编。
行路难何有,招寻兴已专。由来具飞楫,暂拟控鸣弦。
身许双峰寺,门求七祖禅。落帆追宿昔,衣褐向真诠。
安石名高晋,昭王客赴燕。途中非阮籍,查上似张骞。
披拂云宁在,淹留景不延。风期终破浪,水怪莫飞涎。
他日辞神女,伤春怯杜鹃。淡交随聚散,泽国绕回旋。
本自依迦叶,何曾藉偓佺。炉峰生转盼,橘井尚高褰。
东走穷归鹤,南征尽跕鸢。晚闻多妙教,卒践塞前愆。
顾凯丹青列,头陀琬琰镌。众香深黯黯,几地肃芊芊。
勇猛为心极,清羸任体孱。金篦空刮眼,镜象未离铨。

●【诗人介绍】

(见《十二月一日三首(其二)》诗人介绍部分)

●【重点句理解】

"煮井为盐速"一句,描述了在夔州当地的老百姓在盐井中煮盐,进行盐业劳动生产的情境。

●【诗歌主旨】

大历二年(767)立秋日,杜甫在夔州的第二年头,杜甫作此诗赠与两位朋友:一个是郑审,当时是为秘书少监,住在江陵(今荆州市江陵县);一个是李之芳,为太子宾客,住在夷陵(今宜昌市夷陵区)。当时杜甫多次得郑、李寄书相邀出峡同游,故而赋此长律回报。杜甫在这封长信中告诉他们自己在夔州的情况,通通声气,也为自己以后去江陵生活做准备。

《出郭》

杜 甫

霜露晚凄凄,高天逐望低。

远烟盐井上,斜景雪峰西。

故国犹兵马,他乡亦鼓鼙。

江城今夜客,还与旧乌啼。

● 【诗人介绍】

(见《十二月一日三首(其二)》诗人介绍部分)

● 【重点句理解】

"远烟盐井上"一句,描述了远远的盐井之上因制盐飘着烟,如同雪峰一般倾斜着向远方飘去的场景,记载了夔州盐业生产时远烟直上的独特景象。

● 【诗歌主旨】

傍晚时期霜露寒凉,远处高高的天空眼看着越来越低。远远的盐井之上因制盐飘着烟,如同雪峰一般倾斜着向远方飘去。诗人的故土如今仍有战乱,他乡局势也十分动荡。如今他在这江城仍是客人,在今夜与乌鸦的悲啼为伴。

《盐井(盐井在成州长道县,有盐官故城)》

杜 甫

卤中草木白,青者官盐烟。官作既有程,煮盐烟在川。

汲井岁榾榾,出车日连连。自公斗三百,转致斛六千。

君子慎止足,小人苦喧阗。我何良叹嗟,物理固自然。

● 【诗人介绍】

(见《十二月一日三首(其二)》诗人介绍部分)

● 【重点句理解】

"卤中草木白,青者官盐烟。"两句描述了井盐制盐过程中冒着沸气和青烟的情境,为我们展现了井盐制盐的情境。"汲井岁榾榾,出车日连连。"描写制盐时的忙碌场面。这两句的描写再现了古代甘肃一带井盐的制作工艺——使用"滑车"汲水,再通过煮制卤水获得井盐,为我们展现了唐朝井盐的制盐场面。

- 【诗歌主旨】

本诗通过对盐井制盐、盐的贩卖等的描写,展现了制盐的辛苦以及盐商转手卖盐获利的对比,表达了作者对于商人逐利行为的批判,同时告诫自己作为君子懂得知足,不必为此叹息,尊重商人的逐利本性。

《状江南·仲冬》

吕 渭

江南仲冬天,紫蔗节如鞭。

海将盐作雪,出用火耕田。

- 【诗人介绍】

吕渭(734—800 年)字君载,河中(今山西永济蒲州镇)人。唐浙东道节度使吕延之长子。唐肃宗元年间登进士、759 年为太子右庶子,后擢升礼部侍郎,出任潭州刺史兼御史中丞,湖南郡团练观察使,后被赠予尚书右仆射,是代宗李豫年间的高级官员。在湖南执政多年。和夫人柳氏生子温、恭、俭、让四子都成才。据说吕洞宾乃其孙,吕让之子。

- 【重点句理解】

"海将盐作雪,出用火耕田。"一句形象地再现了江南地区特有的晒盐场景。

- 【诗歌主旨】

诗人描写了江南地区仲冬时节的天气,最后两句描写了江南地区将海水晒干产盐的情境,为读者展示了江南的仲冬生活。

《送王录事赴任苏州》

卢 纶

古堤迎拜路,万里一帆前。潮作浇田雨,云成煮海烟。

吏闲唯重法,俗富不忧边。西掖今宵咏,还应寄阿连。

● 【诗人介绍】

卢纶(739—799 年),字允言,河中蒲县(今山西蒲县)人,祖籍范阳涿县(今河北涿州),出身范阳卢氏北祖第四房,是北魏济州刺史、光禄大夫卢尚之的后人,唐代诗人,大历十才子之一。

唐玄宗天宝末年举进士,遇乱不第;唐代宗朝又应举,屡试不第。大历六年,经宰相元载举荐,授阌乡尉;后由宰相王缙荐为集贤学士,秘书省校书郎,升监察御史。出为陕州户曹、河南密县令。之后元载、王缙获罪,遭到牵连。唐德宗朝,复为昭应县令,出任河中元帅浑瑊府判官,官至检校户部郎中。不久去世。著有《卢户部诗集》。

● 【重点句理解】

"潮作浇田雨,云成煮海烟"描写的就是"海盐"的生产过程,首先"潮作浇田雨"通过浇灌海水获得盐卤,最后"云成煮海烟"经过"提纯"获得食盐。这一句记载了当时民间制海盐的情境。

● 【诗歌主旨】

诗人通过描述送别堂弟时的景色,在离去的路上有盐民在进行海盐的生产,作者通过此诗表达了对堂弟为官的教诲以及对于堂弟离家的不舍之情。

《初到忠州登东楼,寄万州杨八使君》

白居易

山束邑居窄,峡牵气候偏。林峦少平地,雾雨多阴天。

隐隐煮盐火,漠漠烧畲烟。赖此东楼夕,风月时儵然。

凭轩望所思,目断心涓涓。背春有去雁,上水无来船。

我怀巴东守,本是关西贤。平生已不浅,流落重相怜。

水梗漂万里,笼禽囚五年。新恩同雨露,远郡邻山川。

书信虽往复,封疆徒接连。其如美人面,欲见杳无缘。

● 【诗人介绍】

白居易(772—846 年),字乐天,号香山居士,又号醉吟先生,祖籍太原,到其曾祖父时迁居下邽,生于河南新郑。是唐代伟大的现实主义诗人,唐代三大诗人之一。① 白居易与元稹共同倡导新乐府运动,世称"元白",与刘禹锡并称"刘白"。白居易的诗歌题材广泛,形式多样,语言平易通俗,有"诗魔"和"诗王"之称。其官至翰林学士、左赞善大夫。公元846年,白居易在洛阳逝世,葬于香山。有《白氏长庆集》传世,代表诗作有《长恨歌》《卖炭翁》《琵琶行》等。②

● 【重点句理解】

"隐隐煮盐火,漠漠烧畬烟"描写百姓劳作的场景:百姓们生火煮盐,田地上百姓烧掉之前田里的草木作肥料。这句话描写了诗人初到忠州看到的场景,可以看出民间制盐的场景。

● 【诗歌主旨】

本诗描写了诗人初到忠州登楼所看到的情景,诗人看着炊烟袅袅,想起了自己的好友,于是作此诗,表达了对自己官场颠簸的感叹,以及对于家乡和友人的思念。

《送潘司封知解州》

梅尧臣

盐池暗涌蚩尤血,红波烂烂阳乌热。

岸旁遗老记南风,五月满畦吹作雪。

白径岭上橐驰鸣,太行山中骐骥苶。

古人射利今人同,行商不困何由设。

朱审太守自东来,先世大夫留故辙。

是非取与应不移,秦人休炫张仪舌。

● 【诗人介绍】

梅尧臣(1002—1060年),字圣俞,世称宛陵先生,汉族,宣州宣城(今安徽省宣城市宣州区)人。北宋官员、现实主义诗人,给事中梅询从子。

---

① 沈泓,王本华:《年画上的中华经典故事民本篇》,海天出版社,2017.
② 吴满珍,周治南,徐江涛:《大学语文》,清华大学出版社,2017.

梅尧臣初以恩荫补桐城主簿,历镇安军节度判官。于皇祐三年(1051 年)始得宋仁宗召试,赐同进士出身,为太常博士。经欧阳修荐,为国子监直讲,累迁尚书都官员外郎,故世称"梅直讲""梅都官"。嘉祐五年(1060 年),梅尧臣去世,年五十九。梅尧臣少即能诗,与苏舜钦齐名,时号"苏梅",又与欧阳修并称"欧梅"。① 为诗主张写实,反对西昆体,所作力求平淡、含蓄,被誉为宋诗的"开山祖师"。曾参与编撰《新唐书》,并为《孙子兵法》作注。另有《宛陵集》及《毛诗小传》等。

- **【重点句理解】**

"盐池暗涌蚩尤血,红波烂烂阳乌热。岸旁遗老记南风,五月满畦吹作雪。"晒盐首先讲求的是地理位置,诗中提到的"解州"今位于运城西南,北面有鹾鹾硝池、东面有百里盐湖。这首诗生动形象地记述了我国古代淮北地区多晴天、蒸发快的气候特点,为盐业发展提供天然的地理条件。② 本句的描写也向读者展示了宋代"海盐晒制"的环境。

- **【诗歌主旨】**

本诗主要表达了诗人对好友潘司封的祝福和送别之情,同时也表达了对别离和远行的感慨和思考。诗中描绘了潘司封离开时的场景,诗人担心友谊随着距离的拉远而逐渐淡忘,因此表达了对友情的珍视和期望将来重聚的心愿。同时,诗人也感慨人生短暂,岁月匆匆,对于远方的未知和离别的不舍,他在诗中表现出了浓烈的感伤和思索。

《诸葛盐井》

苏 轼

井有十四,自山下至山上,
其十三井常空,每盛夏水涨,
则盐泉迤逦迁去,常去于江水之所不及。
五行水本咸,安择江与井?
如何不相入,此意谁复省。

---

① 韩震车:《本事词校考》,安徽大学出版社,2015.
② 陈雪:"浅析唐诗宋词涉'盐'诗歌的史料价值",《文学教育(下)》,2021.

人心固难足，物理偶相逞。

犹嫌取未多，井上无闲绠。

● 【诗歌介绍】

见《山村五绝》诗人介绍。

● 【重点句理解】

"每盛夏水涨，则盐泉迤逦迁去，常去于江水之所不及。"每每到了盛夏水面上涨的时候，盐泉就迁走了，迁到了长江水企及不到的地方，为我们了解古代盐泉的地理变迁提供了线索。

● 【诗歌主旨】

本诗诗人通过对盐泉与江水的描写，揭示了盐井中的水与江水并不相容的道理，作者由此引发了自己对于世间规律以及人间人心难以被满足规律的思考。

2. 与食盐相关的诗歌

《题东谿公幽居》

李　白

杜陵贤人清且廉，东谿卜筑岁将淹。

宅近青山同谢朓，门垂碧柳似陶潜。

好鸟迎春歌后院，飞花送酒舞前檐。

客到但知留一醉，盘中只有水晶盐。

● 【诗人介绍】

李白（701—762 年），字太白，号青莲居士，又号"谪仙人"，唐代伟大的浪漫主义诗人，被后人誉为"诗仙"，与杜甫并称为"李杜"，为了与另两位诗人李商隐与杜牧即"小李杜"区别①，杜甫与李白又合称"大李杜"。据《新唐书》记载，李白为兴圣皇帝（凉武昭王李暠）九世孙，与李唐诸王同宗。其人爽朗大方，爱饮酒作诗，喜交友。李白深受黄老

---

① 刘婷婷：《唐代女乐及其音乐活动研究》，南京师范大学硕士论文，2018.

列庄思想影响,有《李太白集》传世,诗作中多为醉时创作,代表作有《望庐山瀑布》《行路难》《蜀道难》《将进酒》《明堂赋》《早发白帝城》等多首。

●【重点句理解】

"客到但知留一醉,盘中只有水晶盐。"有客到来就让他开怀一醉,盘中菜肴,只有水晶盐。诗中提到的"东溪公"生活在当涂县,也就是今天的淮盐产区,这里招待客人所用的"水晶盐"就指"白盐",从这句我们可以看出当时的盐"洁白"的特点。①

●【诗歌主旨】

全诗围绕"清""廉"两字为主线,以谢朓、陶潜喻东溪公杜陵贤人,诗中通过情景交融的手法,突显杜陵贤人的清正廉洁、高雅绝俗,同时也肯定了东溪公的淡泊明志之情。

《梁园吟》

李 白

我浮黄河去京阙,挂席欲进波连山。

天长水阔厌远涉,访古始及平台间。

平台为客忧思多,对酒遂作梁园歌。

却忆蓬池阮公咏,因吟"渌水扬洪波"。

洪波浩荡迷旧国,路远西归安可得!

人生达命岂暇愁,且饮美酒登高楼。

平头奴子摇大扇,五月不热疑清秋。

玉盘杨梅为君设,吴盐如花皎白雪。

持盐把酒但饮之,莫学夷齐事高洁。

昔人豪贵信陵君,今人耕种信陵坟。

荒城虚照碧山月,古木尽入苍梧云。

梁王宫阙今安在?枚马先归不相待。

舞影歌声散绿池,空馀汴水东流海。

---

① 陈雪:"浅析唐诗宋词涉'盐'诗歌的史料价值",《文学教育(下)》,2021.

沉吟此事泪满衣，黄金买醉未能归。

连呼五白行六博，分曹赌酒酬驰晖。

歌且谣，意方远。

东山高卧时起来，欲济苍生未应晚。

● 【诗人介绍】

（见《题东谿公幽居》诗人介绍）

● 【重点句理解】

"玉盘杨梅为君设，吴盐如花皎白雪。持盐把酒但饮之，莫学夷齐事高洁。"这玉盘之中的杨梅是为你而设，吴地的盐如花般皎洁雪白，不要自持清高，捻盐饮酒，人生不得意也要尽欢啊。① 通过这两句我们可以看出当时饮酒时配盐以及杨梅配盐的饮食习俗。

● 【诗歌主旨】

此诗大致可划分为两部分，前半部分偏重叙事，后半部分偏重抒情。前半部分追述了诗人离开国都长安（今陕西西安），向东来到宋州梁园（今河南商丘）做客，和朋友在梁园饮酒抒怀的过程；后半部分主要是面对荒凉颓圮的梁园，抒发了今昔变迁的沧桑感，间接抒发出诗人对唐王朝衰落的隐忧。全诗感情奔放，波澜起伏，诗境多变，构思奇巧。

诗人利用各种表情手段，从客观景物到历史遗事以至一些生活场景，把它们如触如见地勾画出来，使人感到一股强烈的感情激流。诗中表现出一个正直灵魂的苦闷挣扎，冲击抗争，表明社会对他的无情摧残和压抑。

《柳州峒氓》

柳宗元

郡城南下接通津，异服殊音不可亲。

青箬裹盐归峒客，绿荷包饭趁虚人。

鹅毛御腊缝山罽，鸡骨占年拜水神。

愁向公庭问重译，欲投章甫作文身。

---

① 陈雪："浅析唐诗宋词涉'盐'诗歌的史料价值"，《文学教育（下）》，2021.

●【诗人介绍】

柳宗元(公元 773—公元 819 年),字子厚,汉族,河东(现山西运城永济一带)人,唐宋八大家之一,唐代文学家、哲学家、散文家和思想家,世称"柳河东""河东先生",因官终柳州刺史,又称"柳柳州"。①

柳宗元出身河东柳氏,与韩愈并称为"韩柳",与刘禹锡并称"刘柳",与王维、孟浩然、韦应物并称"王孟韦柳"。柳宗元一生留诗文作品达 600 余篇,其文的成就大于诗。骈文有近百篇,散文论说性强,笔锋犀利,讽刺辛辣。游记写景状物,多所寄托,有《河东先生集》,代表作有《溪居》《江雪》《渔翁》。

●【重点句理解】

"青箬裹盐归峒客,绿荷包饭趁虚人","峒"是古代对广西、湖南、贵州一带少数民族的泛称。这首诗从小处着眼,有人拿竹叶包裹着盐巴往家去,有人用绿色荷叶包着饭菜赶集来,人民生活的景象跃然纸上。② 也可以看出盐与古人生活密切相关。

●【诗歌主旨】

这首诗用朴素的语言,如实地描写出诗人和柳州少数民族人民生活接近的情况。起初虽然感到"异服殊音不可亲"。最后却"欲投章甫作文身。"诗人自己本来不信神,而民间有迷信风俗,他不肯疏远他们,而愿意和他们在一起,表现出了入乡随俗的思想。

《赠毛仙翁》

元　稹

仙驾初从蓬海来,相逢又说向天台。

一言亲授希微诀,三夕同倾沆瀣杯。

此日临风飘羽卫,他年嘉约指盐梅。

花前挥手迢遥去,目断霓旌不可陪。

---

① 曹伯韩:《国学常识》,漓江出版社,2012.
② 陈雪:"浅析唐诗宋词涉'盐'诗歌的史料价值",《文学教育(下)》,2021.

● **【诗人介绍】**

元稹（779—831 年），字微之，别字威明，唐洛阳人（今河南洛阳）。父元宽，母郑氏。为北魏宗室鲜卑族拓跋部后裔，是什翼犍之十四世孙。早年和白居易共同提倡"新乐府"。世人常把他和白居易并称"元白"。

● **【重点句理解】**

"此日临风飘羽卫，他年嘉约指盐梅。"今天迎风飘仪仗，其他年再相约指盐梅。表达了诗人对于和友人来时再会的美好希望。

● **【诗歌主旨】**

本诗描述了诗人想象与毛仙翁互动的情景。对方从天而降，与自己饮酒畅谈，后潇洒离去。诗人通过对这一场景的描写表达了自己对于畅意潇洒的向往。

《山村五绝》
苏　轼

竹篱茅屋趁溪斜，春入山村处处花。

无象太平还有象，孤烟起处是人家。

烟雨濛濛鸡犬声，有生何处不安生。

但教黄犊无人佩，布谷何劳也劝耕。

老翁七十自腰镰，惭愧春山笋蕨甜。

岂是闻韶解忘味，迩来三月食无盐。

杖藜裹饭去匆匆，过眼青钱转手空。

赢得儿童语音好，一年强半在城中。

窃禄忘归我自羞，丰年底事汝忧愁。

不须更待飞鸢坠，方念平生马少游。

● **【诗人介绍】**

苏轼（1037—1101 年），北宋文学家、书画家、美食家。字子瞻，号东坡居士。汉族，四川人，葬于颍昌（今河南省平顶山市郏县）。一生仕途坎坷，学识渊博，天资极高，诗文书画皆精。其文汪洋恣肆，明白畅达,与欧阳修并称欧苏,为"唐宋八大家"之一;诗清新豪健,善用夸张、比喻,艺术表现独具风格,与黄庭坚并称苏黄;词开豪放一派,对后世有巨大影响,与辛弃疾并称苏辛;书法擅长行书、楷书,能自创新意,用笔丰腴跌宕,有天真烂漫之趣,与黄庭坚、米芾、蔡襄并称宋四家;画学文同,论画主张神似,提倡"士人画"。著有《苏东坡全集》和《东坡乐府》等。

● 【重点句理解】

"岂是闻韶解忘味,迩来三月食无盐":难道是听说韶解忘味,最近三个月吃无盐,这句话强调三个月没有吃食盐,可见食盐是在平民百姓日常生活中非常重要的调味品。

● 【诗歌主旨】

诗人描写了自己在山村中所见的农家生活,环境闲适、自给自足、粗茶淡饭,回看自己为自己不事农耕而感到惭愧。全诗表达了诗人对于田园生活的向往之情。

《暗香疏影·夹钟宫赋墨梅》

吴文英

占春压一。

卷峭寒万里,平沙飞雪。

数点酥钿,凌晓东风吹裂。

独曳横梢瘦影,入广平、裁冰词笔。

记五湖、清夜推篷,临水一痕月。

何逊扬州旧事,五更梦半醒,胡调吹彻。

若把南枝,图入凌烟,香满玉楼琼阙。

相将初试红盐味,到烟雨、青黄时节。

想雁空、北落冬深,澹墨晚天云阔。

● 【诗人介绍】

吴文英(约1200—1260年),字君特,号梦窗,晚年又号觉翁,四明(今浙江宁波)人。原出翁姓,后出嗣吴氏。与贾似道友善。有《梦窗词集》一部,存词三百四十余首,分四卷本与一卷本。其词作数量丰沃,风格雅致,多酬答、伤时与忆悼之作,号"词中李商隐"。而后世品评却甚有争论。①

- **【重点句理解】**

"相将初试红盐味,到烟雨、青黄时节。"作者在赏画时联想到在梅雨时节梅子正好,采之与盐相调,可谓美味。这句诗描述了古人梅子与盐相调食用的盐饮食习俗。

- **【诗歌主旨】**

"占春"三句。此言梅花乃是东风第一枝,独占众花之先,迎春而放。所以词人观赏画中墨梅,感到犹如身处在寒风刺骨,莽莽飞雪的旷野上。此言画中墨梅,枝头有数朵盛放,而树下已是落英缤纷,像是被清晨的春风吹落的。"独曳"两句言墨梅一枝斜展,其风韵,被广平君所极力推崇和赞赏。"记五湖"两句,回忆。此言词人看着眼前的墨梅,就又激发起他对一段往事的回忆:当年他月下旅游途经太湖之时,掀篷观赏沿岸景色,也曾在一个临水之处,见到过那里有一株梅枝在朦胧的月光照映下,显示出它如画般的风景。这两句也是点词调意也。上片赞墨梅。

"何逊"三句,追忆旧事。此处词人是以何逊自喻也。此言自己正在睡梦中追忆旧事,却被"胡调"声扰乱清梦而惊醒过来。词人忧国之心,由此可见一斑。"若把"三句。言如果把这幅墨梅图搬进祭祀功臣的凌烟阁中,将能使阁中满室生香,更加令人难忘。此既是称赞墨梅图之妙笔,也是企图唤醒大家,必须记住功臣们抵御外敌的英雄业绩,谨守国土。"相将"两句。从眼前的墨梅图,联想到在梅雨时节采摘梅子与盐调拌,就可取来作宴席上的美味调料了。"相将",这里可解释为"如果取来"意。"想雁空"两句,再赋墨梅风骨。图中墨梅如果处在彤云密布中的北地严冬晚天中,它也将会傲霜斗雪,淡然处之。结尾又暗示着在北方沦陷区的人民,他们也将会用梅花精神来激励自己,与敌人抗衡到底的。下片重在写墨梅的风骨,并示以不忘与外族抵抗的决心。

---

① 何燕编:《国学书院典藏宋词三百首青少版》,湖北美术出版社,2012.

全词既是咏本调"暗香疏影",也是咏词题中"赋墨梅",可说是内容紧扣词调与词题,梦窗不愧为填词好手。

《虞美人影·咏香橙》

吴文英

黄包先著风霜劲。

独占一年佳景。

点点吴盐雪凝。

玉脍和齑冷。

洋园谁识黄金径。

一棹洞庭秋兴。

香荐兰皋汤鼎。

残酒西窗醒。

- **【诗人介绍】**

(见《暗香疏影·夹钟宫赋墨梅》诗人介绍)

- **【重点句理解】**

"点点吴盐雪凝。"用"香橙""吴盐"可作调味品及醒酒之物,可见关于盐的饮食文化之丰富。[①]

- **【诗歌主旨】**

言香橙外面裹着一层橙黄色的厚皮,在严冬凛冽的寒风中傲霜啸雪。当早春时节来临之时,它就成了岁首之佳果。它挂在树上时,黄果绿叶相间,显得煞是好看,自成为一景。当剥去香橙的果皮后,白色的瓤膜色如雪盐,里面的瓤肉酸甜可口,切细了还可以作菜肴中的调味品。本诗上片切题,介绍了香橙的色香味。

在一些大花园中,没有人去大量种植这种粗俗的香橙树,但是如果你在秋天乘舟抵达那洞庭东山时,就可以在那里见到满山中结着累累果实的香橙树了。"香荐"两句,写香橙的醒酒功能。言如果用橙肉作

---

① 陈雪:"浅析唐诗宋词涉'盐'诗歌的史料价值",《文学教育(下)》,2021.

主料,还可以熬成芳香的醒酒汤。用它可使宿酒未醒的人解醉清醒。
下片言香橙虽为粗物,但却实用。

3. 与盐民生活相关的诗歌

《盐商妇,恶幸人也》
白居易

盐商妇,多金帛,不事田农与蚕绩。

南北东西不失家,风水为乡船作宅。

本是扬州小家女,嫁得西江大商客。

绿鬟富去金钗多,皓腕肥来银钏窄。

前呼苍头后叱婢,问尔因何得如此。

婿作盐商十五年,不属州县属天子。

每年盐利入官时,少入官家多入私。

官家利薄私家厚,盐铁尚书远不知。

何况江头鱼米贱,红脍黄橙香稻饭。

饱食浓妆倚柁楼,两朵红腮花欲绽。

盐商妇,有幸嫁盐商。

终朝美饭食,终岁好衣裳。

好衣美食来何处,亦须惭愧桑弘羊。

桑弘羊,死已久,不独汉时今亦有。

● 【诗人介绍】

(见《初到忠州登东楼,寄万州杨八使君》诗人介绍)

● 【重点句理解】

"每年盐利入官时,少入官家多入私"一句,描写了贩盐盈利的情
况。盐商卖盐多半的利益落在自己口袋,少部分交给官家。从这句我
们可以了解到当时盐业经济的情况,贩盐获利丰厚,盐商往往通过盐
业赚得盆满钵满。

● 【诗歌主旨】

这首诗从盐商妇生活的角度进行叙述。原本是扬州城的小户人

家,嫁给盐商之后却过上了锦衣玉食的生活。描绘了唐代盐商的富足生活,盐商从事盐业售卖,从而成为富可敌国的商人。

《贾客乐》

许有壬

鼓声震荡冯夷宫,帆腹吞饱江天风。

长年望云坐长啸,移驾万斛凌虚空。

主人扬州卖盐叟,重楼丹青照窗牖。

斗帐香凝画阁深,红日满江犹病酒。

- **【诗人介绍】**

许有壬(1287—1364 年),字可用,汤阴(今河南)人。元延二年(1315 年)进士,为同知辽州事。所任江南行台监察御史。他前后历事七朝,近五十年,官至集贤殿大学士,卒谥文忠。有《至正集》等。

- **【重点句理解】**

"主人扬州卖盐叟,重楼丹青照窗牖。"描写盐商在外潇洒的生活,在家金屋藏娇,描绘了当时盐商获利之多以及生活之奢靡。

- **【诗歌主旨】**

及时行乐,在元代是一种社会思潮,尤其在东南城市更为流行。不合传统道德的思想观念,在文学作品中被不断表现出来。这首诗,是扬州一位盐商的生活写照。前半部分,营造出盐船在江上的辽阔画面。后半部分,重在述写老盐商在外逍遥洒脱,在家不乏金屋藏娇,整日生活在醉生梦死之中。诗作虽显消极,但充满着浪漫无限的情致。古代写船上商贾生活的诗很多,但大多数是在写其商人的辛勤劳苦及安危难卜。

在这首诗中,作者摒弃了悲天悯人的内容,独辟蹊径,反映出作为盐商生活腐化堕落、浪漫袭人的一面。

《卖盐妇》

杨维桢

卖盐妇,百结青裙走风雨。雨花洒盐盐作卤,背负空筐泪如缕。

三日破铛无粟煮,老姑饥寒更愁苦。道傍行人因问之,拭泪吞声为君语。

妾身家本住山东,夫家名在兵籍中。荷戈崎岖戍明越,妾亦万里来相从。

年来海上风尘起,楼船百战秋涛里。良人贾勇身先死,白骨谁知填海水。

前年大儿征饶州,饶州未复军尚留。去年小儿攻高邮,可怜血作淮河流。

中原封桩音信绝,官仓不开口粮缺。空营木落烟火稀,夜雨残灯泣呜咽。

东邻西舍夫不归,今年嫁作商人妻。绣罗裁衣春日低,落花飞絮愁深闺。

妾心如水甘贫贱,辛苦卖盐终不怨。得钱籴米供老姑,泉下无惭见夫面。

君不见,绣衣使者浙河东,采诗正欲观民风。

莫弃吾侬卖盐妇,归朝先奏明光宫。

●【诗人介绍】

杨维桢(1296—1370 年)。元末明初诗人,文学家、画家。

●【重点句理解】

"妾心如水甘贫贱,辛苦卖盐终不怨。"描写卖盐妇嫁作商人妻后回忆贫贱辛苦至极的卖盐生活,表达了其对于亡夫的思念。

●【诗歌主旨】

诗中刻画了一个因战争而家破夫儿皆亡的妇女,最初过着噩梦般的生活。岂料,改嫁盐商后,仍然过着日不聊生的贩盐生活。作者通过这位妇女的形象,揭露了战争与苛政是造成社会底层百姓不幸的根本原因。

《绝句》

吴嘉纪

白头灶户低草房,六月煎盐烈火旁。

走出门前炎日里,偷闲一刻是乘凉。

●【诗人介绍】

吴嘉纪(1618—1648 年),字宾贤,号野人,泰州人。一生不仕,家境贫困,又生活在兵祸惨烈的年代,因而对底层人民的生活有所了解,不少诗歌率真地反映了劳动人民的生活和疾苦,抨击了清朝统治者,具有现实主义的特征。有《陋轩诗集》。①

● 【重点句理解】

开头两句,描写了盐民的劳苦。从"白头灶户"上可知这个白发老人设灶煮盐的年月之久了。而"低草房",则又说明了劳动条件的极差,从"六月煎盐"上可知,时值盛夏,天气酷热。而"烈火旁",则又说明了热不可耐的程度。它如一幅直观显目的速写画,给人以具体的、形象的感受。

如果说上两句写足了"热",那么下两句更是倍写其"热",突出了盐民的酸辛。它运用的是反衬手法,机趣奇妙,别出心裁。

"走出门前炎日里",这句诗是"六月煎盐烈火旁"意思的延伸。门内是烈火熊熊,而门外是炎日辣辣,同样都"热"得没法忍受。但是,白发老人为什么还要"走出门前"呢?——"偷闲一刻是乘凉"。这一结语发人深思,顿使全诗摇荡生姿,笔态飞舞,且滋味自溢!在太阳的暴晒下"偷闲"片刻,对于老盐民来说,竟算是一种莫大的享受——"乘凉",由此可见其苦。而这"苦"是与"忙"及"热"联系在一起的,不就分外使人觉得"苦"得无以复加吗?

● 【诗歌主旨】

这首诗道出了灶户生活环境的艰辛,写得冷峻尖刻,笔端流露出了对劳动人民的同情。

这首诗并未絮絮叨叨地叙述老盐民以煮盐为生的过程,亦未须眉毕现地刻画老盐民不堪劳苦酸辛的肖像,而是在诗的煞尾处这诗情的图像上,为读者提供思索的空白,留待读者于想象中去作人物心灵的透视。这样便使诗的脚步于短短四句之间跑出了很远的路程。正由于如此,全诗写得沁人肺腑,产生了常规例套的写法所不能产生的艺术感染力量。

《风潮行》

吴嘉纪

辛丑七月十六夜,夜半飓风声怒号。

---

① 王逢振、李景端:《新编二十世纪外国文学大词典》,译林出版社,1998.

天地震动万物乱,大海吹起三丈潮。

茅屋飞翻风卷去,男妇哭泣无栖处。

潮头骤到似山摧,牵儿负女惊寻路。

四野沸腾那有路,雨洒月黑蛟龙怒。

避潮墩作波底泥,范公堤上游鱼度。

悲哉东海煮盐人,尔辈家家足苦辛。

频年多雨盐难煮,寒宿草中饥食土。

壮者流离弃故乡,灰场蒿满池无卤。

招徕初蒙官长恩,稍有遗民归旧樊。

海波忽促馀生去,几千万人归九原。

极目黯然烟火绝,啾啾妖鸟叫黄昏。

●【诗人介绍】

(见《绝句》诗人介绍)

●【重点句理解】

"茅屋飞翻风卷去,男妇哭泣无栖处,潮头骤到似山摧,牵儿负女惊寻路。悲哉东海煮盐人,尔辈家家足苦辛。频年多雨盐难煮,寒宿草中饥食土。壮者游离弃故乡,灰场蒿满池无卤。"描绘了海边飓风过后盐民流离失所饥寒交迫的场景,展现了海边飓风给百姓带来的不幸以及盐民生活的艰辛不易。

●【诗歌主旨】

诗人通过描写一次海边风潮的过程和情境,展示了盐民在面对自然灾害的无奈以及盐民生活的辛苦。

《税完》

吴嘉纪

输尽瓮中麦,税完不受责。

肌肤保一朝,肠腹苦三夕。

- **【诗人介绍】**

（见《绝句》诗人介绍）

- **【重点句理解】**

"输尽瓮中麦,税完不受责"。描写盐民交完赋税后无粮食可吃,直观地展现了盐民赋税的繁重以及生活的艰难。

- **【诗歌主旨】**

诗人通过描写盐民缴纳沉重赋税后食不果腹的情状,揭露了当时盐民的生活艰辛,官吏横征暴敛,从中也可看出当时盐业赋税沉重。

4. 与从业环境相关诗歌

《东楼南望八韵》

白居易

不厌东南望,江楼对海门。风涛生有信,天水合无痕。

鹢带云帆动,鸥和雪浪翻。鱼盐聚为市,烟火起成村。

日脚金波碎,峰头钿点繁。送秋千里雁,报暝一声猿。

已豁烦襟闷,仍开病眼昏。郡中登眺处,无胜此东轩。

- **【诗人介绍】**

（见《山村五绝》诗人介绍）

- **【重点句理解】**

"鱼盐聚为市,烟火起成村"一句描写了民间市集热闹的场景。鱼盐商贩聚在一起形成了一个小型集市,炊烟袅袅,远处仿佛是个村子。这句话中展现了民间的卖盐业场景。

- **【诗歌主旨】**

诗人描绘了自己登上东楼后看到的场景,水天一色,炊烟袅袅的景色缓解了诗人内心的忧郁和烦闷,表达了作者对于东楼景色的喜爱之情。

《贾客词》

刘禹锡

五方之贾,以财相雄,而盐贾尤炽。

或曰:"贾雄则农伤。"予感之,作是词。

贾客无定游,所游唯利并。

眩俗杂良苦,乘时知重轻。

心计析秋毫,捶钩侔悬衡。

锥刀既无弃,转化日已盈。

徼福祷波神,施财游化城。

妻约雕金钏,女垂贯珠缨。

高赀比封君,奇货通幸卿。

趋时鸷鸟思,藏镪盘龙形。

大艑浮通川,高楼次旗亭。

行止皆有乐,关梁似无征。

农夫何为者,辛苦事寒耕。

● 【诗人介绍】

刘禹锡(772—842 年),字梦得,汉族,中国唐朝彭城(今徐州)人,祖籍洛阳,唐朝文学家,哲学家,自称是汉中山靖王后裔,曾任监察御史,是王叔文政治改革集团的一员。唐代中晚期著名诗人,有"诗豪"之称。他的家庭是一个世代以儒学相传的书香门第。政治上主张革新,是王叔文派政治革新活动的中心人物之一。后来永贞革新失败被贬为朗州司马(今湖南常德)。据湖南常德历史学家、收藏家周新国先生考证刘禹锡被贬为朗州司马期间写了著名的"汉寿城春望"。

● 【重点句理解】

"五方之贾,以财相雄,而盐贾尤炽。"这句意思为"全国各地的商人以财富比高低,盐商尤其厉害。"从这句话中可以看出当时的盐商财富之多,获利之大。

● 【诗歌主旨】

这首诗作于刘禹锡被贬朗州期间(公元 806—814 年)。中唐以后的社会经济,虽然受到曾经"安史之乱"的严重破坏,但是商业依旧持续发展的。中晚唐时期,出现了不少富逾王侯、富甲天下的大商人。商人,尤其是盐商,对农民的剥削是非常残酷的。当时全国各地的商人,拿财产来比高低,而盐商更加厉害,商人权势大则损害农民的利益,有感于此,刘禹锡写了这首《贾客词》。因此这首诗可以一定程度上反映当时盐商的经商环境。

《相和歌辞·估客乐》

元　稹

估客无住著,有利身即行。
出门求火伴,入户辞父兄。
父兄相教示,求利莫求名。
求名有所避,求利无不营。
火伴相勒缚,卖假莫卖诚。
交关少交假,交假本生轻。
自兹相将去,誓死意不更。
一解市头语,便无乡里情。
鍮石打臂钏,糯米炊项璎。
归来村中卖,敲作金玉声。
村中田舍娘,贵贱不敢争。
所费百钱本,已得十倍赢。
颜色转光净,饮食亦甘馨。
子本频蕃息,货赂日兼并。
求珠驾沧海,采玉上荆衡。
北买党项马,西擒吐蕃鹦。
炎洲布火浣,蜀地锦织成。
越婢脂肉滑,奚僮眉眼明。
通算衣食费,不计远近程。
经营天下遍,却到长安城。
城中东西市,闻客次第迎。
迎客兼说客,多财为势倾。
客心本明黠,闻语心已惊。
先问十常侍,次求百公卿。

侯家与主第,点缀无不精。

归来始安坐,富与王家勍。

市卒酒肉臭,县胥家舍成。

岂惟绝言语,奔走极使令。

大儿贩材木,巧识梁栋形。

小儿贩盐卤,不入州县征。

一身倨市利,突若截海鲸。

钩距不敢下,下则牙齿横。

生为估客乐,判尔乐一生。

尔又生两子,钱刀何岁平。

● 【诗人介绍】

（见《赠毛仙翁》诗人介绍）

● 【重点句理解】

"小儿贩盐卤,不入州县征。"小孩贩卖盐卤,不被州县征收赋税。小孩就开始贩卖盐卤,可见卖盐在百姓生活中的占比很高,同时州县征收赋税,也可看出当时对于盐业的管制。

● 【诗歌主旨】

本诗讲述了一个商人从商逐利的一生,从最初的背井离乡只求功利到生活逐渐好转,渐渐生活逐渐变得奢靡,来到长安城后受众人拥簇,风光无限。诗人通过描述这样的故事让我们看到了当时商业的发达以及商人唯利是图,生活奢靡的形象。

《送朱职方提举运盐》

欧阳修

齐人谨盐筴,伯者之事尔。

计口收其余,登耗以生齿。

民充国亦富,粲若有条理。

惟非三王法,儒者犹为耻。

後世益不然,榷夺由汉始。

权量自持操,屑屑已甚矣。

穴灶如蜂房,熬波销海水。

岂知戴白民,食淡有至死。

物艰利愈厚,令出奸随起。

良民陷盗贼,峻法难禁止。

问官得几何,月课烦答箠。

公私两皆然,巧拙可知已。

英英职方郎,文行粹而美。

连年宿与泗,有政皆可纪。

忽来从辟书,感激赴知己。

闵然哀远人,吐策献天子。

治国如治身,四民犹四体。

奈何窒其一,无异钦厥趾。

工作而商行,本末相表里。

臣请通其流,为国扫泥滓。

金钱归俯藏,滋味饱闾里。

利害难先言,岁月可较比。

盐官皆谓然,丞相曰可喜。

适时乃为才,高论徒谲诡。

夷吾苟今出,未以彼易此。

隋堤树毰毸,汴水流弥弥。

子行其勉旃,吾党方倾耳。

●【诗人介绍】

欧阳修(1007—1072 年),字永叔,号醉翁,晚号"六一居士"。汉族,吉州永丰(今江西省永丰县)人,因吉州原属庐陵郡,以"庐陵欧阳修"自居。谥号文忠,世称欧阳文忠公。北宋政治家、文学家、史学家,与韩愈、柳宗元、王安石、苏洵、苏轼、苏辙、曾巩合称"唐宋八大家"。后人又将其与韩愈、柳宗元和苏轼合称"千古文章四大家"。

● **【重点句理解】**

"齐人谨盐筴,伯者之事尔。"齐人谨慎盐业策略,这些都是伯爵的
事情。从这句可以看出,盐业策略的话语权大多掌握在上层手中,上层
对盐业有着较大的控制权。

"盐官皆谓然,丞相曰可喜"盐官都是这样,丞相说这值得欢喜。展
现了盐政环境中对于"盐官"职责的期望以及标准,作者希望友人也可
以成为一个好盐官。

● **【诗歌主旨】**

诗人通过本诗传达了对于友人提举运盐的告诫,愿友人成为一个
好盐官,为百姓做事。

《汤村开运盐河雨中督役》

苏　轼

居官不任事,萧散羡长卿。

胡不归去来,滞留愧渊明。

盐事星火急,谁能恤农耕。

薨薨晓鼓动,万指罗沟坑。

天雨助官政,泫然淋衣缨。

人如鸭与猪,投泥相溅惊。

下马荒堤上,四顾但湖泓。

线路不容足,又与牛羊争。

归田虽贱辱,岂识泥中行。

寄语故山友,慎毋厌藜羹。

● **【诗人介绍】**

(见《山村五绝》诗人介绍)

● **【重点句理解】**

"盐事星火急,谁能恤农耕。"盐事刻不容缓急需,谁能照顾农耕。
这句话可以看出盐民生活的繁忙。

● 【诗歌主旨】

本诗通过描写开运盐河的劳动场景,展现了古代农民劳动生活的辛苦与无奈。天空下起雨,百姓却依然要进行劳动工作。展现了劳动人民的辛苦以及作者的同情之心。

《隆州》

汪元量

歇马隆州借夕凉,壶中薄酒似酸汤。

城濠寨屋偏栽柳,市井人家却种桑。

官逼税粮多作孽,民穷田土尽抛荒。

年来士子多差役,隶籍盐场与锦坊。

● 【诗人介绍】

汪元量(1241—1317 年)南宋末诗人、词人、宫廷琴师。字大有,号水云,亦自号水云子、楚狂、江南倦客,钱塘(今浙江杭州)人。诗人于度宗时以善琴供奉宫掖。恭宗德祐二年(1276)临安陷,随三宫入燕,尝谒文天祥于狱中。元世祖至元二十五年(1288)出家为道士,获南归,次年抵钱塘。后往来江西、湖北、四川等地,终老湖山。诗多纪国亡前后事,时人比之杜甫,有"诗史"之目,有《水云集》《湖山类稿》。①

● 【重点句理解】

"年来士子多差役,隶籍盐场与锦坊"意为近年来年轻的人们有许多差役,大多都在盐场和锦坊。这句话表现了宋代制盐制度中的官府劳役制,许多平民被官府拘役到催煎场进行盐业劳动,还需完成生产任务,由此可以了解宋代的盐业生产制度。

● 【诗歌主旨】

本文诗人描写自己在隆州暂歇时看到的情景,城中有钱人家门口栽柳,普通人家种桑,官家逼百姓交税作恶多端,百姓穷困潦倒,许多平民被发配到盐场和锦坊劳动。通过描写表达了作者对于官府压榨的批

---

① 温虎林:《杜甫陇蜀道诗歌研究》,中国社会科学出版社,2015.

判以及对于当地百姓生活的同情之情。

《朝雨下》

吴嘉纪

朝雨下,田中水深没禾稼,饥禽眈眈啼桑柘。

暮下雨,富儿漉酒聚俦侣,酒厚只愁身醉死。

雨不休,暑天天与富家秋;

檐溜淙淙凉四座,座中轻薄已披裘。

雨益大,贫家未夕关门卧;

前日昨日三日饿,至今门外无人过。

● 【诗人介绍】

(见《绝句》诗人介绍)

● 【重点句理解】

"朝雨下"三句写大雨给田家带来的灾难,雨水淹没了庄稼,家禽无处觅食。诗人未正面写雨后田家如何,却可以让人透过他们所遭受的灾难,推想其愁苦心境。

"暮下雨"三句写雨中富儿的乐趣。借着大雨天凉,他们聚众饮酒作乐。"酒厚只愁身醉死","愁"字蕴含着莫大的讽刺,他们不是愁冻死、饿死,而是醉死,活画出富儿们的浮浪之相。穷人家连家禽都饿得"眈眈啼桑柘",更不必说人了。他们愁的是饥无食,富儿愁的是酒太厚。如此悬殊的差别,如此鲜明的对照,表现了诗人强烈的爱与憎、不平与愤懑。

"雨不休"四句写连雨天中富家的生活,这一层将富人的娱乐推进了一步,连绵大雨对富家来说,是天意给他们送来秋天般的凉爽。接着作者画了一幅富家对雨图,雨水顺着屋檐淙淙流下,屋内人对雨酌酒,大雨扫尽暑意,带来秋凉,座中的轻薄儿已披裘。雨不休,给他们富足而又枯燥单一的生活带来乐趣,下雨使他们感到惬意。

"雨益大"四句叙述雨中贫家的生活。大雨对贫家是灾难,天还没黑,他们就关门睡下了,不是他们懒,也不是他们困乏,至于原因,下一句就进行了解释。"前日昨日三日饿,至今门外无人过。"饿了三天,早已丧了元气,没了精神,今天仍然没有指望,所以日未夕,他们便关门而卧,盼着早早进入梦乡,忘却饥饿。绵绵阴雨给他们本已困顿的生活又加一重愁苦,通过"未夕关门卧"的举动,可以感到他们心灵深处绝望的呜咽。

● 【诗歌主旨】

诗人吴嘉纪长期生活在社会底层,对一般劳动者的困苦了解得相当真切。此诗约作于顺治十八年(1661年)。作者从暑天一场连绵不绝的暴雨中,感受出贫富两个阶层苦乐不同的生活状况,创作了此诗。此诗写大雨后穷人和富人的不同生活及反响。

作者在这首诗中从"朝雨下""暮下雨""雨不休""雨益大"四个层次着笔,逼真地描写了连绵不断的雨季中,贫富之间的不同表现,截然不同的两种生活画面,形成鲜明的对照,反映当时社会的苦乐不均,而不需作者置一言。于此可见诗人剪裁、提炼之功。

诗歌语言平实,却不肤浅,是经过高度艺术提炼的,读之醇厚有味,可以感到其中蕴涵着作者的强烈情感和深厚的生活内涵。①

《购薪》

赵 淳

近山伐木已无声,樵采艰辛度百程。

坛价购来真拟桂,灶中何以足煎烹?

● 【诗人介绍】

赵淳,不详

● 【重点句理解】

"坛价购来真拟桂,灶中何以足煎烹?"描写薪柴购买价格昂贵,煮盐已经没有了燃料,表现了云南地区盐业生产的困难。

● 【诗歌主旨】

云南地区盐业生产素来"苦于柴",诗人通过介绍制盐地区伐木困

---

① 周啸天:《元明清名诗鉴赏》,四川人民出版社,2001.

难,柴火不足的情况,最后一句"灶中何以足煎烹"表现了云南地区盐业生产薪柴不足带来的生产困境。

《路险曲》
曹树俭

运盐出井有驮牛,千里崎岖不记愁。

寒夜那曾依店宿,惟寻芳草傍山头。

● 【诗人介绍】

曹树俭,不详

● 【重点句赏析】

"运盐出井有驮牛,千里崎岖不记愁"本句描写运盐时用牛作为运输方式,要走千里崎岖的道路,可见当时的盐业生产之辛苦。

● 【诗歌主旨】

诗歌中"驮牛""千里""寒夜"等意象展现了运盐过程中的不易,需要牛拉着走千里,寒夜住在山头,一系列描写展现了云南滇盐运输的不易。

二、与盐有关的书籍

1.《管子》

【作者】

管仲,等

【年代】

战国时期至秦汉时期(公元前 475—公元前 221 年)

【主要内容】

是书篇幅宏伟,内容复杂,思想丰富,是研究我国古代特别是先秦学术文化思想的重要典籍。《管子》相传为管仲所作。刘向序曾说:

所校徵中《管子》三百八十九篇,太中大夫卜圭书二十七篇,臣富参书四十一篇,射声校尉立书十一篇,太史书九十六篇,凡中外书五百六十四,以校除复重四百八十四篇,定著八十六篇。汉内府所藏篇数最多,依定本八十六篇算,其中重复篇数,总在四倍左右。

现存《管子》分为《经言》《外言》《内言》《短语》《区言》《杂篇》《管子解》《管子轻重》八部,《内言》有《王言》《谋失》两篇,《短语》有《正言卜篇》,《杂篇》有《言昭》《修身》《问霸》三篇,《管子解》有《牧民解卜》篇,《管子轻重》有《三问乘马》《轻重丙》《轻重庚》三篇,计亡失十篇。

【与盐相关】

《管子》中详细记载了齐国的盐业制度,根据四部丛刊影印宋本《管子》统计,书中涉及"盐"有四十余处。

举例来说,在盐业制度方面,《管子》中针对个人消费食盐的税收写道,依据民众的房屋、牲畜、土地、人头和户数征税都不合理,而主张根据常消费品的使用量征税,故《管子·国蓄》载:

> 夫以室庑籍,谓之毁成。以六畜籍,谓之止生。以田亩籍,谓之禁耕。以正人籍,谓之离情。以正户籍,谓之养赢。

以这种思路为起点,在盐业管理上,《管子》主张根据民众食用盐的消费量征税。成年的男子、女子、小孩子食盐量不同,征税量不同。

《管子·海王》载:

> 十口之家十人食盐,百口之家百人食盐。终月,大男食盐五升少半,大女食盐三升少半,吾子食盐二升少半,此其大历也。

意思是说:人人都必需食盐,十口之家,十人食盐;百口之家,百人食盐。齐国是大国,以有千万人口计算的话,平均每人征收盐税三十钱,每月国家的盐业税收就能达到三千万,所谓"月人三十钱之籍,为钱三千万"。也就是说"正盐筴"的制度。通过对百姓吃盐进行收税,来增加国家的财政收入。①

在国家贸易食盐方面也有记载。《管子》主张以我所有,易彼所无,以贱易贵,在盐业贸易中,获得巨大的经济利益。《管子》记载:

> 今齐有渠展之盐,请君伐菹薪,煮沸水为盐,正而积之。

管仲建议煮渠展这个地方的卤水为盐,在适合煮盐的季节,晒得大量食盐,销至梁、赵、宋、卫、濮阳,“彼尽馈食之也”,这些国家和地区的民众能够尽情消费齐国的食盐,齐国“得成金万一千余斤”,获得巨大经济利益。有研究者认为齐国的盐业制度是专营,这可能受到汉武帝时期盐铁专营的暗示。

除此之外,管仲根据齐国的地理优势,提出“因人之山海”的策略。根据《管子·海王》,为了获取最大盐业利润,管仲将东部靠海国家生产的食盐买入,再以高价卖到其他内地诸侯国,获取巨额经济收益。具体措施是,“假之名有海之国,雠盐于吾国,釜十五,吾受而官出之以百。我未与其本事也,受人之事,以重相推。”根据黎翔凤的解释,这里是以“十而价其半,以倍出之,则五十得百也。”即是通过买卖,在不参与煮海为盐生产的条件下,通过低价买入,再以一倍的价格卖出,获取高额利润。②

齐国的盐业制度管理,为其带来巨大财富,也为此后的统治者提供借鉴。同时《管子》中的盐业制度也为后世盐业制度奠定了重要基础,汉武帝时的盐铁专营,即是借鉴《管子》的制度,这也帮助汉王朝缓解了因多年用兵带来的经济压力。

【社会价值】

《管子》中对于盐业制度的思考和建议,为后世盐业发展提供了很好的制度借鉴,其中的盐业制度为齐国盐业发展提供了良好制度规范,也为齐国带来了可观的经济发展,提高了齐国的经济实力。

---

① 郭丽:“齐桓公时期盐业制度初探——以《管子》为中心”,《哈尔滨工业大学学报(社会科学版)》,2011,13(2):73—76.
② 郭丽:“齐桓公时期盐业制度初探——以《管子》为中心”,《哈尔滨大学学报(社会科学版)》,2011.13(2):73—76.

2.《盐铁论》

【作者】

桓宽,字次公。汝南(今河南上蔡)人。生卒年不详。宣帝时举为郎,后任庐江太守丞。

【年代】

西汉

【主要内容】

《盐铁论》是西汉桓宽根据汉昭帝时所召开的盐铁会议记录"推衍"整理而成的一部著作。书中记述了当时对汉武帝时期的政治、经济、军事、外交、文化的一场大辩论。该书共分六十篇,标有题目,内容是前后相连的。桓宽的思想和"贤良文学"相同,所以书中不免有对桑弘羊的批评之词。书中语言很精练,对各方的记述也很生动,为现代人再现了当时的情况。

【社会价值】

通过记录盐铁会议上不同学者针对盐铁专卖等经济政策的探讨辩论,为后人展现了当时主流的文化思潮,利于研究西汉中期的社会思潮与历史文化变迁,具有较高的档案学价值。

本书尽管在文字上对会议原文有所发挥,但是基本按照了会议召开和结束后的时间顺序并结合辩题进行谋篇布局,完成了《盐铁论》一书的架构,其对档案材料的分类编纂采用了时间——主题分类法,并且验证了档案的自然形成规律,基本保留了盐铁会议记录的真实性。[①]

通过内容的分析可见,尽管《盐铁论》记述的是盐铁会议这一会议的会议情况,但是取每个辩题为研究单位,每篇辩题的叙写包括了会议的时间、地点以及争论的问题、经过双方观点的激烈辩驳,具备完整的事件单元的主要要素,因此《盐铁论》可以视为以辩论会为会议单元,以辩题为分类标准进行的辩论会议的会议记录的整理,体现出了主题分类的思想。

[①] 龙文玲:"《盐铁论》引书用书蠡测",《中国典籍与文化》,2010(1):49—57.

3.《汉书·食货志》

【作者】

班固(公元 32—92 年),字孟坚,东汉扶风安陵(今陕西咸阳市东)人,曾任兰台令史,负责掌管皇家图籍,典校秘书。班固与其父班彪(公元 3—54),同是著名史学家。建武三十年(公元 54),班彪去世,班固在其父遗著《史记后传》的基础上,开始撰写《汉书》。经过他潜精积思 20余年,直到章帝建初七年(公元 82),才基本上完成了这部断代体通史。

【年代】

东汉

【主要内容】

《汉书·食货志》通过对西汉社会经济状况的考察,以"理民之道,地著为本"的思想,对西汉所施行的财政经济措施及其得失作了探讨,在如何做到"足食、安民"的问题上,提出了看法。

《汉书·食货志》是东汉班固所撰《汉书》十志中的一篇。按"食","货"分上下两部分对西汉王朝约 230 年间(包括王莽篡汉时期)的农业经济情况和财政货币状况予以概括论述。

【与盐相关】

在食货志中,记录了汉代的盐业制度、盐税状况以及汉代的盐铁专政制度等,并且介绍了在盐官、盐业赋税制度之下对于百姓生活的影响。

【社会价值】

《汉书·食货志》中对于汉代盐业的介绍为后世了解汉代盐业样貌提供了可靠文字依据,其中所记载的盐业制度对于当代盐业具有借鉴价值。

4.《梦溪笔谈》

【作者】

沈括(1031—1095 年),字存中,号梦溪丈人,汉族,杭州钱塘县(今浙江杭州)人,北宋官员、科学家。沈括出身于仕宦之家,幼年随父宦游各地。嘉祐八年(1063 年),进士及第,授扬州司理参军。宋神宗时参与熙宁变法,受王安石器重,历任太子中允、检正中书刑房、提举司天监、史馆检讨、三司使等职。元丰三年（1080年），出知延州，兼任鄜延路经略安抚使，驻守边境，抵御西夏，后因永乐城之战牵连被贬。晚年移居润州（今江苏镇江），隐居梦溪园。绍圣二年（1095年），因病辞世，享年六十五岁。他一生致志于科学研究，在众多学科领域都有很深的造诣和卓越的成就，被誉为"中国整部科学史中最卓越的人物"。

【年代】

北宋（1031—1095年）

【主要内容】

《梦溪笔谈》，沈括撰，是一部涉及古代中国自然科学、工艺技术及社会历史现象的综合性笔记体著作。该书在国际亦受重视，英国科学史家李约瑟评价为"中国科学史上的里程碑"。《梦溪笔谈》包括《笔谈》《补笔谈》《续笔谈》三部分，收录了沈括一生的所见所闻和见解。《笔谈》二十六卷，分为十七门，各卷依次为"故事（一、二）、辩证（一、二）、乐律（一、二）、象数（一、二）、人事（一、二）、官政（一、二）、机智、艺文（一、二、三）、书画、技艺、器用、神奇、异事、谬误、讥谑、杂志（一、二、三）、药议"。

【与盐相关】

《梦溪笔谈》作为一本综合性笔记，其中记载了许多关于产盐地区、盐业生产原理、盐的生产、盐井原理等内容。

例如，卷四辩证一第50条："解州盐泽，方百二十里。久雨，四山之水悉注其中，未尝溢；大旱未尝涸。卤色正赤，在版泉之下，俚俗谓之'蚩尤血'。唯中间有一泉，乃是甘泉，得此水然后可以聚。又，其北有尧梢水，亦谓之巫咸河。大卤之水，不得甘泉和之，不能成盐。唯巫咸水入，则盐不复结，故人谓之'无咸河'为盐泽之患，筑大堤以防之，甚于备寇盗。原其理，盖巫咸乃浊水，入卤中则淤淀卤脉，盐遂不成，非有他异也。"

卷二十四杂志一第422条："解州盐泽之南，秋夏间多大风，谓之'盐南风'，其势发屋拔木，几欲动地。然东与南皆不过中条，西不过席张铺，北不过鸣条，纵广止于数十里之间。解盐不得此风不冰。"

这两段均介绍了解州的盐泽场景。

解州，治所在今山西省运城西南。"盐泽"即今山西之解池。"卤色正赤"(卤水呈紫红色)的原因，可能是有铁盐的胶态杂质悬浮在卤水中，致解州盐池的卤水中含有大量硫酸钠和硫酸镁，且卤水的浓度很高，结晶后成为"糊板状"，一来不易蒸发和沉淀渣滓，二来粘在硝板（覆盖在盐池表面上的一层由硫酸钠、硫酸镁等晶体组成的板状物）上，不易铲取，而且结晶成的盐味甚苦，称为"苦盐"。适当地掺入淡水，借以稀释卤水，从而可以获得粒大、色白、洁净的食盐。山西大陆性气候的南风是干燥的，刮起南风时气温降低而蒸发量又大增，可促使其结晶成盐，故称之为"盐南风"。沈括的记述，是一份很有价值的技术资料。①

卷十一官政一第 208 条："盐之品之多，前史所载，夷狄间自有十余种；中国所出，亦不减数十种。今公私通行者四种：一者末盐，海盐也，河北、京东、淮南、两浙、江南东西，荆湖南北、福建、广南东西、十一路食之。其次颗盐，解州盐泽及晋、绛、潞、泽所出，京畿、南京、京西、陕西、河东、襄、剑等处食之。又次井盐，凿井取之，益、梓、利、夔四路食之。又次崖盐，生土崖之间，阶、成、凤等州食之。"

沈括叙述了当时我国所产盐的种类、产地、销区以及运输等各方面情况，便于我们了解当时的产盐情况。

除此之外，卷十三权智第 224 条也向我们介绍了当时开采井盐的过程中是如何解决技术问题的。

【社会价值】

便于后人了解宋代的产盐、制盐、盐的分布、盐的种类等多个方面；其中的盐业开采技术为后世克服开采困难提供了先贤智慧；对于盐业生产的记载也便于后人在此基础上不断完善盐业技术，促进盐业发展。

5.《马可波罗游记》

【作者】

马可·波罗（Marco Polo，1254—1324 年），出生于威尼斯一个富裕的商人家庭，意大利旅行家、商人，代表作品有《马可·波罗游记》。

---

① 王昶："《梦溪笔谈》中的矿物学史料研究"，《开封大学学报》，2004，18（4）：14—16.

【年代】

元（1298—1299 年）

【主要内容】

《马可·波罗游记》是公元十三世纪意大利商人马可·波罗记述他经行地中海、欧亚大陆和游历中国的长篇游记。

马可·波罗是第一个游历中国及亚洲各国的意大利旅行家。他依据在中国十七年的见闻，讲述了令西方世界震惊的一个美丽的神话。这部游记有"世界一大奇书"之称，是人类史上西方人感知东方的第一部著作，它向整个欧洲打开了神秘的东方之门。

【与盐相关】

《西藏篇》中记录这里的人们不使用纸笔，而是将盐作为货币；建都省（即如今云南丽江附近）拥有许多盐井，本书记录了人们制盐、贸易流通盐以及食用盐的见闻；在哈剌章省及省会押赤，盐税是大汗的大宗收入；在长芦地区，本书记载了这里的人们用盐碱地的土提取盐的步骤；在泰州和真州城今以及马可·波罗主政的扬州，有许多盐场，能够产出许多的海盐进行售卖，也可以为当地带来不少的盐税收入。

【社会价值】

马可波罗游记通过游记记录的方式向我们展示了元代各地的风土人情，其中以见闻的形式展现的对当地盐业的描写可以利于后人研究元代的盐产分布、盐业政策等，同时也为后人研究盐业提供了资料。

6.《天工开物》

【作者】

宋应星（1587 年—?），明朝著名科学家。字长庚，江西奉新县瓦溪牌楼里（今奉新县宋埠公社牌楼生产队）人。举人出身，明崇祯七年（一六三四年）任江西分宜县教谕。后还做过福建汀州府推官，南直隶亳州知州。他一生致力于对农业和手工业生产的科学考察和研究，收集了丰富的科学资料；同时思想上的超前意识使他成为对封建主义和中世纪学术传统持批判态度的思想家。其著作和研究领域涉及自然科学及人文科学的不同学科，而其中最杰出的作品《天工开物》被誉为"中国17 世纪的工艺百科全书"。

【年代】

初刊于明崇祯十年（1637 年）

【主要内容】

《天工开物》是中国古代一部综合性的科学技术著作，也是世界上第一部关于农业和手工业生产的综合性著作，被欧洲学者称为"技术的百科全书"。它对中国古代的各项技术进行了系统的总结，构成了一个完整的科学技术体系。对农业方面的丰富经验进行了总结，全面反映了工艺技术的成就。书中记述的许多生产技术，一直沿用到近代。

【与盐相关】

《天工开物》中主要在《作咸》篇记录了盐业的生产。作者将盐粗略分为海、池、井、土、崖、砂石六种，并介绍了不同种类盐的制盐工艺和过程。

【社会价值】

本书为后世的盐业分类提供了借鉴，利于后人学习不同种类盐的制作方法的先贤智慧。

7.《本草纲目》

【作者】

李时珍（1518 年—1593 年），字东璧，晚年自号濒湖山人，他是明朝著名医药学家，有"药圣"之称，与扁鹊、孙思邈、张仲景合称为中国古代四大名医。李时珍自幼跟随父亲学医，年纪轻轻就医术高超，后来李时珍立志编药书，并耗时 30 多年，最终完成医学巨著《本草纲目》，对中医学有深远影响，同样对西方科学产生了广泛影响。

【年代】

明代嘉靖三十一年（1552 年）至万历六年（1578 年）

【主要内容】

本书在唐慎微《经史证类备急本草》基础上，进行大量整理、补充，并载述李氏发明与学术见解。该书集我国 16 世纪前中药学之大成，该书首先介绍历代本草的中药理论和所载药物，又首次载入民间和外用药三百七十四种，如三七、半边莲、醉鱼草、大风子等，并附方一万一千零九十六则。显示当时最先进的药物分类法，除了"一十六部为纲，六十类为目"外,还包括每药之中"标名为纲,列事为目",即每一药物下列释名、集解等项,如"标龙为纲,而齿、角、骨、脑、胎、涎皆列为目";又有以一物为纲,而不同部位为目。特别是在分类方面,从无机到有机,从低等到高等,基本符合进化论观点。全面阐述所载药物知识,对各种药物设立若干专项,分别介绍药物名称、历史、形态、鉴别、采集、加工,以及药性、功效、主治、组方应用等;同时引述自《本经》迄元明时期各家学说,内容丰富而有系统。

【与盐相关】

《本草纲目》中对盐进行了分类。古时盐分有海盐、湖盐、矿盐、井盐、池盐,中医药学中则有食盐、戎盐、光明盐、卤盐、大青盐等。本草纲目中详述了它们的产地、形态采集方法、药性、味道,医药用途,甚至比古今中外各种版本《制盐工艺学》详尽得多,传统中医药学对各种盐的性能差异、医药功能进行了系统的研究和论述。细分之,中医药中把盐的种类分为:大盐、海盐井盐、碱盐、池盐、崖盐、山盐、树盐、草盐、颗盐、未盐散盐、苦盐、饴盐、种盐、泽盐、碘盐(嘛察)、生盐、形盐、印盐、伞子盐、蓬盐、戎盐、胡盐(羌盐、青盐秃登盐、阴土盐)、光明盐、石盐、水晶盐、圣石、桃花盐黑盐、紫盐、绛盐、大青盐(兰察、田盐)、君王盐玉华盐、白水石、寒水石(凝水石)、盐精石、泥精盐枕、盐根、绿盐、盐绿(石绿)等等,古代中医对盐的探索之广之深,对当今盐业界,医学界来说,值得借鉴。甚至细微到:"蜀中盐小淡,广州盐咸苦,饴盐,或云生于戎地,味甜而美也"[1]

除此之外,也介绍了中医药中不同盐的医学作用。

【社会价值】

《本草纲目》作为中医界经典著作,其中对盐的分类、盐的作用以及盐的医理逻辑的介绍为现代社会更好地了解利用盐提供了很大帮助,同时通过对盐的介绍,也能更好地让世人感受到盐背后体现的中医逻辑,利于中医的推广弘扬。可以说《本草纲目》是中国中医史上一颗璀

[1] 李福衡,皮荣标,吴成忠,等:"盐——中医学及现代医学的研究与验证",《盐业与化工》,2006,35(4):44—49.

璨的明珠。

8.《农政全书》

【作者】

徐光启,字子先,号玄扈先生,嘉靖四十一年(公元 1562 年)出生于上海,进士出身,先后任翰林院检讨、内书房教习、翰林院纂修、左春坊赞善、少詹事、洞南道监察御史、礼部右侍郎、礼部尚书,崇祯六年(公元 1633 年)终于宰相位。《明史·徐光启传》称:"光启雅负经济才,有志用世。及柄用,年已老。值周延儒、温体仁专政,不能有所建白。"

【年代】

明

【主要内容】

《农政全书》共 60 卷,内容宏富,计有农本、田制、农事、水利、农器、树艺、蚕桑、蚕桑广类、种植、牧养、制造、荒政等 12 目。全书既大量考证收录前代有关农业的文献,又有徐氏自己在农业和水利方面的科研成果和译述,堪称为当时祖国农业科学遗产的总汇。

【与盐相关】

《农政全书》共六十卷,分为农本、田制、农事、水利、农器、树艺、蚕桑、蚕桑广类、种植、牧养、制造、荒政十二目(或称十二个大类)。其中《制造》卷中记载了盐、酱、醋、咸菜的制作方法。

【社会价值】

《农政全书》较为全面地反映了徐光启以"农""政"辩证关系为基础,展现了经济、技术与农业生产部门相统一的"大农业"系统观和生态观。《农政全书》的精要之处也在于,徐光启并没有仅仅将农业问题拘泥于对以往的农业科学知识的总结,而是将目光放到了更为长远的政治生态上,将农政措施和农业技术相结合,使《农政全书》超越了以往的纯技术性的农业书籍,集中表达了徐光启以农治国的农业生态观。

9.《熬波图》

【作者】

陈椿,天台人,生平不详。

【年代】

元

【主要内容】

从灶舍、灰淋等的筑造、导入海潮、开设摊场和平均化摊场、摊灰晒灰取得卤水、卤水的搬运、煎盐柴薪的砍劈、盘铁的设计与铸造、搬运煎盐生灰、收纳制盐几个方面对元代的制盐过程进行介绍。全书一共四十七幅图，每幅图都配有诗文以及解说，来说明生产制盐的技术、盐民生活、盐政环境等内容。

【社会价值】

本书为考究元代制盐生活提供资料，其中对图的注解以及诗歌直接地描述了盐民在盐业生产工作中的辛苦，比如身上充满淤泥，甚至妇人也要参与到制盐生活中，连家中的孩子也无暇顾及等等描述，均向我们直接展现了当时盐民的辛苦生活；同时为考究元代制盐甚至中国古法制盐的具体步骤提供了可靠资料，本书通过四十七张（现存）图，从筑造灶舍至晒盐收纳都有着具体步骤的详细介绍，便于后人了解古法具体的制盐工艺，也便于后人进行中国古代不同朝代制盐工艺的对比，对中国的盐业研究具有重要意义；本书具有较高的美学价值，书中的四十七幅图绘制精细，人物、动物等栩栩如生，图片内容丰富，惟妙惟肖地向世人描绘了制盐的场面，美学价值较高，其次，其图咏简洁易懂，文辞通俗朴实，言简意赅，志在写实。同时也在字里行间传递了作者的忧国恤民之情，也具有较高的文学价值。

10.《四川盐法志》

【作者】

丁宝桢　罗文彬

【年代】

清

【主要内容】

本书共四十卷，分井厂、转运、引票、征榷、职官、缉私、禁令、纪遗八类，全面记述四川盐业发展的历程，尤详于清代。为清代四川盐业的概貌和历史作用提供一个向学术界集中展示的机会，为清史研究、盐业史研究、南丝绸之路研究进一步拓宽视野和领域,具有重要的文献价值和历史价值。

【社会价值】

本书记录展示了清代四川盐业的样貌以及历史发展,为后人对清代的研究、四川盐业的研究提供了可依据文字材料。在当时本书的编撰出版利于解决四川当地的盐业发展问题,对助推当地经济发展以及促进清朝经济的发展起到了积极作用。

11.《格萨尔王传》

【作者】

不详

【年代】

不详

【主要内容】

格萨(斯)尔,西藏、青海、甘肃、四川、云南、内蒙古、新疆地区地方传统民间文学,世界非物质文化遗产之一。

格萨(斯)尔主要描写了雄狮国王格萨尔以大无畏的精神率领岭国军队南征北战,降伏妖魔,抑强扶弱,救护生灵,使百姓过上安宁日子,晚年重返天国的故事,史诗熔铸了神话、传统民歌、格言俚语,具有雄浑壮丽、多姿多彩的艺术风格。①

【与盐相关】

"姜岭大战"是藏族史诗坛格萨尔王传的一个重要分部,描述了格萨尔王统治下的岭国与毗邻的姜国之间所爆发的一场规模较大、持续时间较长的战争。这次战争发生的原因是,姜国萨旦王梦中受到魔神唆使,意图夺取岭国境内的盐海,来为本国获取盐这种调味品资源,于是派遣军队侵入岭国。格萨尔王与众岭国将士便以保卫盐海为契机,经过与姜国君臣一系列斗智斗勇的争斗,最终消灭了史诗中"四魔"之一的萨旦姜王。②"姜岭大战"发生的起因,按照学者的分析主要是因

---

① 丘富科:《中国文化遗产词典》,文物出版社,2009.
② 王蓓:"盐与异族——对《格萨尔王传》'姜岭大战'的一种新理解",《青海社会科学》,2014(4):142—147.

为盐海的争夺,但其实并不是简单的盐业资源的争夺,在这背后是两种产盐方式的抗衡。南诏人及其后代食用人工加工得到的井盐、池盐,而吐蕃人及其后裔食用藏北盐湖中天然产出的湖盐,因此历史上所发生的昆明城盐池所有权转移的事件是伴随着吐蕃与南诏之间互有胜负的战争而来的结果,而并不是对盐池的争夺导致了双方的战争。尽管从一般普遍意义上来说,作为战略资源的盐池的确可以成为引发战争的原因,但具体到这一特定的历史情境,拥有取之不尽的天然盐湖资源的吐蕃对占领盐池的需求并不是十分迫切,更何况对不掌握炼盐技术的吐蕃人来说,从盐池中取盐是一件耗时费力又难以从中获得品质优良的产品的事。盐池之于吐蕃和南诏的意义与价值完全不可等量齐观,其不同源于他们各自传统中产盐方式的根本差异,而这种由自然条件和文化观念的差别所造就的生产同一种物质文化产品的不同方式也成为建构族群认同的一个重要方面。

【社会价值】

从格萨尔王传当中,不仅体现了盐业对于一个族群的重要性,更能让我们看到不同盐业产区其所带来的文化塑造和文化背景,以及盐影响到的种族文化层面,为后世研究盐业与社会以及文化带来了更多思考空间。

12.《中国盐政史》

【作者】

曾仰丰(1886—?),字景南,福建闽侯人,1886年(清光绪十二年)生。清宣统三年(1911)毕业于天津北洋大学土木工程系,民国五年(1916年)留学美国,入伊利诺伊大学,仍攻土木工程。毕业后回国,为中国工程师学会会员。历任江西军政府交通局局长、川汉铁路、漳厦铁路、葫芦岛港务局、山东运河工程处及英国公司技师,淮北、松江、长芦、福建、川南等区盐。民国十六年(1927年)在自流井任川南盐务稽核所经理。民国二十九年(1940年)7月,廖秋杰因故离开自流井,曾仰丰调任川康盐务管理局局长,至1945年10月,在自贡川康局任职五年有余。在盐务任职时间长,盐务情况熟悉,对自流井感情弥深。民国三十八年赴台北,后任盐务总局局长。曾在1936年应商务印书馆之约,著《中国盐政史》。

【年代】

近现代,1936 年著,1984 年出版

【主要内容】

曾仰丰编著的这本《中国盐政史》分为四个章节,分别为盐制、盐产、盐官、盐禁。附录里包括全国盐务近五年平均产盐放盐及税收表、全国产盐表、全区销盐表、各区税收表、全国产盐销盐区域图、民国盐务改革史略、盐法等等。

【社会价值】

本书围绕盐这一特殊商品,详尽阐述盐制、盐产、盐官较为系统地展现中国盐政的重要历史变迁。书后附有盐务近五年平均产盐放盐及税收表、各区产盐表、各区销盐表、各区税收表、民国盐务改革史略、盐法等,具有极高的史料价值与文献参考价值。

13.《中国盐业史》

【作者】

郭正忠、丁长清、刘佛丁等

郭正忠,男,1937 年 8 月 28 日生,山西省定襄县人。中国社会科学院历史研究所研究员,教授。字佩华,号古钟,无党派归属,无学术门户。现任中国社会科学院研究生院博士生导师,已退休。郭正忠教授专攻宋史和经济史。现已出版专著五种,论文及其他学术文章百余篇,编辑资料及学术论著四种。偶尔出席中国大陆、中国台湾、法国、德国、西班牙、意大利等处召开的学术会议,或应邀赴法英等国访问讲学。1992 年、1995 年和 1998 年,在哈雷(Halle)和格拉那达(Granada)和加里亚利(Cagliari)举办的国际会议上,连续当选为国际盐史委员会〔CIHS〕委员(学术顾问)。

【年代】

当代,1997 年 1 月 1 日出版

【主要内容】

本书分为古代编、近代编、当代编、地方编,记录了我国悠久的盐业历史。古代编部分对从上古先秦时代到清朝的制盐技术、文学、盐政、盐业生产、盐税、盐法等多部分内容进行了介绍。

【社会价值】

本书整合史料，便于当代盐业研究，通过对于不同时期盐业史的总结，能够全面完整地为当代新中国盐业的研究提供可靠资料，便于后续盐业研究。本书系统地、实事求是地记录我国盐业从古到今的发展以及与盐相关的不同领域的演变，客观地为读者展现了历史上的盐业发展；为当代盐业发展提供历史经验，促进其改革完善，通过对于盐业历史的整理，能够让当代更好地了解古人的制盐、盐政等方面的问题和经验，从而为现代盐业发展提供历史经验。

弘扬中华民族优秀传统文化。书籍背后传递的是文化，本书通过记录中国盐业发展历史的方方面面，也传递了其背后的劳动精神等传统精神，利于在当代进行优秀传统文化的弘扬和传播。

14.《中国盐文化史》

【作者】

张银河，河南南召人。大学学历，中国作家协会会员、中国民间文艺家协会会员、中国神话学学会会员、中国诗歌学会会员、中国盐文化研究中心客座研究员、中国盐业特邀编委、河南省文艺评论家协会会员。1980 年开始发表文艺作品。著有《星星流萤和眼睛》《河流》《中国盐业诗歌》《中国盐业人物》《张银河文化文艺论文集》《中国盐文化史》等。《中国盐业诗歌》，获南阳市政府 2004 年度优秀社会科学成果奖；诗歌、论文多次在全国征文中获奖。

【年代】

当代，2009 年出版

【主要内容】

本书采取编年史的体系，介绍了中国盐文化发展过程中不同时期的盐相关内容，如神话传说时期、夏商周秦时期、汉魏六朝时期、隋唐五代时期、宋、元、明、清以及近当代时期的相关内容。其中涉及盐资源分布、盐俗、盐与文学、盐与戏曲、与盐相关的神话传说故事和历史人物等。

【社会价值】

本书对历史上的盐业文学、盐业传说等有着较为全面详细的介绍，为后世研究相关内容奠定了较为踏实的基础。本书中对于盐文化史的相关介绍对于后世整理研究盐文化史提供了借鉴。通过对于不同朝代的盐文化进行梳理,便于后世查阅了解历史上的盐文化演进和变革。

15.《中国盐法史》

【作者】

吴慧,男,字天汉,1926 年生,江苏吴江人,汉族,中国共产党党员。中国社会科学院经济研究所研究员,享有政府特殊津贴的专家,曾任中国商业史学会会长。多年来勤于著述,出版专著二十多种。在商业史方面的代表作包括《桑弘羊研究》《中国古代商业史》《中国商业政策史》《中国的酒类专卖》《中国古代六大理财家》《商业史话》等。为商业史学会主编了《平准学刊》《货殖学刊》。尤为重要的是受商业部的委托,组织力量,主编了三百几十万字的《中国商业通史》(五卷本),荣获孙冶方经济科学奖。

【年代】

当代,2013 年 9 月出版

【主要内容】

这是第一部从盐业政策的角度简明、系统地介绍中国盐法的书籍。该书客观论述和剖析盐法无税、征税、专卖三种形式的演变及其成败利钝的缘由。本书既肯定了自管仲、商鞅到桑弘羊、刘晏实行食盐专卖的利国安民,又揭露了王莽、蔡京等实行专卖以及清代纲法之流弊。

本书以大量的史实证明盐制(盐法)与盐政既有联系又有区别,同是专卖,效果不好是盐政不好之故,是政也,非制也。

【社会价值】

为当代盐业政策的制定提供借鉴资料,不同的朝代根据盐业发展现状有着不同的盐业政策制度,通过对历朝政策的解读,利于当代盐业政策吸取历史经验,制定合理可行的盐业政策;对于盐发展的研究提供了可靠资料,相比于针对整个盐业的资料,本书着重于介绍盐业政策,内容涵盖先秦至清末,对盐业政策领域进行了完整的历史介绍,内容更加细致完善。

16.《中国盐业史学术研究一百年》

【作者】

吴海波　曾凡英

【年代】

当代,2010 年 10 月出版

【主要内容】

吴、曾所著《中国盐业史学术研究一百年》在前人研究基础上,力图将 1909 年至 2008 年这一百年的盐业史研究成果作全面的概括。基于这一立题主旨,全书由学术综述和论著目录索引两大部分组成,这也是本书写作的主要特色。全书共计 50 万字,学术综述部分约占五分之二,论著目录索引部分占五分之三的篇幅。第一部分的学术综述分为上中下三篇。[①] 上篇综述海外中国盐业史研究成果,包括港台、日本、韩国、新加坡和欧美等国家和地区的研究成果。中篇综述国内的中国盐业史研究。相较于海外中国盐业史研究的薄弱,国内的中国盐业史研究可谓蔚为大观。涉猎于此的学者计有 500 余人,出版专著、译著、论文集、资料集、工具书和通俗读物近百部,发表论文近两千篇。有鉴于此,该书主要篇幅即是对国内丰硕的盐业史研究成果进行全面综述。

上、中两篇按照学者分布的地域和探讨的专题分别进行了综述,作者在下篇集中回顾了百年中国盐业史研究的历程、介绍前人研究中存在争议的若干重大理论问题,并就百年中国盐业史研究取得的成就作出评价。

该书的第二部分包括五个附录和参考文献,是作者耗费心力搜集和整理的结晶。作者将百年来中国盐业史研究成果搜罗殆尽,按照直接和相关论著目录索引、学位论文、研究史料、全书引用的报刊、杂志、论文集等五个专题进行分类,以方便后人研究检索。[②]

【社会价值】

本书是百年盐业研究总结的可靠文本资料,该书对国内国外的盐业研究进行搜集综述总结,使读者可从中了解丰硕的盐业研究成果;为我国国内盐业研究提供了可参考目录索引。该书的第二部分总结了附录和参考文献,按照不同专题进行分类,为当代盐业研究提供了全面的学

① 段雪玉:"《中国盐业史学术研究一百年》评介",《中国史研究动态》,2013(03):94—96.
② 段雪玉:"《中国盐业史学术一百年》评价",《中国史研究动态》,2013(03):94—96.

术资料。为回顾中国百年盐业研究历程,吸取盐业发展研究经验教训提供文本资料,文章对中国盐业研究史历程进行总结、整理、评价,文本整理完整详细,因此可以便于后续学者从百年研究历程中学习借鉴经验。

第四节　盐与名人

中国盐史源远流长,历史上与盐业相关的名人很多,古圣先贤与盐的不解之缘是中国盐史的一个亮点。据史料记载,炎帝属下的部落宿沙氏还是海盐生产的创始人;轩辕黄帝曾战炎帝于阪泉,败蚩尤于逐鹿,均是涉及争夺盐池的战争。自此之后,与盐有关名人的记载不绝于史。

一、蚩尤:"解池鹽盐"

如果说,凡提及海盐,必提及夙沙氏;那么,凡提及池盐,则蚩尤必被提及。蚩尤之血化为解州盐池,这一故事传说源远流长,不仅仅在解州当地妇孺皆知,即便置于整个民俗学和文化史当中,也具有值得浓墨重彩书写的特殊价值。关于"蚩尤",《说文解字》释曰:

蚩,虫也;尤,又作"由",意为"农",部落名。蚩尤,既指上古时期的一个农耕部落,又指该部落首领。《尚书·吕刑》记载:"王曰:若古有训,蚩尤惟始作乱,延及于平民。罔不寇贼,鸱义奸宄,夺攘矫虔。苗民弗用灵,制以刑。惟作五虐之刑,曰法。杀戮无辜,爰始淫为劓、刵、椓、黥。越兹丽刑并制,罔差有辞。

二、舜:心系盐民之圣君

舜是中国上古时代父系氏族社会后期部落联盟首领,建立虞国,定都盐池(今山西永济市),被后世尊为帝。舜十分关注盐的采集和盐民生活,得知在历山的西南方有个盐池叫解池,随即来到这里,见到南风吹来,沿岸的盐水迅速蒸发,凝结成盐颗粒,朝取暮生,暮取朝复,取之不竭。舜身体力行,与大家一起取盐。劳动之余,舜和解池的盐民一起,载歌载舞。为感谢上天体怜苍生,频频刮来南风,使盐获得丰收,他在盐池北边卧云岗上亲自弹起五弦之琴,创作了《南风》之歌:

南风之薰兮,可解吾民之愠兮;南风之时兮,可阜吾民之财兮。

这首歌的前两句意思是赤日炎炎的初夏,正是解池晒盐的收获季节,盐民也必有喜色。后两句意思是南风一到,盐就变成了财富,有更近一层的意味。这首歌表面在赞美南风,实则是在歌颂帝王的体恤之情和煦育之情。一首《南风歌》的背后不仅仅是对百姓生活的期盼,也体现了虞舜对百姓的关心爱护。从盐民生产这一个角度,我们也能看出虞舜是一位值得歌颂尊敬的先秦先贤。

有了盐,百姓自然也丰衣足食,国家也自然强盛,舜时的虞国也由此进入远古文明的鼎盛时期。

三、廪君:饮下爱恨情仇盐水的部落首领

上古巴人部落首领廪君与盐水女神之间的爱情故事,动人心魄,他们也被当地百姓尊奉为盐神,受到后世供奉祭祀。

廪君是巴人原始社会最早的部族首领。关于他的事迹,诸多史书文献均有记载。在武落钟离山这个地方原本居住着五个部落,分别以巴、樊、瞫、相、郑为姓。其中,巴姓部落生活在赤穴,其他四姓部落生活在黑穴。五姓部落都信奉鬼神,没有统一的领袖。于是他们商议,谁能抛掷佩剑投中石穴,又能乘坐土船浮于水中、逆流而上,便推举谁为首领。巴氏部落中,一个名叫务相的青年,不仅掷剑中石,还乘土船逆流而上,通过了全部考验。众人纷纷惊叹,并推举巴务相为部落联盟的首领,他便是廪君。廪君率领着部落民众,自夷水顺流而下,至盐水之南。这里生活着盐水部落,部落首领为盐水神女。盐水神女对廪君说:"这里土地辽阔,盛产鱼、盐,希望你能留下来,我们共同管理。"廪

君并未同意。盐水女神为了留住他，暮来旦去，白天化为漫天飞虫，遮天蔽日，困惑廪君。后来，廪君将一缕头发赠予盐水女神。等盐水女神再化为飞虫时，头发便暴露了她的位置。廪君找机会射杀了她，原本云山雾罩的天空变得明朗起来。廪君于是成为夷城之王，其余部落皆表臣服[①]

廪君与盐水女神之间的矛盾，不仅仅是男女之间的感情纠葛，而是两个部落之间关于地理版图、物质资源、生死存亡的斗争。

四、夙沙氏：煮海为盐

夙沙氏（约公元前 2700 年—约公元前 2600 年），又称宿沙氏、质沙氏、宿沙瞿子等。一般认为，夙沙氏既指炎帝时期的一个先民部落，又指该先民部落的首领（笔者按：也有学者认为夙沙氏是黄帝重臣之一），关于夙沙氏部落活动的区域，有"山西运城说""江苏盐城说""山东胶州说""山东烟台说""山东寿光说"等多种观点。其中，以"山东寿光说"影响最大。

《野煎盐》最早记录了海盐的制作过程。文曰：

> 广南煮海，其利无限。商人纳雄，计价极微数。内有恩州场、石桥场。俯巡沧溟，去府最远。商人于所司给一百榷课，止销杂货三二千及往本场，盐并无官者给遣。商人但将人力收聚咸池沙，掘地为坑。坑口稀布竹木，铺莲箪，于其上堆沙。潮来投沙，咸卤淋在坑内，伺候潮退，以火炬照之，气冲火灭，则取卤汁，用竹盘煎之，顷刻而就。竹盘者，以篾细织。竹镬表里，以牡蛎灰泥之。自收海水煎盐之，谓之野煎，易得如此也。（录自《太平御览》）

距离刘恂大约六百年后，明代科学家宋应星在《天工开物》中用更加通俗易懂的文字阐释了上述方法：

---

① 刘育霞：《盐宗史话（先秦卷）》，江苏人民出版社，2020.

凡海水自具咸质,海滨地高者名潮墩,下者名草荡,地皆产盐。同一海卤传神,而取法则异。

一法:高堰地,潮波不没者,地可种盐。种户各有区画经界,不相侵越。度诘朝无雨,则今日广布稻麦稿灰及芦茅灰寸许于地上,压使平匀。明晨露气冲腾,则其下盐茅勃发,日中晴霁,灰、盐一并扫起淋煎。

一法:潮波浅被地,不用灰压,候潮一过,明日天晴,半日晒出盐霜,疾趋扫起煎炼。

一法:逼海潮深地,先掘深坑,横架竹木,上铺席苇,又铺沙子苇席上。侯潮灭顶冲过,卤气由沙渗下坑中,撤去沙、苇,以灯烛之,卤气冲灯即灭,取卤水煎炼。总之功在晴票,若淫雨连旬,则谓之盐荒。

在漫长的历史长河中,以夙沙氏为源头的中国古代盐业文明,随着人类文明的脚步一同前进。"煮海为盐"的过程,是技术进步的过程,财富聚集的过程,也是人类文明沉淀演进的过程。[①]

五、傅悦:盐梅贤相

据《山西通志》记载:

傅说,商王武丁辅佐。初为胥靡,在傅岩从事版筑劳动,故以傅为姓。武丁夜里做梦,梦到天赐圣人,下令百工朝野内外寻访,找到了傅说,便任其为上宰。傅说作《说命》三篇,进献治国良策,使商王武丁复兴殷室。

这位比孔子(公元前551年—公元前479年)早了大约七百年的圣

---

① 刘育霞:《盐宗史话(先秦卷)》,江苏人民出版社,2020.

人,是商朝杰出的政治家、思想家、军事家和建筑学家。

他曾提出过一套完整严密的治国策略,对殷高宗武丁(生年不详,卒于公元前 1192 年)复兴商朝起了决定性的作用。他建议武丁"惟甲贵起兵",这种慎战思想,刚柔并济,止战为武,极大影响了国家的军事行动,对后世的军事与兵法也产生深远影响。他主持修筑了今山西平陆境内的巅岭坂道,这是我国历史上最早的人工道路,也是目前世界范围内宝贵的文化遗存。武丁初继位时,沉默不言,政由宰出,以观国风。后来,武丁做梦,梦到天赐圣人,名字叫作"说",便下令百工遍寻朝野。最终,于荒野之中、傅岩之间找到了正在服劳役的傅说。武丁任命傅说为相,并下令说道:希望你早晚尽职尽责地助我修德,如我为铁器,你便是磨石;如我渡大河,你便是舟楫;如我遇大旱,你便是甘霖,如我为甜酒,你便是酒曲;如我为羹汤,你便是盐、梅。你要多方指导我,不要抛弃我,我定会接纳教诲。

盐咸梅酸,为羹汤调味之必需。故而,"盐梅"被喻为国家所需之贤才,君王的良豆贤相,又称"盐梅之梦"。为表示对傅说的尊重与信任,武丁尊称傅说为"梦父"。武丁与傅说成为中国历史上"君明""相贤"的代表。由此也便传下了"盐梅之梦""盐梅之寄""盐梅之佐""盐梅之任""盐梅舟楫""梅盐相成"等不同的称法。①

六、胶鬲:盐商始祖

胶鬲,殷商末年人,是"盐宗"庙里供奉的三位盐宗之一,另一位是海盐生产的创始人宿沙氏,还有一位是食盐专营的创始人管仲。

据《孟子·告天下》所言:

> 舜发于畎亩之中,傅说举于版筑之间,胶鬲举于鱼盐之中,管夷吾举于士,孙叔敖举于海,百里奚举于市。

---

① 刘育霞:《盐宗史话(先秦卷)》,江苏人民出版社,2020.

因此,胶鬲是孟子直接点出"举于鱼盐之中"的名人。胶鬲原为商纣王时的大臣,遭商纣之乱,弃官经商,隐遁商地,贩卖鱼盐,胶鬲在贩卖鱼盐过程中,十分辛劳,最后被周文王发现,拟举为重臣。但胶鬲当时并没有随文王入周,可能是受文王嘱托,仍留在商朝策反做内应。[①] 由于微子、胶鬲等人的策反工作成效显著,而后武王大战纣王于牧野,商纣军队一经接触,土崩瓦解,很多士兵纷纷反戈冲向纣王,纣王大败,于摘星楼自焚而亡。武王建周之后,"微子胶鬲,皆委质为臣"。

七、管仲:盐政始祖

管仲,姬姓,管氏,名夷吾,字仲,谥敬,颍上人(今安徽颍上),春秋时期著名的经济学家、哲学家、政治家、军事家,法家代表人物,周穆王的后代。被誉为"法家先驱""圣人之师""华夏文明的保护者""华夏第一相"。管仲也是中国盐史上重要的人物之一。他辅佐齐桓公40年,使齐国成为春秋时期第一霸主,其重要原因就是发展盐铁业,铸造货币,调剂物价,对盐实行了"计口授盐""定时生产法"。《史记》记载有:"轻重鱼盐之利,以赡贫穷;通轻重之权,徼山海之业"。其创立的食盐民产、官府统购、统运和统销的食盐官营制度,成为春秋以后长达两千余年的中国食盐专卖制度的滥觞,后世因此尊管仲为"盐宗"。

八、百里奚:五羖大夫

《辞海》等工具书中,收录有"百里奚"词条,对其生平事迹有简单介绍。释曰:

百里奚(约公元前700年—公元前621年),为百里傒简作,亦称百里子或百里,百里氏;姓百里,名奚,字子明。春秋时楚国宛(今河南南阳市)人。秦穆公时贤臣,著名的政治家、思想家。百里奚是历史名城

---

① 宋举浦:《中国古盐》,浙江古籍出版社,2011.

南阳涌现出的杰出人物之一,受到人民的爱戴。据记载,百里奚去世后,秦国不论男女都痛哭流涕,连小孩子也不唱歌谣,正在舂米的人也因悲哀而不发出相应的号子。在当时其贡献是多方面的,在历史上有着极高的地位。史载百里奚"三置晋国之君","救荆州之祸","发教封内,而巴人致贡;施德诸侯,而八戎来服",使秦国成为春秋五霸之一,为秦国最终统一中国莫定了牢固基础。秦穆公(公元前683年—公元前621年),春秋时代秦国国君,先后任用百里奚、蹇叔等一批贤臣,击败晋国,灭梁、灭滑,称霸西戎,后成为春秋五霸。

上述这段文字讲的是,秦穆公尚未得到百里奚、秦国尚未强大之前,秦国积贫积弱,土地贫瘠,物产贫乏,许多生活必需品要到邻国购买。百里奚被盐商们用"五张羊皮"买来后,负责运送食盐至秦。盐运过程中,百里奚将拉盐车的牛照料得又肥又壮。秦穆公观盐,发现这些拉盐车的牛儿,虽然长途跋涉,但都膘肥体壮,很感兴趣,便问百里奚其中缘故。百里奚回答:"按时喂养它们,从不粗暴对待它们;如遇危险,定会保护它们;因此,它们个个膘肥体壮。"秦穆公听他这么讲,知道他有君子之风,让侍臣侍奉百里奚沐浴冠衣,然后与他亲切交谈。百里奚对许多问题都有独到见解,秦穆公封其为上卿,令其辅佐朝政。①

九、猗顿:河东盐商

猗顿,今山西运城临猗县人,战国时魏国人。猗顿是其号,姓名与生卒年代已无可考。他是我国战国初年著名的大手工业者和盐商。《史记集解》引《孔丛子》曰:

> 枚产魏人问子顺曰:"臣鄙于财,闻猗顿善殖货,欲学之。然先生同国也,当知其术,愿以告我。"答曰:"然,知之。猗顿鲁之穷士也,耕则常饥,桑则常寒。闻陶朱公富,往而问术焉。朱公告之曰:'子欲速富,当畜五牸。'于是乃适西河,大畜牛羊于猗氏之南,十年

---

① 刘育霞:《盐宗史话(先秦卷)》,江苏人民出版社,2020.

之间,其滋息不可计,赀拟王公,驰名天下。以兴富于猗氏,故曰
猗顿。

意思是猗顿原籍鲁国,是一个穷困潦倒的年轻人,饥寒交迫,艰难地
生活着。正当他为生计一筹莫展的时候,遂辗转至当时的巨富陶朱公经
商之地定陶(今山东菏泽市定陶区)。他试着前去请教,陶朱公十分同情
他,便授与秘方:"子欲速富,当畜五牸"。牸即母牛,泛指雌性牲畜。于
是,猗顿按照陶朱公的指示,迁徙西河(今山西西南部地区),在猗氏(今
山西临猗境)南部畜牧牛羊。他在贩卖牛羊时,顺便用牲畜驮运一些产
于猗氏之南的河东池盐,连同牲畜一起卖掉,收获不菲。于是,他在靠畜
牧积累了雄厚的资本后,便着意开发河东池盐,从事池盐生产和贸易,成
为一个手工业者兼商人。正如《韩非子·解老篇》所言:夫弃道理而妄举
动者,虽上有天子诸侯之势尊,而下有猗顿、陶朱、卜祝之富,犹失其民
人,而亡其财资也。说明猗顿之富已超过陶朱公,并可与王势并提。①

十、商鞅:食盐苛税

商鞅,战国时期政治家、改革家、思想家,法家代表人物,卫国(今河
南省安阳市内黄县梁庄镇)人,卫国国君的后裔,姬姓公孙氏,故又称卫
鞅、公孙鞅。后因在河西之战中立功获封商于十五邑,号为商君,故称
之为商鞅。据《史记》记载:

商君者,卫之诸庶孽公子也,名鞅,姓公孙氏,其祖本姬姓也。
鞅少好刑名之学,事魏相公叔座为中庶子。公叔座知其贤,未及
进。会座病,魏惠王亲往问病,曰:"公叔病有如不可讳,将奈社稷
何?"公叔曰:"座之中庶子公孙鞅,年虽少,有奇才,愿王举国而听
之。"王嘿然。王且去,座屏人言曰:"王即不听用鞅,必杀之,无令
出境。"王许诺而去。……公叔既死,公孙鞅闻秦孝公下令国中求

---

① 涂可国:《鲁商文化概论》,山东人民出版社,2010.

贤者,将修缪公之业,东复侵地,乃遂西入秦,因孝公宠臣景监以求
见孝公。孝公既见卫鞅,语事良久,孝公时时睡,弗听。罢而孝公
怒景监曰:"子之客妄人耳,安足用邪!"景监以让卫鞅。卫鞅曰:
"吾说公以帝道,其志不开悟矣。"后五日,复求见鞅。鞅复见孝公,
益愈,然而未中旨。罢而孝公复让景监,景监亦让鞅。鞅曰:"吾说
公以王道而未入也。请复见鞅。"鞅复见孝公,孝公善之而未用也。
罢而去,孝公谓景监曰:"汝客善,可与语矣。"鞅曰:"吾说公以霸
道,其意欲用之矣。诚复见我,我知之矣。"

意思是,商鞅年轻时喜欢刑名法术之学,后侍奉魏国国相公叔痤任
中庶子。公叔痤病重时向魏惠王推荐商鞅,说:"商鞅年轻有才,可以担
任国相治理国家,如若主公不用商鞅,一定要杀掉他,不要让他投奔别
国"。魏惠王认为公叔痤已经病入膏肓,语无伦次,于是皆不采纳。而
此时正值秦献公死,秦孝公即位,下决心恢复春秋时代秦穆公的霸业。
他广揽人才,下令求贤。原为卫国贵族子弟的卫鞅,闻讯便从魏国来到
秦国。入秦后,为了说服秦孝公变法,开始了一系列重大的改革。商鞅
的变法思想源自对管仲"利出一孔"思想的继承,因此他也强调把森林
湖泊草地沼泽等可能带来收益的所有自然资源垄断起来,由君主统一
管理经营。但商鞅的变法,实行了比管子在齐国更严厉的食盐专卖政
策。不但课以重税控制了食盐的生产和流通环节,而且还置"盐铁市
官"专川泽之利,管山林之饶,加强对食盐生产与流通环节的控制和管
理,防止私煮私销。

十一、李冰:井盐鼻祖

李冰,河东(今山西运城)人,战国时代秦国著名的水利工程专家。
公元前256年—前251年被秦昭王任为蜀郡(今成都一带)太守。期
间,李冰治水,创建了奇功,其建堰的指导思想,就是道家的"道法自然"
"天人合一"的思想。他征发民工在岷江流域兴办许多水利工程,其中
以他和其子一同主持修建的都江堰水利工程最为著名。几千年来,该

工程为成都平原成为天府之国奠定坚实的基础。

除都江堰外,李冰任蜀守期间,还对蜀地其他经济建设也做出了贡献。据《华阳国志·蜀志》中记载:"李冰识察水脉,穿广都盐井诸陂地,蜀地于是盛有养生之饶。"在此之前,川盐开采处于非常原始的状态,多依赖天然咸泉、咸石。李冰创造凿井汲卤煮盐法,结束了巴蜀盐业生产的原始状况。这也是中国史籍所载最早的凿井煮盐的记录。

十二、桑弘羊:全部官营专卖制的创行者

桑弘羊,河南洛阳人,出身商人家庭,西汉时期政治家、理财专家、汉武帝的顾命大臣之一,官至御史大夫。年仅十三岁的桑弘羊以"精于心算"名闻洛阳。汉廷诏书,特拔桑弘羊入宫,任为侍中,侍奉汉武帝兼陪读。桑弘羊的入宫对他的一生产生了重大影响。这使他没有再像他的父辈那样走上商贾的道路,而是踏上了仕途。而长期在武帝身边伴读,使桑弘羊与武帝形成了亲密的君臣关系,并逐渐成为武帝的得力助手。[1] 武帝即位后,由于武帝的"有为",尤其耗费巨大的对外战争,兼之大兴功业和救灾,仅仅二十年后,国家财政就开始频频出现亏空。元狩三年为了应对因对外战争造成的财政亏空问题,武帝下令实施盐铁官营政策,将原属少府管辖的盐铁划归大农令,由国家垄断盐铁的生产,并任命大盐商东郭咸阳、大冶铁商孔仅为大农丞专门负责此事。桑弘羊由于善于计算经济问题,参与盐铁官营规划,负责"计算"和"言利"之事。他在朝时,对专卖政策的制定起了积极作用。桑弘羊在出任大农丞的五年里,先后参与并圆满完成算缗告缗、假民公田、移民屯垦、币制改革等重要任务,初步展现出卓越的理财才能。经过桑弘羊的努力,增设大农部丞数十人对郡国盐铁官分别予以整顿,并增加了盐铁官的设置地区,完善了盐官网络,提高了制盐技术,在盐铁官营全面实施后,西汉的盐业生产规模迅速扩大起来,一时间使得国富民强起来。二十多年后,在盐铁会议上,桑弘羊又捍卫了盐铁官营政策。汉武

---

① 晋文:《中国思想家评传丛书桑弘羊评传》,南京大学出版社,2005.

帝死后，桑弘羊还顶住了霍光、杜延年、车千秋等人的进攻，国家垄断盐铁的观点再次取得了胜利。桑弘羊等推行盐铁专卖制度的历史评价如《盐铁论》记载：

> 是以县官用饶足，民不困乏，本末并利，上下俱足。虽然有些溢美，但也反映了当时的实情。

唐代的皮士休在《鹿门隐书》中称赞说：自汉至今，民产半入于公有，其唯桑弘羊乎！

十三、刘晏：就场专卖制的创行者

刘晏，字士安。曹州南华（今山东菏泽市东明县）人。唐代著名经济改革家、理财家，信奉道家。幼年才华横溢，号称神童，名噪京师，《三字经》有："唐刘晏，方七岁。举神童，作正字"之语。历任吏部尚书、同平章事、领度支、铸钱、盐铁等使，封彭城县开国伯。在长达8年的安史之乱后，唐王朝千疮百孔，当时唐朝经济十分萧条，财政极为困难，刘晏采取一系列有效措施，发展生产，开源节流，使唐代财政逐步好转。刘晏在任期间，办成了几件大事：改革漕运、改革盐政、推行常平法等。

就刘晏与盐政而言，唐初，实行自由贩卖，不收盐税。后实行国家专卖，官府肆意提价，盘剥百姓，官员中饱私囊，造成百姓怨声载道，恨透专卖制度。面对政府盐务机构惊人的开支，首先他大力削减了盐监、盐场等盐务机构，又改官收、官运、官销为官收、商运、商销、统一征收盐税，规定盐官统一收购亭户所产的盐，然后加价卖给盐商，由他们贩运到各地销售。国家通过控制盐的统购，批发两个环节。同时为防盐商哄抬盐价，在各地设立常平盐仓，以平盐价。精简大批盐吏，盐价下跌，万民称颂，税收激增，刘晏真正做到了"敛不及民而用度足"。由于他的贡献人们经常把刘晏与管仲、萧何相提并论。他懂得增加财政收入的前提在于发展生产，安定人民生活，史书上称刘晏"其理财常以养民为先"。刘晏的一生经历了唐玄宗、肃宗、代宗、德宗四朝，长期担任财务要职,管理财政达几十年,效率高,成绩大,被誉为"广军国之用,未尝有搜求苛敛于民"的著名理财家。

十四、黄巢：起义的盐贩

黄巢,曹州冤句(今山东菏泽西南)人,唐末农民起义领袖。黄巢出身于三代均为盐商家庭,善于骑射,粗通笔墨,少有诗才,黄巢五岁时候便可对诗,但成年后却屡试不第。在唐朝贩私盐是死罪,但是利润奇高。作为私盐贩子,黄巢家里并不缺钱,所以在百姓因为吃不上饭而造反的时候,黄巢的造反更是一种借机获取更大利益的策略。王仙芝起义前一年,关东发生了大旱,官吏强迫百姓缴租税,服差役,百姓走投无路,聚集黄巢周围,与官府进行过多次武装冲突。乾符五年,王仙芝死,众推黄巢为主,号称"冲天大将军",改元王霸。广明元年,黄巢在长安登上皇帝宝座,国号大齐。两年之后,他就从皇帝宝座上被赶下台,不久即在山东泰安附近兵败自杀。

十五、范祥：盐钞法的创行者

范祥,字晋公,邠州三水人。进士及第,自乾州推官迁殿中丞、通判镇戎军。期间击退元昊的围城,又筑刘璠堡、定川砦。后历知庆、汝、华三州,提举陕西银铜坑冶铸钱,颇有作为。后因擅自大兴劳役,修筑城池,导致蕃部惊恐,引发战争,官军战死者达千余人,范祥因此而被降职一级,任唐州知州。后来又官复原职,提举陕西缘边青、白盐,改任制置解盐使。

宋仁宗庆历末年,因官搬折中,两俱败坏,于是在范祥主导下创行了"盐钞法"主商运商销,仍为就场专卖制,和刘晏的就场专卖制相比较,只多了一种买钞手续。这种方法是将官卖各地全部改为通商。专令商人入中现钱,计钱给券,名为盐钞,划一斤重,印书钞面,商人输钱买钞,按钞支盐,由场验明钞券,照数给运,虽名验钞,实为一种钱券。这种所谓现钱法和现代的收税凭单类似。

除此以外，范祥重新利用刘晏的常平盐法，在京都设都盐院，置库储盐，盐价低时，则敛而不发，如盐价昂贵，则大发库盐，以压商利。古今盐制之善，无如刘晏，善师晏者，无如范祥，后世引盐票盐，其源皆出于钞盐，故自刘晏以后，范祥钞法，亦足称焉。

十六、朱元璋：开中法的开创者

朱元璋，濠州钟离（今安徽凤阳东北）人，幼名重八，参加农民起义军后改名元璋，字国瑞，元末农民起义军首领，明朝开国皇，史称明太祖，卓越的军事家、战略家、统帅。

朱元璋和盐颇有渊源。元末农民起义是典型的盐贩子的起义。朱元璋起义的经费大多是私盐贩子提供的，就连他的对手张士诚、陈友谅、方国珍等，也都是私盐贩子出身。可以说，封建历史上的元末农民起义，基本上是一伙私盐贩子在争夺江山。朱元璋建立明朝后，因常年战乱，使得山西等边地急需军粮，为了解决此困境，朱元璋主张募商人输粮换取盐引，凭引领盐运销于指定地区，这就是开中之法。洪武四年，他制定了中盐则例。计道路远近，运粮多寡，考虑中纳商人能否获利等因素，以确定粮引兑换额。以后，政府根据需要，陆续实行纳钞中盐法、纳马中盐法、纳铁中盐法及纳米中茶法、中茶易马法等。

而后，随着统治阶级的日益腐败，皇室、宦官、贵族、官僚们见持有盐引有利可图，纷纷奏讨盐引，转卖于盐商，从中牟利。这一现象被称为"占窝"。这种现象愈演愈烈，也严重影响了政府的财政收入。到了孝宗弘治时，改旧制为商人以银代米，交纳于运司，解至太仓，再分给各边，每引盐输银三四钱不等，致太仓银多至百余万，国家的财政收入骤增。因此边地盐商大都举家内迁，商屯迅速破坏，边军粮食储备也因此大减，开中制度遭到破坏。

十七、陶澍：票盐制的创行者

陶澍，字子霖，一字子云，号云汀、髯樵。湖南安化人，清代经世派主要代表人物、道光朝重臣。道光十年,陶澍升迁为两江总督,而此时的两淮盐务疲敝至极,盐法改革,迫在眉睫。清袭明制,实行官督商销的制度。但由于清朝无力控制经济,于是找实力雄厚的商人,责成他们承包到底,称为总商。总商负责征课办引和查禁私盐,因其享有垄断经营的特权,国家又给盐商很多其他方面的优惠政策,盐商可以说是坐收暴利。

江苏是产盐大省,江苏盐业的生产和集散地主要在扬州。扬州是两淮盐运司衙门所在地,盐商多聚集于此。盐商垄断着全国的食盐销售,可以任意压价、抬价,从中获取暴利。在乾隆朝中期,扬州盐商每年的利润在一千五百万两白银上下。陶澍在东南地区任职十年,深知此地利大弊也大。他决定要干成一件最难办的事,拿辖区内盘根错节近二百年的盐商集团开刀,搞盐法改革。

当陶澍掌管两江的时候,江苏大量官盐滞销,而私盐盛行,所谓“私盐”就是没有给国家上税的盐。官盐卖不出去,也就意味着国家征不上盐课。为了保证盐法改革的顺利进行,陶澍将矛头直指盐枭。而且,他提出擒贼先擒王。两淮私枭在全国最为猖獗,头目是福建人黄玉林。最终,黄玉林被押赴刑场,执行死刑。当时,两淮盐政衙门简直就是个腐败的大本营,官商勾结到了令人发指的地步。陶澍上奏道光皇帝,请求裁撤两淮盐政,得到了道光皇帝批准。总之,陶澍为官期间,在除恶安民、抗灾救灾、兴修水利、整顿财政、治理漕运、倡办海运、革新盐政、整治治安、兴办教育、培养人才上作出了较大贡献。任内力图整顿淮盐积弊、裁省浮费、严核库款、缉禁私盐、淮盐得以行销。又于淮北试行票盐,后推及淮南。

陶澍与“湘军三杰”(曾国藩、左宗棠、胡林翼)关系十分密切,他在理学经世思想、改革思想、吏治思想、人才思想、爱国主义思想等方面,对“湘军三杰”产生了深刻的影响。“湘军三杰”可认为是陶澍思想与事业的继承者和发扬者。

海洋文化以盐为媒介发展成为中国传统文化的重要分支。从远古时期先哲着手创造“盐”字开始,中华大地上的先民就拉开了认识盐、使用盐、管理盐的序幕。盐丰富了我们的语言,影响了衣食住行中的风俗习惯,为诗词歌赋增加了大地和海洋的滋味,更有诸多仁人志士围绕盐想出很多天才的济世安民之策。所有这些海洋文化中的盐文化就像血脉一样滋润着中华民族繁衍生息,繁荣富强。掩卷沉思,让我们再来回味陈椿《题熬波图》的两句诗"程严赋足在恤民,盐是土人口下血",让我们一起感恩盐,感恩源远流长的海洋文化。

后记

党的二十大提出："坚持和发展马克思主义，必须同中华优秀传统文化相结合。只有植根本国、本民族历史文化沃土，马克思主义真理之树才能根深叶茂。中华优秀传统文化源远流长、博大精深，是中华文明的智慧结晶，其中蕴含的天下为公、民为邦本、为政以德、革故鼎新、任人唯贤、天人合一、自强不息、厚德载物、讲信修睦、亲仁善邻等，是中国人民在长期生产生活中积累的宇宙观、天下观、社会观、道德观的重要体现，同科学社会主义价值观主张具有高度契合性。"

习近平总书记也多次强调："求木之长者，必固其根本；欲流之远者，必浚其泉源。中华优秀传统文化是中华民族的精神命脉，是涵养社会主义核心价值观的重要源泉，也是我们在世界文化激荡中站稳脚跟的坚实根基。增强文化自觉和文化自信，是坚定道路自信、理论自信、制度自信的题中应有之义。"作为新时代的教育工作者有必要加强对中华优秀传统文化的挖掘和阐发，使中华民族最基本的文化基因与当代文化相适应、与现代社会相协调，把跨越时空、超越国界、富有永恒魅力、具有当代价值的文化精神弘扬起来。

盐作为五味之首，人之所需，国之所计。因盐而兴的文化是海洋文化的一部分，也是中华优秀传统文化的组成部分。文化沁润着中华大地，滋养着华夏生灵。纵观历史，盐业在历史上不仅推动经济的繁荣，而且极大地推动了文化的发展与兴盛，从而形成了不少"盐味"十足、"盐色"浓郁的"盐文化"。掩卷深思，深入挖掘一部盐政史可以揭示盐业对于政治、经济、军事的重要作用和对历史进程的贡献。继往开来，与时代相符的盐政，正是国基之稳的有力支撑。纵古论今，科技赋予时代进步，科学技术对盐资源的开发和利用起到了重要作用。新时代，对盐进行科技再赋能，相信会对于你我的生活有着更大的作用。盐文化是中国源远流长、博大精深传统文化的一部分，是我们传承历史、创造未来的精神土壤，也是我们建设具有时代精神的先进文化的重要内容。对于盐文化所包含的文学艺术、民间习俗、饮食文化等方面梳理总结，可以为我们当今城市建设、工业、旅游业的发展提供借鉴和帮助。

总之，正如曾凡英先生在《盐文化研究论丛》发刊词所说："中国盐文化这座可以供人文社会科学与自然科学多学科共同研究的富矿还有待不断挖掘和开发，盐文化学科体系在中国还远未建立。这不仅决定了进行盐文化研究的必要性和重要性，更显现出这一研究具有很高的学术性、创新性和极其丰富的内涵。"秉承这一理念，我期待更多志同道合的学者们和我们《盐与海洋文化》编委一起以党的二十大精神为引领，挖掘和阐发好中华优秀传统文化，守正创新，共同探索盐文化与海洋文化的历史交融和精神共鸣。

图书在版编目(CIP)数据

盐与海洋文化/俞渊主编. —上海：上海三联书店，2023.4
（中国海洋文化研究丛书）
ISBN 978－7－5426－6533－1

Ⅰ.①盐⋯　Ⅱ.①俞⋯　Ⅲ.①盐业史－关系－海洋－
文化史－研究－中国　Ⅳ.①P7－092

中国版本图书馆 CIP 数据核字(2018)第 245565 号

盐与海洋文化

主　　编／俞　渊
副 主 编／于　盼　李兆军　赵海鹏　王友君

责任编辑／郑秀艳
装帧设计／一本好书
监　　制／姚　军
责任校对／王凌霄

出版发行／上海三联书店
　　　　　(200030)中国上海市漕溪北路 331 号 A 座 6 楼
邮　　箱／sdxsanlian@sina.com
邮购电话／021－22895540
印　　刷／商务印书馆上海印刷有限公司

版　　次／2023 年 4 月第 1 版
印　　次／2023 年 4 月第 1 次印刷
开　　本／640mm×960mm　1/16
字　　数／300 千字
印　　张／21
书　　号／ISBN 978－7－5426－6533－1/P·3
定　　价／88.00 元

敬启读者,如发现本书有印装质量问题,请与印刷厂联系 021－56324200